非合作目标高分辨成像理论与方法

何兴宇　主 编

国防工业出版社
·北京·

内容简介

本书基于雷达运动目标在成像场景的稀疏性，通过稀疏重构的方法实现目标ISAR二维及三维图像的重构，研究了利用超分辨、联合稀疏和二维块稀疏的方法实现二维成像，以及利用多元后向投影方法和多基ISAR二维图像融合实现进动锥体目标三维重构的问题。针对弹道目标成像和特征提取问题，在建立目标中段运动及微动模型的基础上，对回波信号进行仿真分析，从其距离像序列及二维ISAR像序列出发，对目标的特征提取及三维成像进行了研究。

本书可为雷达信号处理的研究人员和学者提供参考。

图书在版编目(CIP)数据

非合作目标高分辨成像理论与方法/何兴宇主编
.—北京：国防工业出版社，2024.5
ISBN 978-7-118-13340-0

Ⅰ.①非…　Ⅱ.①何…　Ⅲ.①高分辨率-卫星图像-图像处理-研究　Ⅳ.①TP75

中国国家版本馆CIP数据核字(2024)第097073号

※

国防工业出版社出版发行
(北京市海淀区紫竹院南路23号　邮政编码100048)
三河市天利华印刷装订有限公司印刷
新华书店经售

*

开本 710×1000　1/16　**印张** 14½　**字数** 256千字
2024年5月第1版第1次印刷　**印数** 1—1400册　**定价** 116.00元

国防书店：(010)88540777　　书店传真：(010)88540776
发行业务：(010)88540717　　发行传真：(010)88540762

前　言

对运动目标的高分辨逆合成孔径雷达（Inverse Synthetic Aperture Radar，ISAR）成像是当今雷达领域研究的一个热点。在利用传统方法进行 ISAR 成像时，距离向分辨率与发射信号带宽有关，由于受限于奈奎斯特（Nyquist）采样频率，过高的带宽会增加信号处理难度。同时，在对机动目标、快速旋转目标及进动目标成像时，方位向采样率、时变多普勒（Doppler）及越距离单元徙动等问题，会使方位向难以聚焦。近几年发展起来的压缩感知（Compressed Sensing，CS）及稀疏重构理论为高分辨 ISAR 成像提供了新的思路，可利用少量样本实现目标高分辨图像的重构。然而，现有的基于 CS 及稀疏重构的成像方法大多没有考虑图像的联合稀疏及块稀疏特性，图像重构效果有待提高。

本书基于雷达运动目标在成像场景的稀疏性，通过稀疏重构的方法实现目标 ISAR 二维及三维图像的重构，研究利用超分辨、联合稀疏和二维块稀疏的方法实现二维成像，以及利用多元后向投影方法及多基 ISAR 二维图像融合实现进动锥体目标三维重构的问题。本书主要研究内容包括机动目标短时间超分辨 ISAR 成像、联合稀疏贝叶斯学习 ISAR 成像、基于二维块稀疏重构的 ISAR 成像、非合作目标 ISAR 图像横向定标、进动锥体目标三维成像、弹道中段目标运动特性分析、微动目标一维距离像序列特征提取、弹道目标 ISAR 像序列特征提取与识别，以及单站和多站 ISAR 空间目标三维成像等关键技术。

本书由何兴宇进行组织与设计，第 1、2、4、7、9、11、12 章由何兴宇负责组织编写，第 3、6 章由童宁宁负责组织编写，第 5、8 章由胡晓伟负责组织编写，第 10 章由刘桃负责组织编写。另外，薛斌、丁姗姗、葛启超、赵小茹、沈堤、戴江斌、万路军、冯为可、余付平、郭艺夺、高文明、杨丽薇、霍丹、韩雪艳、焦志强、蒲涛等同志参与了理论研究、材料整理和内容撰写工作，在此感谢他们对本书出版所做出的贡献。

由于编写时间仓促，书中难免有不妥之处，还望读者指正。

编者
2024 年 1 月

目　　录

第1章 绪 论

1.1 研究背景及意义

雷达成像技术作为雷达技术发展的一个重要方面,在半个多世纪的时间里得到了广泛的应用和长足的发展。目前,其应用领域已涵盖了军用、民用等多个方面,对目标的探测及识别起到了关键性的作用。早期的雷达通常将目标看作点目标,对目标进行定位、测速和跟踪。随着雷达分辨率的提高,现有的雷达技术可实现对目标的高分辨成像,能够提供更为丰富的目标信息,为目标的特征提取与识别提供依据。

按照雷达的工作模式,成像雷达主要分为合成孔径雷达(Synthetic Aperture Radar,SAR)和逆合成孔径雷达(Inverse SAR,ISAR)。SAR 与 ISAR 的成像原理在本质上是一致的,它们都是通过发射宽带信号,对回波信号进行脉冲压缩或者解线频调实现距离向高分辨,利用雷达与目标在相干积累时间内的相对运动形成的合成孔径实现方位向高分辨。两种成像雷达的主要区别在于:SAR 成像主要面对的是雷达运动而目标静止的情况;而在 ISAR 成像中,雷达通常是静止的,依靠目标相对于雷达视线的运动而形成大的虚拟孔径。由于 ISAR 成像通常面对的是非合作目标,其运动补偿较 SAR 成像的运动补偿复杂得多,致使其发展进度也比 SAR 要慢。20 世纪 80 年代,C. C. Chen 和 H. C. Andrew 通过地基雷达获取了飞机目标的 ISAR 图像,自此 ISAR 成像技术开始了快速发展,并在很多领域得到了应用,如舰船及空间目标成像与识别等。

根据 ISAR 成像原理可知,雷达的距离向分辨率与其发射信号带宽有关,方位向分辨率主要取决于目标在相干积累时间内相对于雷达视线的转角。一方面,受限于奈奎斯特(Nyquist)采样频率等问题,过高的带宽会增加信号处理难度;另一方面,要获得较大的转动角,则需要较长的相干积累时间,而 ISAR 成像通常面对的是非合作目标,这些目标的运动不可预知,大转角往往难以满足,长相干积累时间内目标的运动可能会发生较大变化,导致方位向压缩困难。因此,通过增加带宽和积累转角来提高分辨率的传统方法存在很大问题。此外,目标的复杂运动,如机动、高速旋转、进动等,会使雷达难以获取充足的观测数据,造成方位向压缩困难,进一步加大高分辨成像难度。

压缩感知(Compressed Sensing,CS)理论及稀疏重构理论为 ISAR 信号处理和图像处理提供了新的研究思路。压缩感知可通过远低于 Nyquist 采样定理要求的采样数,高概率重构原始稀疏信号。雷达目标电磁散射理论指出,目标的散射特性主要由目标的散射点决定,而这些强散射点的个数远小于雷达成像的样本数,即目标散射点在成像域是稀疏的,符合 CS 的要求。理论和实验表明,基于压缩感知的成像方法可利用少量的样本数实现高分辨的图像重构,提高成像效果。然而,利用常规的压缩感知方法成像时,还存在目标的信号和图像特征利用不充分,以及目标做复杂运动时存在基失配、成像质量不高等问题,因此亟待深入进行基于稀疏重构理论的成像方法研究。

ISAR 成像中获得的目标在距离维和多普勒维的二维图像,是其三维分布特性在二维成像平面的投影,敏感于目标与雷达的相对运动和姿态角,不能完全和准确地反映目标结构特性。因此,通过目标二维 ISAR 图像进行特征提取和识别,还存在不确定性因素。而对目标进行三维成像,可获取更为全面可靠的目标散射特性和结构信息,因此对雷达目标三维成像研究具有重要意义。

本书选题来源于国家自然科学基金“低空目标高分辨 ISAR 认知成像理论与方法研究”及“组网雷达中弹道目标微动特征提取与三维成像技术研究”,主要开展基于稀疏理论的目标高分辨 ISAR 成像方法的研究,力求解决机动目标成像、快速旋转目标成像、进动目标三维成像等方面的若干关键问题,以促进雷达对空成像理论和技术的发展,为目标的特征提取和识别提供重要依据。

1.2 国内外研究现状

实孔径雷达(Real Aperture Radar,RAR)为获得较高的方位分辨率,通常需要发射波束宽度较窄,这就要求天线孔径很大,但是实际雷达天线尺寸不可能做得太大,从而限制了横向分辨率的提高。逆合成孔径雷达通过发射大带宽信号实现距离向高分辨,利用雷达与目标相对运动产生的等效天线来实现方位向的高分辨。

国外对于 ISAR 成像的研究开始于 20 世纪 60 年代,这几乎与对合成孔径雷达的研究同步。在 60 年代末,对于宽带信号以及相参雷达研究日益成熟,对转台缩比模型的成像试验获得成功。Walker 在 70 年代阐述了距离多普勒成像理论,为解决散射中心的越距离单元徙动(Migration Through Range Cell,MTRC)问题,引入了极坐标存储技术。1978 年,Chen C. C. 等对飞机目标的成像进行了研究,分析了距离曲率、信号预处理和运动补偿等问题,并获得了良好的成像效果。文献[6]报道了美国海军研究实验室利用 ISAR 成像技术显示出了在海面上舰船的轮廓。美国麻省理工学院(MIT)林肯实验室于 1970 年建成了第一部宽带雷达——ALCOR 雷达,在之后的几十年里又研制了用于弹道导弹防御系统的 SBR、GBR 等雷达。其中,GBR 相控阵宽带雷达工作频率位于 X 波段,是目前公开报道的技术最先进、功能最齐全的宽带相控阵雷达,对雷达散射截面积(RCS)为 $1m^2$ 的目标作用距离达到 2000km,距离分辨率达到 15cm,具有很强的目标识别能力。1984 年,MIT 林肯实验室提出了利用扩展相干成像技术来解决大转角目标成像问题。1995 年,L. C. Potter 利用几何绕射理论(Geometric Theory of Diffraction,GTD)对目标的一系列散射特性进行了描述,建立了顶点、边沿等典型散射中心参数化模型,并得到了 ISAR 图像。1996 年,美国海军研究实验室 V. C. Chen 利用联合时频分析方法得到了进动目标的 ISAR 图像。从 2005 年至 2010 年,美国 MIT、佛罗里达州立大学、俄亥俄州立大学等院校开展了在大带宽、大观测角条件下目标散射中心建模和参数化 ISAR 成像的研究。可见,国外除了对 ISAR 成像的理论和技术进行深入研究,还针对舰船、飞机、弹道目标等特定目标的成像进行了研究,并研制成功了成像雷达。

我国对于 ISAR 成像的研究开始于 20 世纪 80 年代后期。经过 20 多年的发展,我国在 ISAR 成像理论和技术方面都取得了重大的进展。1986 年,北京航空航天大学对转台上的飞机、导弹的缩比模型进行了 ISAR 成像,率先实现了转台目标 ISAR 成像。1987 年,ISAR 研究被列入国家高技术研究发展计划,国防科技大学、西安电子科技大学、哈尔滨工业大学等高校以及中国科学院电子学研究所、中国电子科技集团第十四研究所和中国航天科工集团等院所对 ISAR 成像进行了比较深入的研究。1993 年,400MHz 的宽带雷达研制成功,并实测了多批外场飞机实验数据,为 ISAR 理论的深入研究奠定了基础,使我国在 ISAR 成像研究领域取得了很大突破。在"十一五"期间,我国成功研制的 X 波段特征测量雷达投入使用,其具备一定的空间目标电磁测量能力,可实现对战术及战略导弹等敏感目标的电磁测量。

总的来说,国内外对 ISAR 成像的研究集中在成像方法和对实际敏感目标成像以及宽带雷达研制等方面,已取得了大量的成果。随着世界各国对 ISAR 成像越来越重视,其研究也必将不断深入。

1.2.1 ISAR 成像关键技术

目标的 ISAR 成像主要包括一维距离像、二维 ISAR 像和三维成像。一维距离像易于获取,且包含目标散射中心的径向分布信息,在目标微动特征和结构特征提取过程中发挥着重要作用。但是,一维距离像只能反映目标的径向一维信息,携带的信息较少且敏感于目标的姿态变化。ISAR 像可以通过横向高分辨,将距离上重合的点分开,进而得到目标的高分辨二维像。但是,对小转角目标二维 ISAR 像的获取需要较长的积累时间,且补偿过程复杂,还有许多问题需要解决。相对于距离像和二维 ISAR 像，对目标三维成像可以提取更为精确的目标特征信息，是 ISRA 成像技术研究的热点。

ISAR 成像技术主要包括运动补偿技术和成像算法两部分。下面分别进行介绍。

1)运动补偿技术

运动补偿技术包括包络对齐和相位校正，其中：包络对齐是粗补偿；相位校正是精补偿。

(1)包络对齐方法。

1980 年，文献[144]首次提出了包络对齐。经过多年发展，现有的典型的包络对齐方法主要有相邻相关法和累积相关法、峰值法、最小熵方法及其改进算法等。峰值法主要是基于目标上散射特性最强的点进行包络对齐，主要局限是在目标散射不稳定时会发生对齐错误。相邻相关法是从目标整体包络出发，把前一个距离像作为包络对齐的标准，但在距离像相关性不强情况下对齐误差会很大，对齐效果急剧下降。累积相关法是将本次回波与前几次或所有回波的加权做相关处理，降低逐次相关的误差积累和漂移。最小熵方法是针对目标存在机动或运动较为复杂时的一种包络对齐方法，通过搜寻使相邻回波熵最小的偏移量完成包络对齐。文献[152]在信噪比较低情况下，提出了一种基于迭代加权最小二乘拟合方法，对目标走动量和加权矩阵采用迭代交替的更新方式，在估计目标运动参数的基础上实现包络对齐。文献[153]提出一种整体包络对齐(Global Range Alignment, GRA)算法，通过衡量已对齐回波包络和的锐化程度估计多项式系数。

(2)相位校正方法。

典型的相位校正算法有特显点法、多普勒中心跟踪法和相位梯度自聚焦法等。特显点法是通过寻求某个距离单元，该单元有唯一的目标散射点，令其相邻的目标回波的相位差为零。该方法在特显点不孤立或特显点质量不高时补偿效果较差，可以通过将多个特显点单元综合得到一个更好的散射点，进而克服特显点法的缺点。多普勒中心跟踪法是以全部的距离单元为基础，将在相邻距离像中的所有距离单元相位差进行加权，以此作为相邻距离像的多普勒中心相位差。相位梯度自聚焦算法则是依靠在图像上的循环移位、迭代等步骤，来消除目标转动分量的影响。文献[158]利用 CLEAN 算法分离了距离单元内强散射中心簇，大大减少了同一距离单元内散射点数，建立了扩展距离像序列，提高了相位误差的估计精度。文献[159]对不同距离单元按信噪比赋权，提出了一种加权特征向量初相校正算法，通过对稀疏信号补零完成傅里叶变换，进而实现相位校正。

2)成像方法

常用的成像方法有极坐标成像算法、距离多普勒(Range Doppler, RD)算法、距离瞬时多普勒(Range – Instantaneous Doppler,RID)算法等。极坐标成像算法是利用CT层析成像的原理,将各个时刻的距离像在二维平面上进行投影,进而得到目标的ISAR像。该方法要求知道每一时刻的目标姿态,其应用受到限制。RD算法是利用发射宽带信号获得距离向的高分辨,通过孔径合成实现横向高分辨,具有较高的工程可实现性。RID算法在此基础上解决了目标非均匀转动导致的横向聚焦模糊问题。随着对目标识别要求的提高和复杂目标识别难度的增大,提出了一些新的成像算法。

(1)超分辨成像方法。超分辨方法的提出,主要是为了提高雷达对目标的分辨能力。典型的超分辨成像算法有基于AR模型的数据外推成像算法、基于Prony方法的成像算法、基于Capon估计器的成像算法、基于MUSIC算法的成像算法和基于ESPRIT的成像算法,这些算法在信噪比较高时能取得较好的成像效果。

(2)大转角成像方法。弹道目标运动过程中,目标的转动等姿态运动可能会导致成像时间内积累的转动角度过大,而常用的距离多普勒算法是依靠小角度成像,当成像时间内目标转动角度过大时,会导致散射点的走动超过一个分辨单元,发生越距离单元徙动,导致难以实现慢时间回波的相干积累,使得RD算法的成像质量下降,甚至无法成像。为了解决越距离单元徙动而提出的MTRCC(Migration Through Resolution Cells Compensation)算法和Keystone变换补偿算法,不能补偿超分辨ISAR成像中的大转角运动。文献所提出的大角度成像算法主要包括极坐标格式算法(Polar Format Algorithm,PFA),子孔径算法(SubAperture),子块算法(Sub Patch)及卷积反投影层析成像算法等。

(3)基于压缩感知的ISAR成像方法。近年来发展起来的基于压缩感知(Compressive Sensing,CS)的ISAR成像技术是当前的研究热点。CS理论指出,当信号具有稀疏性时,可以通过远低于Nyquist的数据样本完成对信号的重建。文献[172]根据CS理论提出一种利用较少的目标数据实现高分辨ISAR成像,实现了在方位向稀疏时高质量图像的获取,有效节省了雷达资源,同时可对不同观测区域的多个目标进行成像。

(4)目标的三维成像方法。对目标进行三维成像的目的是提取更为丰富的目标特征信息,主要有多天线干涉三维成像方法、单脉冲测角三维成像方法和基于目标自旋特征的三维成像方法。多天线干涉三维成像方法主要是通过建立水平和垂直排列的多个天线,依靠发射宽带信号获得距离向高分辨,计算每个距离单元的相位差,得到目标上不同距离单元的散射中心相对于基准的高度和水平位置,结合距离向上的高分辨,即可对目标进行三维成像。单脉冲测角三维成像方法主要是利用单脉冲测角技术和目标一维距离像得到目标在三维空间的位置。基于目标自旋特征的三维成像方法则主要是通过参数搜索和估计来获取目标的后向散射，进而重建图像，对中段微动目标成像有重要意义。

1.2.2 复杂运动目标 ISAR 成像技术

在 ISAR 成像研究中，复杂运动目标主要包括机动目标、高速旋转目标、进动目标等。对于这些目标，利用传统的 ISAR 成像方法将会遇到很多问题，例如方位向难以聚焦、越距离单元徙动等。需要研究适合复杂运动目标成像的方法。

1）机动目标成像

对于机动目标的成像，目标散射点在成像积累时间内走动较大，会产生非线性多普勒，传统的距离多普勒方法会产生方位向散焦。Chen V. C. 等美国海军研究实验室成员利用时频分析代替傅里叶变换（Fourier Transform，FT），提出了距离瞬时多普勒成像算法。典型的时频分析方法，例如 Radon - Wigner 变换方法、自适应短时傅里叶变换（Short - Time Fourier Transform，STFT）方法、分数阶傅里叶变换方法等，在处理线性调频信号时有其独特的优势，可用来实现机动目标 ISAR 成像。文献[23]和文献[26]研究了基于时频分析技术的机动目标 ISAR 成像方法，提出了基于线性调频信号参数估计和基于信号分解的机动目标成像方法。文献[28]将接收信号模拟为多元三次相位函数，研究了基于广义三次相位函数积（Product Generalized Cubic Phase Function，PGCPF）的机动目标成像方法，可获取高分辨的机动目标 ISAR 图像。然而，基于时频分析的成像方法面临着计算量大且选取的参数需在分辨率与减小交叉项干扰间取折中的问题。另外，目标的机动引起的高阶相位项会导致这些方法效果变差。文献[29]等研究了基于改进 Keystone 变换的机动目标 ISAR 成像方法，可同时将多元线性调频子回波转换为多元单频信号，进而利用快速傅里叶变换（Fast FT，FFT）实现方位向成像。该方法需要将目标的部分运动参数作为先验信息，该部分信息在实际中通常难以获取，导致其应用受限。清华大学的李刚等研究了基于匹配追踪（Matching Pursuit，MP）算法的机动目标 ISAR 成像方法，该方法将接收到的信号分解为很多基础子信号，这些基础子信号是通过离散化目标空域进而合成每一个离散空域位置的 ISAR 数据而产生的。通过 MP 算法选取对成像有用的子信号，信号在这些子信号上的投影系数就代表了目标的 ISAR 图像。然而，该方法的成像效果依赖于空间位置划分的密疏，若划分太疏则成像效果较差，而若划分过密，虽然成像效果更好，但是向量化操作会使信号维度和算法计算量急剧增大。文献[32]提出了一种新的低信噪比条件下的机动目标 ISAR 成像方法，该方法利用相邻的互相关函数实现目标检测和包络平移校正，进而利用 Keystone 变换消除距离向和方位向互相关函数的耦合效应。该方法需要先逐个距离单元求取瞬时相关值，再进行数据重排并做 FFT 完成目标运动参数的估计，该估计过程不仅计算量大,而且在脉冲重复频率较高时会使估计误差变大,影响成像效果。

2)高速旋转目标成像

在ISAR成像中,要想达到所需的方位向分辨率,要求相干积累时间内目标相对于雷达视线转过一定角度。对于高速旋转的大尺寸目标,采用传统方法进行方位向压缩需要足够的脉冲数,这会导致相干积累时间内目标转角过大,散射点出现越距离单元徙动,进而导致成像质量下降。要求的方位向分辨率越高、目标转速越快、尺寸越大,散射点的越距离单元徙动问题就越严重。目前比较常用的解决办法是将Keystone变换应用到ISAR成像中,解决快速旋转目标成像中的越距离单元徙动问题。该方法无须知道散射点走动几何参数,可用于校正散射点的线性距离走动。然而,对于分辨率很高或者转角很大的情况,越距离单元徙动中将包含高阶徙动项,线性近似将存在很大误差,Keystone变换方法也将失效。文献[35]提出了广义Keystone变换方法,一定程度上解决了高阶徙动项校正问题。然而,该方法需要依次校正徙动项,其过程较为复杂。文献[36]将基于极坐标算法的RD方法用于快速旋转目标ISAR成像。考虑在转角较大的情况下,回波信号的形式很大程度上与极坐标情况下的一致,故该方法可有效地补偿散射点的越距离单元徙动,但是距离向和方位向的插值会降低计算效率。同时,通过极坐标格式插值进行成像,需要估计目标的转动速度及加速度,然而转动参数需要迭代估计,难以获得最优解,实现较为困难。文献[37]研究了基于GRT-CLEAN算法的高速旋转目标三维成像方法,通过广义Radon变换(Generalized Radon Transform,GRT)将距离慢时间域的二维图像转换到参数域,散射点在距离向的位置变化可通过参数域的峰值位置曲线来刻画。但是该方法基于理想散射点模型,这种模型较为简单,在强散射点较多且信噪比较低时成像效果较差。文献[38]提出了一种新的宽带雷达成像算法来分离空中目标的快速旋转部件,主要包含两个步骤:①基于高分辨距离像序列建立代数方程;②利用最速梯度下降迭代算法来求解这些方程。文献[39]将复局部均值分解(Complex Local Mean Decomposition,CLMD)用于包含快速旋转部件的飞机目标ISAR成像,实现微多普勒(Micro-Doppler,MD)信号的分析与分离。CLMD方法可准确分离埋没在信号中的振荡信号,并将复非平稳信号分解为平稳子信号,从而实现主体信号和快速旋转部件信号的单独处理,提高成像质量。然而上述方法依赖于精确的转速估计,若目标主体也在高速旋转,则上述方法将不再适用。文献[40]提出的转速估计方法要求目标有特显点,但是特显点不一定存在或难以提取,这会大大影响转速估计精度,导致成像失效。

3)进动目标成像

对于自旋、进动的中段弹头及空间碎片等目标,在相干积累时间内,散射点之间的多普勒和相对距离是时变的,由于目标的进动角速度远大于传统 ISAR 成像算法的等效转台转速,因此所能获取的数据过少,进而导致 RD 算法失效。对进动目标进行时频分析可以发现,其多普勒会呈现类正弦函数规律,同时在距离向上也会出现类正弦函数的距离徙动。对于进动目标的二维 ISAR 成像,通常有两种方法:①利用目标进动产生的多普勒等信息进行成像,其缺点是方位向数据较少,容易产生越距离单元徙动问题,方位向聚焦困难;②估计目标的进动参数进行补偿,利用传统方法进行成像,其缺点是要求的参数估计精度较高,补偿方法设计较为复杂。文献[47]分析了弹道目标的进动特点,提出将进动产生的转角当作转台转角,利用传统的 RID 算法进行 ISAR 成像。文献[48]建立了进动弹头回波信号模型,通过利用目标进动引起的视线角变化实现弹头目标的 ISAR 成像。然而,上述方法大都基于理想散射中心模型,没有考虑目标进动引起的散射特性及姿态角变化。实际中,由于目标进动会引起散射点之间的相对位置及散射特性变化,同时存在遮挡效应,因此上述方法的成像效果将会变差甚至失效。文献[49]研究了目标进动导致的雷达视线角变化规律,提出利用观测时间内进动转角的变化得到高的方位向分辨率,通过目标进动过程中的 MD 频率实现成像。进动目标主要是指弹道目标,分为有翼弹道目标和无翼弹道目标。通常情况下,分析无翼弹道目标,可忽略目标自旋的影响,只要考虑锥旋即可;而分析有翼弹道目标,则需考虑目标的自旋运动。文献[50]利用 ISAR 像序列提取光滑进动锥体目标进动参数及特征,该方法基于进动目标的电磁散射特性,利用 RID 算法获取 ISAR 成像序列,采用 CLEAN 算法获取目标强散射点位置。文献[51]基于 T/R - R 双基地雷达体制,通过双接收站获取的高分辨距离像(High Resolution Range Profile,HRRP)序列和 Hough 变换实现进动参数的联合估计,通过 FFT 完成方位向压缩,获取进动目标 ISAR 像。文献[52]通过 MD 频率估计进行有翼弹道目标探测和特征提取,通过 STFT 方法实现了 MD 调制频率估计,提出了数据相关最佳窗口长度选取方法。

1.2.3 基于稀疏重构的 ISAR 成像技术

通常情况下,要满足高分辨成像所需的对固定场景的宽带和长时间连续观测比较困难,因此雷达往往会面临稀疏孔径成像的问题。在稀疏孔径条件下,传统的成像方法会使图像出现强副瓣和栅瓣,导致成像效果较差。同时,ISAR 成像针对的目标在观测场景内一般是稀疏的,即目标图像在整个背景域是稀疏的,只要满足稀疏重构的条件,即可通过稀疏重构方法进行成像。

稀疏重构理论为解决雷达高分辨成像中的一些实际问题提供了新的思路,为雷达系统通过少量观测实现高分辨成像提供了理论依据。20 世纪初,Donoho、Candes 等分析了信号的稀疏性与其 L1 范数优化之间的关系,提出了用于实现稀疏信号重构的压缩感知理论,开辟了稀疏信号重构的研究。该理论表明,当信号是稀疏的或可压缩的情况下,通常可以用较低的、不受 Nyquist 采样定理限制的采样频率对原信号进行采样,就可高概率地完成对原始信号的精确重构。由于信号的稀疏表示能比较好地刻画原始信号的一些特点,因此受到了广泛的关注,并在图像处理、音/视频信号处理、雷达超分辨成像等领域有重要的应用。

1)稀疏重构理论的发展和研究现状

实际中所要处理的信号通常在某个变换域(稀疏基)下是稀疏的,若要利用信号的稀疏性重构原始信号,则需要构建合适的稀疏基,这一过程就是稀疏字典的构造。通常,可通过构造冗余字典来实现信号的精确重构和超分辨。传统的基于稀疏重构的高分辨雷达成像可通常通过构造部分傅里叶矩阵来实现稀疏字典的构造。

对于压缩感知理论中面临的稀疏离散信号重构问题,通常需要把原始信号投影到一个预设的矩阵,该矩阵称为测量矩阵。该测量矩阵一般是压缩采样矩阵,作用于原始信号后将得到远小于信号长度的测量结果。为了能从少量的观测结果中重构原始信号,除了满足稀疏性条件外,测量矩阵和稀疏基还需满足有限等距性(Restricted Isometry Property,RIP)。测量矩阵满足 RIP 条件,意味着信号不被映射到测量矩阵的零空间内,也能较好地保留信号的欧几里得距离,因而是现在被广泛认可的可重构条件。Donoho 指出,很多满足标准概率分布的随机矩阵与大多数的固定稀疏基不相干,因而二者乘积一般满足 RIP 条件。目前公认比较有效的随机观测矩阵有高斯随机矩阵、伯努利随机矩阵等,但是随机矩阵在硬件实现上有很大的困难。文献[61]提出了代数曲线测量矩阵构造方法,其重构性能在一定条件下优于高斯随机矩阵。文献[62]研究了利用 Chirp 信号来构造测量矩阵,并据此提出了有效的重构算法。Toeplitz 测量矩阵是一类重要的确定性测量矩阵,其在一定条件下满足 RIP 条件,具有与随机矩阵相近的重构性能,且硬件实现起来比较方便。

目前,比较常用的重构算法主要有贪婪算法和凸优化算法。贪婪算法作为一类重要的重构算法,其基本操作是通过迭代的思想实现对稀疏信号的重构。匹配追踪算法(Matching Pursuit,MP)作为贪婪算法的典型代表,主要是通过迭代更新残差和选取原子来实现原始信号的重构。在 MP 基础上,学者们又提出了正交匹配追踪算法(Orthogonal Matching Pursuit,OMP)和分段正交匹配追踪算法(Stagewise OMP,StOMP)等。OMP 算法相比于凸优化方法,虽然重构效果存在一定差距,但在运算量上却有很大的优势。因此,折中考虑重构效果和运算速度,OMP 算法被普遍认为是比较好的重构方法。

基追踪算法(Basis Pursuit,BP)是凸优化方法的典型代表,其基本思想是通过求解线性规划问题来重构原稀疏信号，通常是通过 L_1 范数优化来完成稀疏表示。基于 L_2 范数优化，Gorodnitsky 和 Rao 等通过加权最小平方范数迭代，提出了欠定系统局灶解法（FOCal Underdetermined System Solver，FOCUSS），并在后续的工作中发展了 FOCUSS 方法。相比于贪婪算法，凸优化算法所需观测数据少，并且有着更好的重构效果。然而，该类算法通常在信号维数较高时计算复杂度很高，这在一定程度上限制了其应用。

Mohimani 等提出了利用平滑 L_0 范数 $f_\alpha(\alpha) \triangleq \exp(-\alpha^2/2\sigma^2)$ 来逼近原 L_0 范数。由于平滑 L_0 范数是连续的，可通过最速下降法等方法求解，故该方法被称为平滑 L_0 范数（SL0）算法。SL0 算法重构效果介于贪婪算法和凸优化方法之间，其运算复杂度与贪婪算法相近，且不需要原始信号的稀疏度的先验信息，因而在很多场合具有更广泛的应用。稀疏贝叶斯学习（Sparse Bayesian Learning，SBL）算法从统计特性出发，用独立的随机变量表示信号，并假设其服从特定的先验分布，进而用贝叶斯方法实现原始信号的估计。2001 年，Tipping 等研究了利用贝叶斯推理来实现稀疏信号重构，并研究了稀疏线性回归问题，提出了 SBL 方法并给出其过程。Wipf 等在此基础上研究 SBL 算法在过完备基情况下的信号重构问题，为 SBL 算法的具体应用提供了理论支持。

另外，由于很多稀疏信号具有结构化稀疏性特征，因此研究者提出了多观测向量（Multiple Measurement Vector，MMV）重构及块稀疏重构（Block Sparse，BS）的模型和方法，如基于 MMV 思想提出的 M－SBL、M－FOCUSS 等算法，基于 BS 思想提出的块稀疏贝叶斯学习（Block Sparse Bayesian Learning，BSBL）算法、扩展块稀疏贝叶斯学习（Expanded Block Sparse Bayesian Learning，EBSBL）算法和 PC－SBL（Pattern－coupled Sparse Bayesian Learning）算法等。

2）基于压缩感知的高分辨一维距离像

自 2007 年压缩感知理论首次被莱斯大学的 Baraniuk 等引入高分辨雷达信号处理以来，压缩感知理论在雷达成像中的应用研究得到了越来越广泛的关注。几年来，基于压缩感知的高分辨雷达一维、二维成像理论的研究越来越深入。

基于压缩感知的 HRRP 的获取，主要是立足于利用远少于传统方法所需的数据量实现距离向的高分辨。一般的，可通过发射宽带信号，主要包括线性调频（Linear Frequency Modulated，LFM）信号和步进频（Stepped－Frequency，SF）信号，来获得高的距离向分辨率。在实际中，LFM 信号要求对回波信号进行采样的雷达接收机模数转换器速率较高，而 SF 信号往往要求发射大量子脉冲来合成较大带宽，这些宽带信号都影响了雷达成像的积累时间和硬件成本。将压缩感知理论应用到这两种波形信号的 HRRP 获取，可较好地解决这些问题。文献[87]和文献[88]研究了在发射线性调频信号条件下基于压缩感知的一维距离像获取问题，证明了压缩感知在欠采样条件下重构目标高分辨距离像的优势。

稀疏步进调频技术在雷达成像中有独特的优势，相对于传统步进调频 ISAR 成像，可大大缩短基于稀疏步进调频的 ISAR 成像的观测时间，并有较好的抗干扰能力。文献[100]研究了基于稀疏步进调频的高分辨 ISAR 图像重构方法，通过利用压缩感知方法重构目标的高分辨距离像。

3）基于压缩感知的高分辨二维 ISAR 成像

将压缩感知理论应用于雷达目标高分辨二维图像的获取，其主要思想是通过远小于传统距离多普勒等成像方法的数据量，实现目标在距离向和方位向的高分辨。为实现方位向的高分辨，传统的成像方法要求目标相对于雷达视线转过一定角度，这就要求雷达要在一定的积累时间内对目标进行持续观测。将压缩感知应用于高分辨二维成像，可降低所需的积累脉冲数和时间。文献[96]进行了部分基于压缩感知的 ISAR 成像实验，证明了将压缩感知应用于方位向欠采样条件下的雷达目标高分辨 ISAR 成像的可行性。张磊等针对线性调频信号，提出通过压缩感知实现 ISAR 成像，将成像问题转化为信号重构问题，通过少量的脉冲即可实现高分辨 ISAR 图像的获取。在此基础上，文献[98]研究了低信噪比条件下基于改进压缩感知的高分辨 ISAR 成像问题，通过方位向相干投影和权值优化来提高强噪声条件下的成像质量。文献[99]研究了稀疏孔径条件下基于压缩感知的高分辨 ISAR 成像，将稀疏孔径成像问题转化为贝叶斯准则下的正则化问题，利用贝叶斯压缩感知（Bayesian CS，BCS）方法重构目标高分辨图像。文献[210]指出，传统的基于压缩感知的 ISAR 成像方法将 ISAR 图像看作元素独立随机的向量，忽略了图像像素间的相关性，在测量数较少、信噪比较低时成像质量较差。据此，提出了一种联合局部稀疏约束与非局部全变差的成像框架，通过将强散射点从背景杂波中区分开来，利用非局部全变差降低噪声能量，并剔除虚假散射点及背景噪声，提高成像质量及噪声鲁棒性。另外，还有文献研究了通过压缩感知减少二维 ISAR 成像所需的距离向的数据量，例如文献[211]研究了基于压缩感知的稀疏步进频信号的 ISAR 成像问题，提出了一种对噪声有很强鲁棒性的距离像合成算法。另外，研究者们还研究了在距离向和方位向上同时利用压缩感知进行数据压缩及超分辨成像。文献[212]将压缩感知应用于基于稀疏探测频点信号条件下的 ISAR 成像问题，在距离向和方位向可同时进行随机降采样，进而通过二维的重构方法实现二维超分辨成像。

1.2.4 微动目标建模与三维成像技术

微动主要是指目标除了主体平动之外，其自身或组成部件还存在振动、转动等微小运动。对雷达目标微动特征的研究最早由 Chen V. C. 于2000 年开始，他建立了旋转、翻滚、振动和锥旋四种基本的微动模型。目标的微动产生的微多普勒效应(MD Effect)反映了目标的结构和运动特征,通过分析目标的微多普勒效应,可实现目标物理结构特征和局部微运动参数的提取。当前,基于微多普勒效应实现微动目标特征提取的研究已成为目标探测识别领域中的研究热点,主要集中于微动目标建模、微多普勒信号分离及微动特征提取/参数估计等方面。

考虑利用实测数据对微动目标回波信号研究代价较为高昂,研究中通常对微动目标建模以获取仿真数据。目前比较常用的有 Chen V. C. 提出的点散射模型和电磁计算软件模型两种。点散射模型通常是将目标看作由若干各向同性的独立散射点构成,目标的回波信号是这些散射点回波的相干合成。目前点散射模型广泛应用在刚体目标建模上,且电磁场理论也证明了该模型的正确性。文献[111]建立了微动目标的点散射模型,在窄带雷达稀疏孔径条件下,研究了利用正交匹配追踪实现微动目标特征提取与成像的方法。相对于点散射模型回波数据,利用电磁计算软件获得的目标回波数据更接近于真实目标回波,因此很多研究也利用电磁计算软件建立目标微动模型。常用的电磁计算软件有 FEKO、HFSS、NEC 等。邹小海等研究了基于双基地的进动圆锥弹头微多普勒特性,分析了目标散射点位置,建立了目标双基地微动模型,推导了散射点的微多普勒模型的相关性,并利用 FEKO 电磁计算软件验证了分析的正确性。

包含微动部件的目标的回波信号是由目标主体回波与微动产生的微多普勒信号的叠加。为了实现目标特征提取,通常要完成微动信号的分离和提取,特别是在 ISAR 成像中,微动通常会使得成像模糊。典型的微动信号分离方法主要可分为时域分析和时频域分析两类。时域分析技术是指通过将时域信号分解为不同频带的基函数,并利用基函数重构微多普勒分量,典型方法包括 Chirplet 分解和经验模态分解(Empirical Mode Decomposition,EMD)等。时频分析方法是指把微多普勒信号转化到时频域,通过信号的时频图实现目标微多普勒频率与其自身频率的分离,典型方法有 Radon 变换和 Hough 变换等。

目标的微动建模与微动信号分离主要是为实现微动目标特征提取与参数估计。文献[120-121]利用 Hough 变换实现对暗室测量目标的参数估计,然而该估计需要将目标的尺寸作为先验信息。文献[122]基于宽带雷达回波,提出了利用目标距离向序列来实现进动参数估计的方法,该方法主要是利用散射点在距离向序列之间的周期性走动,实现进动参数估计。文献[123]同样基于宽带雷达回波,分析了目标进动对 ISAR 成像的影响,提出了基于目标 ISAR 像序列的进动目标参数估计方法。

对微动目标的三维 ISAR 成像,可获得比二维 ISAR 成像更为丰富可靠的目标特征信息,因而得到越来越广泛的关注。目前比较常用的三维成像方法,包括三维快拍(Snapshot)成像和干涉 ISAR 三维成像,通常都依赖于传统的 ISAR 成像方法。然而,对于微动目标,尤其是包含高速自旋和进动的弹道目标,目标散射点在成像积累时间内通常已转动多个周期，不符合传统 ISAR 成像算法的假设。实际上，利用这些成像算法会由于有效数据不足而导致目标像恶化甚至失效，通常 RID 算法也难以获得理想的目标像。文献[132]提出了一种窄带雷达成像算法，利用高分辨时频分析方法获取进动锥体目标散射点多普勒调制，利用广义 Radon 变化从时频分析结果中提取多普勒参数，进而重构散射点在参数域的位置。文献[133]对目标进动引起的雷达视线角变化规律进行了分析，并利用时变微多普勒实现方位向高分辨。文献[175]建立了非对称进动目标模型，提出了一种基于三维复数逆投影变换的三维成像方法，同时研究了微动参数估计方法。然而，上述文献主要基于固定点散射模型，模型假设较为理想，实际上在目标运动过程中，目标的后向电磁散射随着雷达与目标间姿态角变化而变化。文献[213]针对进动锥体目标，同时考虑了滑动散射点和散射点的遮挡效应，提出了一种三维成像与微动参数估计方法，并通过点散射模型和电磁散射计算，证明了该方法在低信噪比条件下仍有较好的效果。

1.2.5　弹道目标特征提取

1）目标结构特征提取

目标的结构特征包括形状、尺寸等特征。首先，重诱饵与目标的结构特征差距很大，结构特征的提取对于分辨弹头和部分诱饵有重要意义；其次，目标的微动特征是目标的重要特征，而结构特征的提取是进一步提取微动特征的基础和关键。因此，结构特征的提取在弹道目标识别中具有非常重要的意义。

目标结构特征的提取方法具体如下。

（1）基于距离像的目标结构特征提取。

目标的一维距离像反映了目标散射点在雷达视线方向上的分布，从中可以提取目标的径向投影长度信息。其方法是，根据得到的目标距离像，确定端点散射点的位置参数，进而得到目标的径向投影长度。目前的散射中心模型主要有几何绕射理论（Geometrical Theory of Diffraction，GTD）模型、衰减指数和（Degrade Exponent，DE）模型、指数和模型三种。超分辨方法首先确定模型阶数，再估计目标的散射类型、强度等信息，不需要分离信号噪声。针对超分辨参数估计问题，Potter 提出了 GTD 模型参数的最大似然估计法，张恂提出了模型参数迭代求解算法，冯德军等提出了基于矩阵束、ESPRIT 的参数估计方法，K. T. Kim 等提出了 GTD 模型的 MUSIC 估计方法。文献[182]指出，当目标旋转运动时，目标的一维距离像是微动造成的虚假长度与目标真实长度在雷达视线上投影的合成，并指出了一维距离像的长度变化服从正弦绝对值曲线。文献[183]在目标进动的情况下，提出了一种依靠目标的多次高分辨一维距离像，采用最大似然估计的方法实现目标真实长度的估计。

(2)基于 ISAR 像的目标结构特征提取。

在目标结构特征提取中,相比一维距离像,ISAR 像更直观地反映目标散射点的分布,可以提取更为丰富的目标结构信息,如横向长度、目标面积等。

1996 年 6 月,德国高频物理研究所的 TIRA 雷达系统对 ABRIXAS 卫星进行了成像,如图 1.1 所示。根据 ISAR 像估计出目标的二维尺寸为 2m×3m,而该卫星的实际尺寸为 1.8m×1.8m×2.5m,可见目标的 ISAR 像比较准确地反映了目标的结构信息。

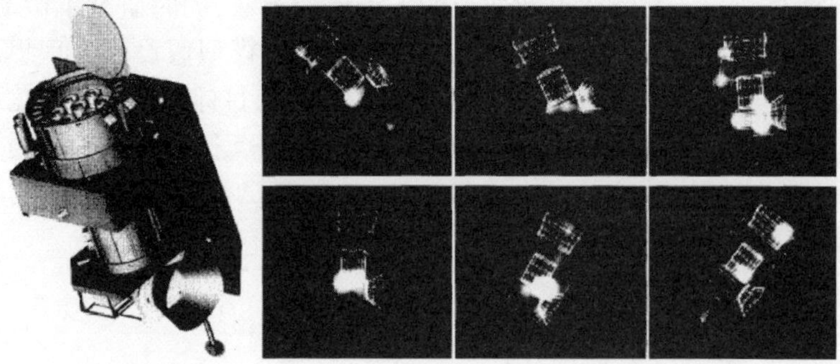

图 1.1 ABRIXAS 卫星 ISAR 图像

根据目标 ISAR 图像提取结构特征,关键是从图像中准确提取目标。ISAR 图像是电磁散射强度图像,目标边缘较为模糊,因此要进行结构特征提取,通常需要借鉴光学图像处理手段,采用边缘提取、图像分割等方法从图像中分离目标,包括基于 Robert 算子、Sobel 算子的边缘提取方法以及基于曲面拟合的边缘检测算法。

2)微动信号分析与微动特征提取

微动在自然界普遍存在,例如,人手的摆动,桥梁和机翼的震动,履带车履带的转动,舰船的颠簸等。目标的微动会使得目标回波频谱存在旁瓣和展宽,称为微多普勒效应(Micro－Doppler Effect)。

为保持弹道导弹在中段飞行的姿态稳定性和零攻角再入,弹头在中段飞行通常要进行姿态控制,其中自旋稳定是最常用的姿态控制方式。而由于大气扰动和诱饵释放以及弹箭分离时其他载荷的反作用力影响,力矩消失后对称轴将在平衡位置做椭圆锥运动(进动)。电磁特征控制技术的发展,使得诱饵与弹头在结构特征、表面材料特征等方面非常相似,而由于有效载荷的限制,诱饵质量分布和运动的可控性受到限制,因此,微动特征是中段弹道导弹目标识别的重要依据。目前,研究人员已经在微动原理与微多普勒机理分析、微动信号分析和微多普勒提取等方面取得了丰富的研究成果。

不同微动目标的雷达回波信号特征会有差异,进行微动特征提取可以对目标进行识别分类。美国维拉诺瓦大学(Villanova)雷达成像实验室 Pawan Setlur 提出正弦调频基函数分解的微动参数估计方法,可在微动幅度已知的情况下估计微动频率和初始相位。Pawan Setlur 提出了迭代加权最小二乘的微动参数估计方法,通过计算谱峰间隔进而估计振动频率。文献[187]建立了有翼弹头模型,在考虑散射中心遮挡的情况下,利用时频分析方法,通过估计回波微多普勒调制频率来提取进动周期,在信噪比为 5dB 情况下获得较好的效果。罗迎将多输入多输出(Multiple Inputs Multiple - Outputs,MIMO)雷达技术应用到雷达目标微多普勒提取中,在分析多载频 MIMO 雷达中目标旋转微多普勒效应的基础上,提出了一种提取雷达目标三维微动特征的方法。文献[189]将分布式组网雷达技术应用到弹道目标微动特征提取中,主要依据组网雷达拥有的多视角特点来实现目标的三维微动特征提取。文献[190]分析了基于经验模态分解算法的多分量正弦调频信号分离方法,使用短时傅里叶变换得到本征模态函数的瞬时频率,进而提取目标的进动周期、进动角等信息。

时频分析是进行非平稳信号分析的强大工具,它能很好地揭示信号的瞬时变化特性,被广泛应用于微动特征分析与提取中。文献[193]从直升机和人的试验数据中分析了微多普勒效应,文献[196]用短时傅里叶变换对微动信号进行了分析,文献[197]使用自适应核分布分析了美国海军 APY -6 雷达采集的振动角反射器回波,提高了时变频率结构的聚集性。文献[198]采用带宽外推技术分析了直升机旋翼的微多普勒特征,克服了短时傅里叶变换分辨率低的缺陷。已有文献多采用线性时频分布和二次 Cohen 类时频分布,如 STFT、Wigner - Vill 分布、SPWV 分布、B 分布等。线性时频分布无交叉项但时频分辨率较低,二次 Cohen 类时频分布有较高的时频分辨率,但是需要抑制在处理多成分信号时存在的交叉项。图 1.2 所示为包含两个成分的微动目标回波的时频分布,从中可以看出,不同的时频方法的时频分辨率与包含的交叉项不同。文献[199 - 120]根据旋转类微动信号为正弦调频信号,构建了基于 TFD - Hough 的参数化微动信号处理框架,引入了 Hough 变换曲线检测图像处理方法。文献[201]和文献[202]根据进动的调制作用使动态 RCS 和回波序列具有周期性的特性,利用循环平均幅度差函数法完成了弹道目标进动动态 RCS 序列和回波周期的估计。文献[203]在分析平动和进动对 RCS 的调制作用的基础上,根据姿态角余弦值到 RCS 变换的频率传输特性,实现目标进动周期的估计。文献[204]在双基地平台上,建立了进动锥体目标的微动模型,通过对弹头 RCS 序列的时频分析得到了其双基地微多普勒时频图,分析发现了三个散射中心的微多普勒模型的相关性,实现了进动和结构参数的估计。

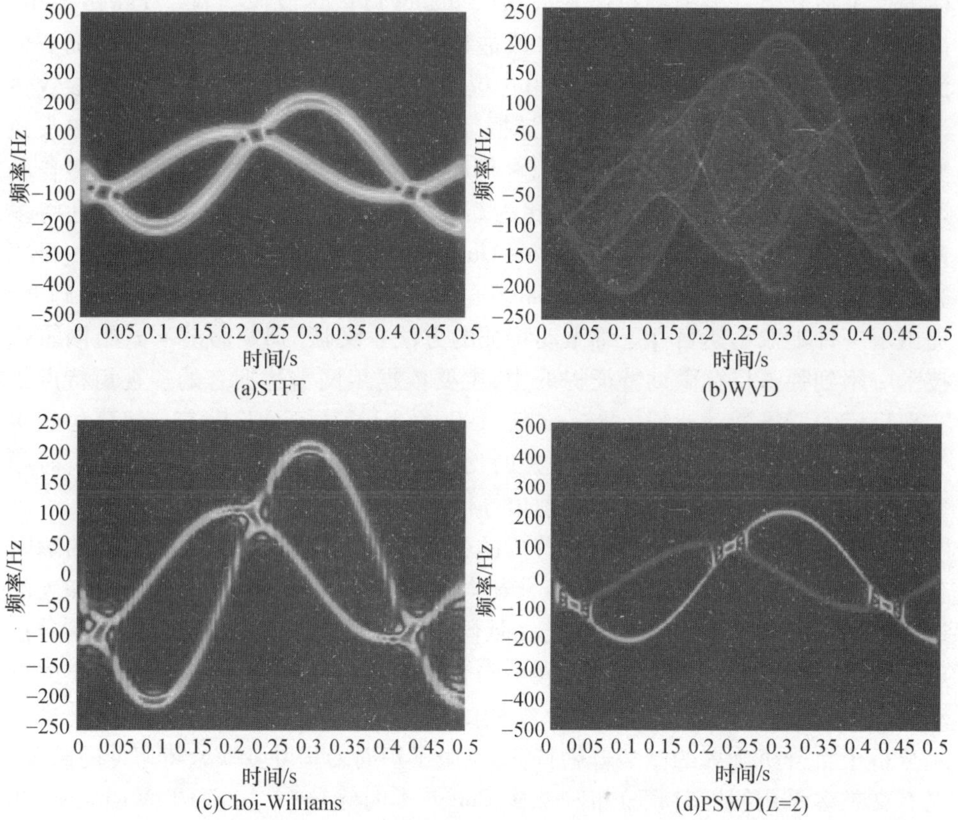

图 1.2　微动目标回波信号时频分布

时频分析能够得到包含目标瞬时频率特性的回波，且具有较好的抗噪性能，但是在非线性、多分量信号处理时计算量较大，且无法有效克服交叉项。为克服这些问题，人们开始研究解调分析技术、独立分量分析技术以及匹配傅里叶变换技术等在微动特征分析中的应用。文献[205]和文献[206]提出通过分析经验模态分解（Empirical Mode Decomposition，EMD）结果，分解微动信号为不同调制模态内模式函数，进而获得目标的自旋频率、锥旋频率等特征信息，证明该方法有较好的鲁棒性。文献[207]利用奇异谱分析（Singular Spectral Analys，SSA）对回波信号中的目标主体和微动成分进行了重构。文献[208]将微动信号表示为调制频率相同的正弦调幅—正弦调频信号模型，通过 Teager 非线性能量算子分离出了幅度调制信息，通过对包络进行分析提取出了微动参数。文献[209]分析了正弦调频信号的循环平稳特性，并据此推导了信号的循环谱，进而实现了信号参数的估计。

1.3　本书主要内容

本书以运动目标高分辨成像为研究对象,在稀疏重构理论的指导下,针对机动目标、高速旋转目标及进动锥体目标的 ISAR 成像中的一些关键性问题进行了研究,同时提出了基于改进的联合稀疏贝叶斯学习和二维块稀疏重构的成像方法。

本书具体内容如下:

第 1 章介绍了课题研究的背景和意义,分析了三类复杂运动目标成像的特点及关键问题,对基于稀疏重构的 ISAR 成像方法的研究现状以及存在的问题进行了综述和分析,总结了微动目标特征提取及三维成像的研究现状及关键问题。

第 2 章研究了稀疏高分辨重构 ISAR 成像基本方法。给出了 ISAR 成像回波信号模型,分析了典型成像算法的成像原理,介绍了压缩感知的相关基本理论,同时分析了基于压缩感知 ISAR 成像的特点及问题。基于 ISAR 图像特性,提出了基于多观测向量序列降采样重构的成像方法。针对传统基于压缩感知成像方法存在的基失配问题,给出了一种基于重加权原子范数的成像方法,仿真及实测数据实验验证了其有效性。

第 3 章研究了弹道目标中段平动和微动的动力学原理以及成像的基本原理。论述了弹道目标在中段平动满足椭圆弹道假设,并用龙格—库塔状态方程对中段平动进行解算。对弹道目标中段微动进行了建模分析,给出了进动的极坐标表示,分析了平移、旋转变换的齐次矩阵表示。最后对目标的平动和微动进行了仿真。

第 4 章研究了基于联合稀疏及矩阵重构的机动目标短孔径超分辨 ISAR 成像方法。给出了机动目标模型,分析了机动目标成像特点。利用短孔径超分辨方法,将 ISAR 成像问题转化为多维稀疏重构问题。针对回波信号特点,提出了一种多列稀疏重构方法,结合 SL0 算法,实现了多列稀疏信号的准确重构,并仿真分析了算法的有效性。给出机动目标二维回波信号模型,将机动目标的 ISAR 成像问题转化成稀疏矩阵重构问题,并提出了一种基于二维梯度投影的序列一阶负指数函数稀疏矩阵重构方法,该方法可获得优于传统稀疏矩阵重构方法的重构效果,仿真实验验证了所提方法的有效性。

第 5 章基于联合稀疏贝叶斯学习,对 ISAR 成像方法进行了研究。分析了 ISAR 图像的联合稀疏特性,提出了将模式耦合的思想引入联合稀疏贝叶斯学习中,力求解决快速旋转目标的越距离单元徙动问题,仿真实验证明了所提算法可有效改善快速旋转类目标成像质量。分析了联合稀疏贝叶斯学习方法的特点,利用最大化无约束证据下界来求解优化问题,并提出了一种快速免逆联合稀疏贝叶斯学习方法,仿真及实测数据验证了所提方法不仅有良好的成像效果,而且计算复杂度大大降低。

第6章研究了基于二维块稀疏重构的ISAR成像方法。将 $\ell^0(\ell^2)$ 范数罚函数的正则化最小二乘问题引入块稀疏重构中,结合信号的联合稀疏性,提出了一种新的二维块稀疏重构方法,仿真实验和实测数据验证了方法的有效性。将块稀疏信号的重构问题转化为矩阵的秩最小问题,提出了复数域的块稀疏重构方法,并分别用于距离压缩信号和ISAR图像的重构,仿真和实测数据验证了方法的有效性。

第7章研究了非合作目标ISAR图像的横向定标问题。通过分析ISAR像中模值最大向量在成像间的转角来估计目标转速,通过分析弹道目标ISAR图像特点,提出一种利用成像序列实现ISAR图像横向定标的方法。利用主成分分析方法提取连续二维ISAR图像的主轴,分析了定标前和定标后ISAR图像主轴间的关系,研究了改进的横向定标方法,利用二分法完成转角及转速的估计,实现横向定标。仿真实验验证了定标方法的有效性。

第8章在二维成像研究的基础上,进一步研究进动锥体目标三维重构问题。建立了进动锥体目标三维模型,估计目标的自旋角频率和进动角频率,利用信号的相干积累实现进动角估计及散射点三维重构,并提出了一种多元复数后向投影算法,仿真及电磁计算实验数据验证了算法的有效性。分析了进动锥体目标模型特点和锥体目标二维成像与三维结构的关系,建立了降采样观测信号模型,提出了一种循环移位信号重构方法,结合SL0算法可实现信号及二维ISAR图像的有效重构。从图像融合角度出发,提出了一种基于多基二维ISAR图像关联的三维重构方法,仿真及电磁计算实验数据证明所提方法可实现进动目标的高分辨三维重构。

第9章研究了利用一维距离像序列进行弹道目标特征提取的方法。论述了高分辨距离像原理,仿真了进动目标的一维距离像,研究了目标的高速运动对其高分辨距离像的影响。从滑动散射点模型出发,通过分析进动的周期性引起一维距离像的周期性,提出了利用距离像序列提取目标进动周期的方法。针对距离像的姿态敏感性,单次距离像只能提取目标的投影尺寸,分析了目标微动与其距离像的关系,提出利用距离像序列来实现目标真实尺寸的提取,同时完成了目标进动角的估计。最后对所提算法进行了仿真分析。

第10章研究了弹道目标ISAR像特征提取和电磁计算方法。介绍了ISAR成像原理,对微动目标的ISAR成像进行了仿真分析,研究了微动信号的时频分离方法。对基于FEKO电磁计算的进动锥体目标成像进行了研究,提出了利用FEKO进行目标模型构建、回波计算和电磁仿真、目标成像的流程方法。

第11章研究了单站和多站平台下的目标三维成像方法。建立了三维微动模型,对其成像方法进行了分析。针对转台目标单次ISAR像为目标三维散射中心在成像平面的投影,提出了利用ISAR像序列关联来实现转台目标的三维重建。利用散射点多次成像的位置,根据三点定圆特性,确定目标转台平面,再利用多次ISAR像关联,得到重构的散射点三维位置。针对分析的弹道目标ISAR成像的特点,从多基站平台出发,通过分析各站ISAR像与目标微动特征的关系,利用提出的散射中心关联算法,实现进动目标的三维成像。

第12章研究了非合作目标的成像方法。提出通过提取ISAR图像中目标散射点特征信息,构造匹配度矩阵完成目标识别,并对识别性能进行了评估。对基于深度学习中的稀疏自编码器ISAR图像识别方法进行了研究。通过5类不同目标的点散射模型,利用获取的不同方位角下的目标ISAR图像作为训练样本和测试样本进行了仿真验证。

第13章对本书的主要内容和研究成果进行了总结,并对非合作目标成像方法的下一步研究方向进行了展望。

参考文献

[1] 保铮,邢孟道,王彤. 雷达成像技术[M]. 北京:电子工业出版社,2005:35 - 98.

[2] Rihaczk A W, Hershkowitz S J. Theory and practice of radar target identification[M]. Boston: Artech House, 2000:36 - 88.

[3] 刘永坦. 雷达成像技术[M]. 哈尔滨:哈尔滨工业大学出版社,2014:65 - 73.

[4] Brown W M. Synthetic aperture radar[J]. IEEE Transactions on Aerospace and Electronic Systems, 1967, 3(2):217 - 229.

[5] Wiley C A. Synthetic aperture radar[J]. IEEE Transactions on Aerospace and Electronic Systems, 1985, 21(3):440 - 443.

[6] Chen C C, Andrews H C. Target - motion - induced radar imaging[J]. IEEE Transactions on Aerospace and Electronic Systems, 1980, 16(1):2 - 14.

[7] Chen CC, Andrews H C. Multifrequency Imaging of Radar Turntable Data[J]. IEEE Transactions on Aerospace and. Electronic Systems, 1980, 16(1):15 - 22.

[8] 李源. 逆合成孔径雷达理论与对抗[M]. 北京:国防工业出版社,2013:23 - 32.

[9] 李道京,刘波,尹建风,等. 高分辨率雷达运动目标成像探测技术[M]. 北京:国防工业出版社,2014:106 - 124.

[10] 王虹现. ISAR成像新方法研究[D]. 西安:西安电子科技大学,2010.

[11] Donoho DL. Compressed sensing[J]. IEEE Transactions on Information Theory, 2006, 52(4): 1289 - 1306.

[12] Candès E J, Romberg J, Tao T. Robust uncertainty principles: Exact signal reconstruction from highly incomplete frequency information[J]. IEEE Transactions on Information Theory, 2006,

52(2):489 – 509.

[13] Candès E J, Tao T. Near – optimal signal recovery from random projections: Universal encoding strategies? [J]. IEEE Transactions on Information Theory, 2006, 52(12):5406 – 5425.

[14] Baraniuk R. Compressive sensing[J]. IEEE Signal Processing Magazine, 2007, 24(4): 118 – 121.

[15] Candès E J, Tao T. Decoding by linear programming[J]. IEEE Transactions on Information Theory, 2005, 51(12):4203 – 4215.

[16] 胡杰民. 复杂运动目标高分辨雷达成像技术研究[D]. 长沙:国防科技大学,2010.

[17] Zhang L, Duan J, Qiao Z, et al. Phase adjustment and ISAR imaging of maneuvering targets with sparse apertures[J]. IEEE Transactions on Aerospace and Electronic Systems, 2014, 50(3):1955 – 1972.

[18] Xu G, Xing M, Zhang L, et al. Sparse – apertures ISAR imaging and scaling for maneuvering targets[J]. IEEE Journal of Selected Topics in Appllied Earth Observations and Remote Sensing, 2014, 7(7):2942 – 2956.

[19] Sun C, Wang B, Fang Y, et al. High – resolution ISAR imaging of maneuvering targets based on sparse reconstruction[J]. Signal Processing, 2015, 108:535 – 548.

[20] Li W, Wang X, Wang G, et al. Scaled Radon – Wigner transform imaging and scaling of maneuvering target[J]. IEEE Transactions on Aerospace and Electronic Systems, 2010, 46(4): 2043 – 2051.

[21] Wang Y, Kang J, Jiang Y. ISAR imaging of maneuvering target based on the local polynomial Wigner distribution and integrated high – order ambiguity function for cubic phase signal model [J]. IEEE Journal of Selected Topics in Appllied Earth Observations and Remote Sensing, 2014, 7(7):2971 – 2991.

[22] Wang Y, Jiang Y. Fourth – order complex – lag PWVD for multicomponent signals with application in ISAR imaging of maneuvering targets[J]. Circuits systems and Signal Processing, 2010, 29:449 – 457.

[23] 王勇. 基于时频分析技术的机动目标 ISAR 成像方法研究[D]. 哈尔滨:哈尔滨工业大学,2008.

[24] Bao Z, Wang G, Luo L. Inverse synthetic aperture radar imaging of maneuvering targets[J]. Optical Engineering, 1998, 37(5):1582 – 1588.

[25] Lu G, Bao Z. Compensation of scatterers migration through resolution cell in inverse synthetic aperture radar imaging[J]. IEE Proceeding, Radar Sonar Navigation, 2000, 147(2):80 – 85.

[26] Du L, Su G. Adaptive inverse synthetic aperture radar imaging for nonuniformly moving targets [J]. IEEE Geoscience and Remote Sensing Letters, 2005, 2(3):247 – 249.

[27] Wang Y, Jiang Y. ISAR imaging of maneuvering target based on the L – class of fourth – order complex – lag PWVD[J]. IEEE Transactions on Geoscience and Remote Sensing, 2010, 48(3):1518 – 1527.

[28] Wang Y, Jiang Y. Inverse synthetic aperture radar imaging of maneuvering target based on the

product generalized cubic phase function[J]. IEEE Geoscience and Remote Sensing Letters, 2011,8(5):958 - 962.

[29] Ruan H, Wu Y, JiaX, et al. Novel ISAR imaging algorithm for maneuvering targets based on a modified keystone transform[J]. IEEE Geoscience and Remote Sensing Letters, 2014, 11(1): 128 - 132.

[30] Li G, Zhang H, Wang X, et al. ISAR imaging of maneuvering targets via matching pursuit [C]. 2010 IEEE International Geoscience and Remote Sensing Symposium, HI, US, 2010: 1625 - 1628.

[31] Xingyu He, Ningning Tong, Weike Feng. High - resolution ISAR imaging of maneuvering targets based on the sparse representation of multiple column - sparse vectors[J]. Digital Signal Processing, 2016, 59: 100 - 105.

[32] Y. Li, M. Xing, J. Su, et al. A new algorithm of ISAR imaging for maneuvering targets with low SNR[J]. IEEE Transactions on Aerospace and Electronic Systems, 2013, 49(1):543 - 557.

[33] 胡杰民,付耀文,胡志刚,等. 高速旋转目标旋转速度估计方法[J]. 电子与信息学报, 2009, 31(9):2070 - 2073.

[34] Sparr T, Krane B. Micro - Doppler analysis of vibrating targets in SAR[J]. IEE Proceeding, Radar Sonar Navigation, 2003, 150(4):277 - 283.

[35] 黄雅静. 大转角目标 ISAR 成像技术研究[D]. 长沙:国防科技大学,2013.

[36] WalkerJ L. Range Doppler imaging of rotating objects[J]. IEEE Transactions on Aerospace and Electronic Systems, 1980, 16(1):23 - 52.

[37] Wang Q, M Xing, Lu G, et al. High - resolution three - dimensional radar imaging for rapidly spinning targets[J]. IEEE Transactions on Geoscience and Remote Sensing, 2008, 46(1): 22 - 30.

[38] Hua Y, Guo J, Zhao H. Algebraic iterative wideband radar imaging algorithm to identify rapidly rotating parts on aerial targets[J]. IET Radar, Sonar & Navigation, 2015, 9(9):1162 - 1170.

[39] Yuan B, Chen Z, Xu S. Micro - Doppler analysis and separation based on complex local mean decomposition for aircraft with fast - rotating parts in ISAR imaging[J]. IEEE Transactions on Geoscience and Remote Sensing, 2014, 52(2):1285 - 1298.

[40] Muñoz - Ferreras J M, Pérez - Martínez F. Non - uniform rotation rate estimation for ISAR in case of slant range migration induced by angular motion[J]. IET Radar, Sonar & Navigation, 2007, 1(4):251 - 260.

[41] Liu H, Jiu B, Liu H, et al. A novel ISAR imaging algorithm for micromotion targets based on multiple sparse Bayesian learning[J]. IEEE Geoscience and Remote Sensing Letters, 2014, 11 (10):1772 - 1776.

[42] Stankovic'L, Stankovic'S, Thayaparan T, et al. Separation and reconstruction of the rigid body and micro - Doppler signal in ISAR part 1 - theory[J]. IET Radar, Sonar & Navigation, 2015, 9(9):1147 - 1154.

[43] Gao H, Xie L, Wen S, et al. Micro - Doppler signature extraction from ballistic target with mi-

cro – motions[J]. IEEE Transactions on Aerospace and Electronic Systems, 2010, 46(4): 1969 – 1982.

[44] Baczyk M K, Samczynński P, Kulpa K, et al. Micro – Doppler signatures of helicopters in multistatic passive radars[J]. IET Radar, Sonar & Navigation, 2015, 9(9): 1276 – 1283.

[45] Luo Y, Chi L, Zhang Q, et al. A novel method for extraction of micro – Doppler signal[C]. IEEE 2007 Int. Symposium. Microwave, Antenna, Propag. EMC Tech. for Wireless Communication, 2007: 1458 – 1462.

[46] Luo Y, Zhou L, Lin Y, et al. Micro – Doppler extraction of frequency – stepped chirp signal based on the Hough transform[C]. 8thInt. Symposium Antennas, Propagation EM Theory, Kunming, China, 2008: 408 – 411.

[47] 刘进,王雪松,李文臣,等. 基于进动的旋转对称弹头雷达成像方法[J]. 信号处理, 2009, 25(9): 1333 – 1337.

[48] 魏建功. 导弹中段目标 ISAR 成像与特征提取研究[D]. 长沙:国防科技大学, 2006.

[49] WangT, Wang X, Chang Y, et al. Estimation of precession parameters and generation of ISAR images of ballistic missile targets[J]. IEEE Transactions on Aerospace and Electronic Systems, 2010, 46(4): 1983 – 1995.

[50] 束长勇,陈世春,吴洪骞,等. 基于 ISAR 像序列的锥体目标进动及结构参数估计[J]. 电子与信息学报, 2015, 37(5): 1078 – 1084.

[51] 艾小锋,邹小海,李浩智,等. T/R – R 双基地雷达进动目标参数估计与 ISAR 成像[J]. 电子学报, 2012, 40(6): 1148 – 1153.

[52] Liu L, McLernon D, Ghogho M, et al. Ballistic missile detection via micro – Doppler frequency estimation from radar return[J]. Digital Signal Processing, 2012, 22(1): 87 – 95.

[53] Rauhut H, Schnass K, Vandergheynst P. Compressed sensing and redundant dictionaries[J]. IEEE Transactions on Information Theory, 2008, 54(5): 2210 – 2219.

[54] Candès E J, Romberg J, Tao T. Stable signal recovery from incomplete and inaccurate measurements[J]. Communication on Pure and Appllied Mathmatics, 2006, 59(8): 1207 – 1223.

[55] Rudelson M, Vershynin R. Sparse reconstruction by convex relaxation: Fourier and Gaussian measurements[C]. 40th Annual Conforence on Information Sciences and Systems, 2006: 207 – 212.

[56] Fu C, Ji X, Dai Q. Adaptive compressed sensing recovery utilizing the property of signal's autocorrelations[J]. IEEE Transactions on Image Processing, 2012, 21(5): 2369 – 2378.

[57] Blumensath T, Davies M E. Iterative hard thresholding for compressed sensing[J]. Applied and Computational Harmonic Analysis, 2009, 27: 265 – 274.

[58] Malioutov D M, Sanghavi S R, Willsky A S. Sequential compressed sensing[J]. IEEE Journal of Selected Topics in Signal Processing, 2010, 4(2): 435 – 444.

[59] Schnass K, Vandergheynst P. Dictionary preconditioning for greedy algorithms[J]. IEEE Transactions on Signal Processing, 2008, 56(5): 1994 – 2002.

[60] Candès E J, Eldar Y C, Needell D, et al. Compressed sensing with coherent and redundant dic-

tionaries[J]. Applied and Computational Harmonic Analysis,2011,31:59 – 73.

[61] Ami A,Marvasti F. Deterministic construction of binary,bipolar and ternary compressed sensing matrices[J]. IEEE Transactions on Information Theory,2011,57(4):2360 – 2370.

[62] Applebaum L, Howard S D, Searle S, et al. Chirp sensing codes: deterministic compressed sensing measurements for fast recovery[J]. Applied and Computational Harmonic Analysis, 2009,26(2):283 – 290.

[63] Mallat S G,Zhang Z. Matching pursuits with time – frequency dictionaries[J]. IEEE Transactions on Signal Processing,1993,41(12):3397 – 3415.

[64] Tropp J A, Gilbert A C. Signal recovery from random measurements via orthogonal matching pursuit[J]. IEEE Transactions on Information Theory,2007,53(12):4655 – 4666.

[65] Needell D,Tropp J A. CoSaMP: iterative signal recovery form incomplete and inaccurate samples[J]. Applied and Computational Harmonic Analysis,2008,26:301 – 321.

[66] Donoho DL, Tsaig Y, Drori I, et al. Sparse solution of underdetermined linear equations by stagewise orthogonal matching pursuit[J]. IEEE Transactions on Information Theory,2012,58(2):1094 – 1121.

[67] Chen S,Donoho D L,Saunders M. Atomic decomposition by basis pursuit[J]. SIAM Journal on Scientific Computing,1998,20(1):33 – 61.

[68] Gorodnistsky I F, Rao B D. Sparse signal reconstruction from limited data using FOCUSS: a re – weighted minimum norm algorithm[J]. IEEE Transactions on Signal Processing,1997,45(3):600 – 616.

[69] Rao B D,Kreutz – Delgado K. An affine scaling methodology for best basis selection[J]. IEEE Transactions on Signal Processing,1999,47(1):187 – 200.

[70] Mohimani H,Babaie – Zadeh M,Jutten C. A fast approach for overcomplete sparse decomposition based on smoothed L0 norm[J]. IEEE Transactions on Signal Processing,2009,57(1): 289 – 301.

[71] Tipping M E. Sparse Bayesian learning and the relevance vector machine[J]. The Journal of Machine Learning Research,2001,1:211 – 244.

[72] Wipf D P, Rao B D. Sparse Bayesian learning for basis selection[J]. IEEE Transactions on Signal Processing,2004,52(8):2153 – 2164.

[73] Wang Y,Fu T,Gao M,et al. Performance of orthogonal matching pursuit for multiple measurement vectors with noise[C]. 2013 IEEE China Summit & International Conference on Signal and Information Processing,Beijing,China,2013:67 – 71.

[74] Chen J,Huo X. Sparse representations for multiple measurement vectors (MMV) in an over – complete dictionary[C]. IEEE International Conference on Acoustics,Speech,and Signal Processing,Philadelphia,PA,2005:257 – 260.

[75] Zhou J,Fu Y,Zhang Q,et al. Split Bregman algorithms for multiple measurement vector problem[J]. Multidimensional Systems and Signal Processing,2015,26:207 – 224.

[76] Malioutov D,Cetin M,Willsky A S. A sparse signal reconstruction perspective for source localiza-

tion with sensor arrays[J]. IEEE Transactions on Signal Processing,2005,53(8):3704 – 3716.

[77] Yuan M,Lin Y. Model selection and estimation in regression with grouped variables[J]. Journal of the Royal Statistical Society:Series B:Statistical Methodology,2006,68(1):49 – 67.

[78] Bajwa W U,M F Duarte,R Calderbank. Conditioning of random block subdictionaries with applications to block – sparse recovery and regression[J]. IEEE Transactions on Information Theory,2015,61(7):4060 – 4079.

[79] Eldar Y C,Mishal iM. Robust recovery of signals from a structured union of subspaces[J]. IEEE Transactions on Information Theory,2009,55(11):5302 – 5316.

[80] Yu L,Sun H,Barbot J P,et al. Bayesian compressive sensing for cluster structured sparse signals[J]. Signal Processing,2012,92:259 – 269.

[81] Wipf D P,Rao B D. An empirical Bayesian strategy for solving the simultaneous sparse approximation problem[J]. IEEE Transactions on Signal Processing,2007,55(7):3704 – 3716.

[82] Cotter S,Rao B D,Engan K,et al. Sparse solutions to linear inverse problems with multiple measurement vectors[J]. IEEE Transactions on Signal Processing,2005,53(7):2477 – 2488.

[83] Zhang Z,Rao B D. Sparse signal recovery with temporally correlated source vectors using sparse Bayesian learning[J]. IEEE Journal of Selected Topics in Signal Processing,2011,5(5):912 – 926.

[84] Zhang Z,Rao B D. Extension of SBL algorithms for the recovery of block sparse signals with intra – block correlation[J]. IEEE Transactions on Signal Processing,2013,61(8):2009 – 2015.

[85] Fang J,Shen Y,Li H,et al. Pattern – coupled sparse Bayesian learning for recovery of block – sparse signals[J]. IEEE Transactions on Signal Processing,2015,63(2):360 – 372.

[86] Baraniuk R,Steeghs P. Compressive radar imaging[C]. 2007 IEEE Radar Conference,Waltham,MA,2007:128 – 133.

[87] Xu J,Pi Y. Compressive sensing in radar high resolution range imaging[J]. Journal of Computational Information Systems,2011,7(3):778 – 785.

[88] Khwaja A S,Zhang X. Compressed sensing ISAR reconstruction in the presence of rotational acceleration[J]. IEEE Journal of Selected Topics in Appllied Earth Observations and Remote Sensing,2014,7(7):2957 – 2970.

[89]胡磊. 基于压缩感知的高分辨雷达成像方法研究[D]. 长沙:国防科技大学,2013.

[90] 刘记红. 基于压缩感知的 ISAR 成像技术研究[D]. 长沙:国防科技大学,2012.

[91] Wang F,Eibert T F,Jin Y. Simulation of ISAR imaging for a space target and reconstruction under sparse sampling via compressed sensing[J]. IEEE Transactions on Geoscience and Remote Sensing,2015,53(6):3824 – 3841.

[92] Zhang S,Zhang W,Zong Z,et al. High – resolution bistatic ISAR imaging based on two – dimensional compressed sensing[J]. IEEE Transactions on Antennas and Propagation,2015,63(5):2097 – 2111.

[93] Hou Q,Liu Y,Chen Z. Reducing micro – Doppler effect in compressed sensing ISAR imagingfor aircraft using limited pulses[J]. Electronics Letters,2015,51(12):937 – 939.

[94] Ren B, Li S, Sun H. An algorithm based on the compressed sensing for near range two dimensional imaging[C]. 2012 Asia – Pacific Microwave Conference, Kaohsiung, Taiwan, 2012: 1307 – 1309.

[95] Li J, Xing M, Wu S. Application of compressed sensing in sparse aperture imaging of radar [C]. 2009 2nd Asian – Pacific Conference on Synthetic Aperture Radar, 2009: 651 – 655.

[96] Ender J H G. On compressive sensing applied to radar[J]. Signal Processing, 2010, 90(5): 1402 – 1414.

[97] Zhang L, Xing M, Qiu C, et al. Achieving higher resolution ISAR imaging with limited pulses via compressed sampling[J]. IEEE Geoscience and Remote Sensing Letters, 2009, 6(3): 567 – 571.

[98] Zhang L, Xing M, Qiu C, et al. Resolution enhancement for inversed synthetic aperture radar imaging under low SNR via improved compressive sensing[J]. IEEE Transactions on Geoscience and Remote Sensing, 2010, 48(10): 3824 – 3838.

[99] Zhang L, Qiao Z, Xing M, et al. High – Resolution ISAR Imaging by Exploiting Sparse Apertures[J]. IEEE Transactions on Antennas and Propagation, 2012, 60(2): 997 – 1008.

[100] Zhu F, Zhang Q, Lei Q, et al. Reconstruction of Moving Target's HRRP Using Sparse Frequency – Stepped Chirp Signal[J]. IEEE Sensors Journal, 2011, 11(10): 2327 – 2334.

[101] Du L, Li L, Wang B, et al. Micro – Doppler feature extraction based on time – frequency spectrogram for ground moving target sclassification with low – resolution radar[J]. IEEE Sensors Journal, 2016, 16(10): 3756 – 3763.

[102] Xia P, Wan X, Yi J, et al. Micro – Doppler imaging for fast rotating targets using illuminators of opportunity[J]. IET Radar, Sonar & Navigation, 2016, 10(6): 1024 – 1029.

[103] Li K, Liang X, Zhang Q, et al. Micro – Doppler signature extraction and ISAR imaging for targets with micromotion dynamics[J]. IEEE Geoscience and Remote Sensing Letters, 2011, 8(3): 411 – 415.

[104] Luo Y, Zhang Q, Qiu C, et al. Micro – Doppler effect analysis and feature extraction in ISAR imaging with stepped – frequency chirp signals[J]. IEEE Transactions on Geoscience and Remote Sensing, 2010, 48(4): 2087 – 2098.

[105] AbdullahR S A R, Salah A A, Alnaeb A A, et al. Micro – Doppler detection in forward scattering radar: theoretical analysis and experiment[J]. Electronics Letters, 2017, 53(6): 426 – 428.

[106] Gao H, Xie L, Wen S, et al. Micro – Doppler signature extraction from ballistic target with micro – motions[J]. IEEE Transactions on Aerospace and Electronic Systems, 2010, 46(4): 1969 – 1982.

[107] Chen X, Guan J, Bao Z, et al. Detection and extraction of target with micromotion in spiky sea clutter via short – time fractional fourier transform[J]. IEEE Transactions on Geoscience and Remote Sensing, 2014, 52(2): 1002 – 1018.

[108]白雪茹．空天目标逆合成孔径雷达成像新方法研究[D]．西安:西安电子科技大

学,2011.

[109] 陈行勇. 微动目标雷达特征提取技术研究[D]. 长沙:国防科技大学,2006.

[110] Chen V C. Analysis of radar micro - Doppler signature with time - frequency transform[C]. 10th IEEE Workshop on Statistical Signal and Array Processing,2000:463 - 466.

[111] 陈怡君,管桦,王国正,等. 稀疏孔径条件下微动目标特征提取与成像算法[J]. 现代防御技术,2014,42(4):136 - 142.

[112] 邹小海,艾小锋,李永祯,等. 进动圆锥弹头双基地微多普勒特性分析[J]. 电子与信息学报,2012,34(3):609 - 615.

[113] 李坡. 雷达目标微动信号分离与参数估计方法研究[D]. 南京:南京理工大学,2012.

[114] 贺思三. 微动目标高分辨雷达信号建模及特征提取[D]. 长沙:国防科技大学,2010.

[115] Cai C, Liu W, Fu J, et al. Radar micro - Doppler signature analysis with HHT[J]. IEEE Transactions on Aerospace and Electronic Systems,2010,46(2):929 - 938.

[116] Li J, Ling H. Application of adaptive chirplet representation for ISAR feature extraction from targets with rotating parts[J]. IEE Proceeding on Radar, Sonar and Navigation,2003,150(4):284 - 291.

[117] Bai X, Xing M, Zhou F, et al. Imaging of micromotion targets with rotating parts based on empirical mode decomposition[J]. IEEE Transactions on Geoscience and Remote Sensing, 2008,46(11):3514 - 3523.

[118] Stankovic L, Djurovi I, Thayaparan T, et al. Separation of target rigid body and micro - Doppler effects in ISAR imaging[J]. IEEE Transactions on Aerospace and Electronic Systems,2006,42(4):1496 - 1506.

[119] Zhang Q, Yeo T S, Tan H S, et al. Imaging of a moving target with rotating parts based on the Hough transform[J]. IEEE Transactions on Geoscience and Remote Sensing,2008,46(1):291 - 299.

[120] 李康乐. 雷达目标微动特征提取与估计技术研究[D]. 长沙:国防科技大学,2010.

[121] 刘进. 微动目标雷达信号参数估计与物理特征提取[D]. 长沙:国防科技大学,2010.

[122] 贺思三,周剑雄,付强. 利用一维距离像序列估计弹道中段目标进动参数[J]. 信号处理,2009,25(6):925 - 929.

[123] 金光虎. 中段弹道目标 ISAR 成像及物理特性反演技术研究[D]. 长沙:国防科技大学,2009.

[124] 梁必帅,张群,娄昊,等. 基于微动特征关联的空间自旋目标宽带雷达三维成像[J]. 电子与信息学报,2013,35(9):2133 - 2140.

[125] Stuff M A, Biancalana M, Arnold G, et al. Imaging moving objects in 3D from single aperture synthetic aperture radar[C]. IEEE Radar Conference,2004:94 - 98.

[126] Mayhan J T, Burrows M L, Cuomo K M, et al. High resolution 3D "snapshot" ISAR imaging and feature extraction[J]. IEEE Transactions on Aerospace and Electronic Systems,2001,37(2):630 - 642.

[127] Bhalla R, Ling H. Three - dimensional scattering center extraction using the shooting and

bouncing ray technique[J]. IEEE Transactions on Antennas and Propagation,1996,44(11):1445-1453.

[128] Zhang Q,Yeo T S,Du G,et al. Estimation of three dimensional motion parameters in interferometric ISAR imaging[J]. IEEE Transactions on Geoscience and Remote Sensing,2004,42(2):292-300.

[129] 张冬晨. InISAR三维成像的关键技术研究[D]. 合肥:中国科学技术大学,2009.

[130] 刘承兰. 干涉逆合成孔径雷达(InISAR)三维成像技术研究[D]. 长沙:国防科技大学,2012.

[131] Ma C,Yeo T S,Zhang Q,et al. Three-dimensional ISAR imaging based on antenna array[J]. IEEE Transactions on Geoscience and Remote Sensing,2008,46(2):504-515.

[132] Ding X,Fan M,Wei X,et al. Narrowband imaging method for spatial precession cone-shaped targets[J]. Science China:Technological Science,2010,53(4):942-949.

[133] Wang T,Wang X,Chang Y,et al. Estimation of precession parameters and generation of ISAR images of ballistic missile targets[J]. IEEE Transactions on Aerospace and Electronic Systems,2010,46(4):1983-1995.

[134] 赵艳丽. 弹道导弹雷达跟踪与识别研究[D]. 长沙:国防科技大学,2007.

[135] 周万幸. 弹道导弹雷达目标识别技术[M]. 北京:电子工业出版社,2011:69-85.

[136] Whener D R. High resolution radar[M]. Boston:Artech House,1995:78-93.

[137] He X,Tong N,Liu T. Moving target inverse synthetic aperture radar image resolution enhancement based on two-dimensional block sparse signal reconstruction[J]. IET Image Processing,2021,15:3153-3159.

[138] Potter L C,Chiang D,Carriere R,et al. A GTD-based parametric model for radar scattering[J]. IEEE Transactions on Antennas and Propagation,1995,43(10). 1058-1067.

[139] Chen V C,Qian S. Joint time-frequency transform for radar range-Doppler imaging[J]. IEEE Transactions on Aerospace and Electronic Systems,1998,34(2). 486-499.

[140] Chen V C. Adaptive time-frequency ISAR processing[C]. SPIE's International Symposium on Optical Science,Engineering and Instrumentation,1996:133-140.

[141] Moses R L,Potter L C,Cetin M. Wide angle SAR imaging[C]. Algorithms for Synthetic Aperture Radar Imagery XI,Bellingham,WA,2004:164-175.

[142] Cetin M,Moses R L. SAR imaging from partial-aperture data with frequency-band omissions[C]. Algorithms for Synthetic Aperture Radar Imagery XII,Bellingham,WA,2005:32-43.

[143] Chen CC,Andrews H C. Target-motion-induced radar imaging[J]. IEEE Transactions on Aerospace and Electronic Systems,1980,16(1):2-14.

[144] 王琨,罗琳. ISAR成像中包络对齐的幅度相关全局最优法[J]. 电子科学学刊,1998,20(3):369-373.

[145] Delisle G Y,Wu H. Moving target imaging and trajectory computation using ISAR[J]. IEEE Transactions on Aerospace and Electronic Systems,1994,30(3):887-899.

[146] Wang J,Kasilingam D. Global range alignment for ISAR[J]. IEEE Transactions on Aero-

space and Electronic Systems,2003,39(1):351 - 357.

[147] 王根原,保铮. 逆合成孔径雷达运动补偿中包络对齐的新方法[J]. 电子学报,1998,26(6):5 - 8.

[148] 管志强,陈庆元. 基于最小熵的自适应加权包络对齐算法[J]. 雷达与对抗,2010,30(1):15 - 17.

[149] 俞翔,朱岱寅. 一种改进的全局最小熵 ISAR 距离对准算法[J]. 数据采集与处理,2012,27(5):535 - 540.

[150] Su F L,Cao Z D. Improvements on the range alignment of the motion compensation for ISAR imaging[C]. CIE International Conference of Radar,1996:707 - 710.

[151] 刘志凌,廖桂生,杨志伟. 低信噪比条件下一种迭代加权拟合的 ISAR 包络对齐方法[J]. 电子学报,2012,40(4):799 - 804.

[152] Wang J,Liu X. Improved global range alignment for ISAR[J]. IEEE Transactions on Aerospace and Electronic Systems,2007,43(3):1070 - 1075.

[153] Ye W,Yeo T S,Bao Z. Weighted least - squares estimation of phase errors for SAR/ISAR autofocus[J]. IEEE Transactions on Geoscience and Remote Sensing,1999,37(5):2487 - 2494.

[154] Itoh T M,Donohoe G W. Motion compensation for ISAR via centroid tracking[J]. IEEE Transactions on Aerospace and Electronic Systems,1996,32(7):1191 - 1197.

[155] Wahl D E,Eichel P H,Ghiglia D C,et al. Phase gradient autofocus—a robust tool for high - resolution SAR phase correction[J]. IEEE Transaction on Aerospace and Electronic Systems,1994,30(3):827 - 835.

[156] 朱兆达,邱晓辉,佘志瞬. 用改进的多普勒中心跟踪法进行 ISAR 运动补偿[J]. 电子学报,1997,25(3):65 - 69.

[157] 金光虎,高勋章,黎湘,等. 基于扩展距离像序列的 ISAR 成像相位补偿方法[J]. 系统工程与电子技术,2011,33(1):58 - 63.

[158] 段佳,张磊,盛佳恋,等. 稀疏孔径 ISAR 的加权特征向量初相校正法[J]. 西安电子科技大学学报(自然科学版),2013,40(3):50 - 56.

[159] Son J S,Thomas G,Flores B. Range - Doppler radar imaging and motion compensation[M]. Boston:Artech House,2000:20 - 65.

[160] Hurst M P,Mittra R. Scattering center analysis viaprony's method[J]. IEEE Transactions on Antennas and Propagation,1987,35(8):986 - 988.

[161] Liu Z S,Wu R B,Li J. Complex ISAR imaging of maneuvering targets via the Capon estimation[J]. IEEE Transactions on Signal Processing,1999,47(5):1262 - 1271.

[162] Odendaal J W,Barnard E I,Pistorius C W I. Two dimensional super - resolution radar imaging using MUSIC algorithm[J]. IEEE Transactions on Signal Processin,1994,42(10):1386 - 1391.

[163] Wang Y X,Ling H. A frequency - aspect extrapolation algorithm for ISAR image simulation based on two - dimensional ESPRIT[J]. IEEE Transactions on Geoscience an Remote Sensing,2000,38(4):1743 - 1748.

[164] Walker J L. Range - Doppler imaging of rotating objects[J]. IEEE Transactions on Aerospace and Electronic Systems,1980,16(1):23 - 52.

[165] Doemy A W. Synthetic aperture radar processing with polar formatted subapertures[C]. 1994 IEEE Conference on Signals,Systems and Computer,1994:1210 - 1215.

[166] Ausherman DD,Kozma A. Development in radar imaging[J]. IEEE Transactions on Aerospace and Electronic System,1984,20(4):363 - 399.

[167] Mensa D L,Halevy S,Wade G. Coherent Doppler tomography for microwave images[J]. Proceedings of the IEEE,1983,71(2):254 - 261.

[168] Muson D C,Brien J D,Jenkils W K. A tomographic formulation of spotlight mode synthetic aperture radar[J]. Proceedings of the IEEE,1983,71(8):917 - 925.

[169] 刘记红,徐少坤,高勋章,等. 压缩感知雷达成像技术综述[J]. 信号处理,2011,27(2):251 - 260.

[170] Donoho D L. Compressed sensing[J]. IEEE Transactions on Information Theory,2006,52(4):5406 - 5425。

[171] Zhang L,Xing M,Qiu C,et al. Achieving higher resolution ISAR imaging with limited pulses via compressed sampling[J]. IEEE Geoscience and Remote Sensing Letters,2009,6(3):567 - 571.

[172] Soumekh M. Automatic aircraft landing using interferometric inverse synthetic aperture radar imaging[J]. IEEE Transactions on Image Processing,1996,5(9):1335 - 1345.

[173] 李强. 单脉冲雷达目标三维成像与识别研究[D]. 西安:西安电子科技大学,2007.

[174] Bai X R,Xing M D,Zhou F,et al. High - resolution three - dimensional imaging of spinning space debris[J]. IEEE Transactions on Geoscience and Remote Sensing,2009,45(7):2352 - 2362.

[175] Zhang L,Xing M D,Qiu C W,et al. 2D spectrum matched filter banks for high - speed spinning target 3D ISAR imaging[J]. IEEE Geoscience and Remote Sensing Letters,2009,6(3):368 - 372.

[176] 贺治华,张旭峰,黎湘,等. 一种GTD模型参数估计的新方法[J]. 电子学报,2005,33(9):1679 - 1682.

[177] Potter L C,Chiang D M. A GTD based parametric model for radar scattering[J]. IEEE Transactions on Antennas Propagation,1995,43:1058 - 1067.

[178] 张恂. 雷达目标的高分辨参数建模及其在自动目识别中的应用[D]. 长沙:国防科技大学,1997.

[179] 冯德军,王雪松,徐振海,等. 基于ESPRIT的中段弹道目标特征反演方法[J]. 国防科技大学学报,2004,26(2):41 - 45.

[180] Kim K T,Seo D K,Kim H T. Efficient radar target recognition using the MUSIC algorithm and invariant features[J]. IEEE Transactions on Antennas Propagation,2002,50(3):325 - 337.

[181] 马梁,王涛,冯德军,等. 旋转目标距离像长度特性及微运动特征提取[J]. 电子学报,2008,36(12):2273 - 2279.

[182] 毕莉,赵锋,高勋章,等. 基于一维像序列的进动目标尺寸估计研究[J]. 电子与信息学报,2010,32(8):1825 - 1830.

[183] Setlur P, Amin M, Ahmad F, et al. Indoor imaging of targets enduring simple harmonic motion using Doppler radars[C]. IEEE International Symposium on Signal Processing and Information Technology, Athens, 2005:141 - 146.

[184] Setlur P, Ahmad F, Amin M. Analysis of micro - Doppler signals using linear FM basis decomposition[C]. Proceedings of the SPIE Symposium on Defence and Security, Radar Sensor Technology X Conference, Orlando, FL, 2006:1 - 11.

[185] Setlur P, Amin M, Ahmad F. Optimal and suboptimal micro - Doppler estimation schemes using carrier diverse Doppler radars[C]. IEEE International Conference on Acoustics, Speech and Signal Precessing - proceedings, Taiwan, China, 2009:3265 - 3268.

[186] Lihua Liu, Des Mclernon, Mounir Ghogho, et al. Ballistic missile detection via micro - Doppler frequency estimation from radar return[J]. Digital Signal Processing, 2012, 22(1): 87 - 95.

[187] 罗迎,张群,朱仁飞,等. 多载频 MIMO 雷达中目标旋转部件三维微动特征提取方法[J]. 电子学报,2011,39(9):1975 - 1981.

[188] 罗迎,张群,李松,等. 基于分布式组网雷达的弹道目标三维进动特征提取[J]. 电子学报,2012,40(6):1079 - 1085.

[189] 牛杰,刘永祥,秦玉亮,等. 一种基于经验模态分解的锥体目标雷达微动特征提取新方法[J]. 电子学报,2011,39(7):1712 - 1715.

[190] Dong W, Li Y. Radar target recognition based on micro - Doppler effect[J]. Optoelectronics Letters, 2008, 4(6):456 - 459.

[191] Chen V C. Analysis of radar micro - Doppler signature with time - frequency transform[C]. The 10th IEEE workshop on Statistic Signal and Array Processing, Pocono Manor, PA, 2000: 463 - 466.

[192] Thayaparan T, Abrol S, Riseborough E. Analysis of radar micro - Doppler signatures from experimental helicopter and human data[J]. IEE Proceedings on Radar, Sonar and Navigation, 2007, 1(4):289 - 299.

[193] Chen V C. Doppler signatures of radar backscattering from objects with micro - motions[J]. IET Signal Process, 2008, 2(3):291 - 300.

[194] Li K, Jiang W, Liu Y, et al. Feature extraction of cone with precession based on micro - Doppler[C]. IET Conference Publications, Gulin, China, 2009:1 - 5.

[195] Hong L, Dai F, Wang X. Micro - Doppler analysis of rigid - body targets via block - sparse forward - backward time - varying autoregressive model[J]. IEEE Geoscience and Remote Sensing Letters, 2016, 13(9):1349 - 1353.

[196] Sparr T, Krane B. Micro - Doppler analysis of vibrating target in SAR[J]. IEE Proceedings on Radar, Sonar and Navigation, 2003, 150(4):277 - 283.

[197] Ghaleb A, Vignaud L, Nicolas J M. Micro - Doppler analysis of wheels and pedestrians in

ISAR imaging[J]. IET Signal Processing,2008,2(3):301 - 311.

[198] Stankvic L, Djurovic I, Thayaparan T. Separation of target rigid body and micro - Doppler effects in ISAR imaging[J]. IEEE Transactions on Aerospace and Electronic Systems,2006, 42(4):1496 - 1506.

[199] 张群,罗斌凤,管桦,等. 基于微 Doppler 提取的具有旋转部件雷达目标成像[J]. 自然科学进展. 2007,17(10):1410 - 14170.

[200] 冯德军,丹梅,马梁. 一种鲁棒的弹道目标 RCS 周期估计方法[J]. 航天电子对抗, 2008,24(2):5 - 7.

[201] 李康乐,姜卫东,黎湘. 弹道目标微动特征分析与提取方法[J]. 系统工程与电子技术,2010,32(1):115 - 118.

[202] 胡杰民,付耀文,黎湘. 空间锥体目标进动周期估计[J]. 电子与信息学报,2008,30(12):2849 - 2853.

[203] 邹小海,艾小峰,李永祯,等. 进动圆锥弹头双基地微多普勒特性分析[J]. 电子与信息学报,2012,34(3):609 - 615.

[204] Cai C, Liu W, Jeffrey S. Empirical Mode Decomposition of Micro - Doppler Signature[C]. 2005 IEEE International Radar Conference, Arlington, VA, 2005:895 - 899.

[205] 罗迎,柏又青,张群,等. 弹道目标平动补偿与微多普勒特征提取方法[J]. 电子与信息学报,2012,34(3):602 - 608.

[206] 娄永杰. ISAR 成像中微多普勒效应研究[D]. 哈尔滨:哈尔滨工业大学,2009.

[207] 孙静,张若禹,赵宏宇. 微动目标 AM - FM 信号调幅指数估计方法[J]. 系统工程与电子技术,2009,31(10):2328 - 2330.

[208] 霍凯,李康乐,姜卫东,等. 基于循环平稳特征的正弦调制相位信号参数估计[J]. 电子与信息学报,2010,32(2):355 - 359.

[209] Zhang X, Bai T, Meng H, et al. Compressive sensing - based ISAR imaging via the combination of the sparsity and nonlocal total variation[J]. IEEE Geoscience and Remote Sensing Letters, 2014, 11(5):990 - 994.

[210] Zhang L, Qiao Z, Xing M, et al. High - resolution ISAR imaging with sparse stepped - frequency waveforms[J]. IEEE Transactions on Geoscience and Remote Sensing, 2011, 49(11):4630 - 4651.

[211] Wang H, Quan Y, Xing M, et al. ISAR imging via sparse probing frequencies[J]. IEEE Geoscience and Remote Sensing Letters, 2011, 8(3):451 - 455.

[212] Bai X, Bao Z. High - resolution 3D imaging of precession cone - shaped targets[J]. IEEE Transactions on Antennas and Propagation, 2014, 62(8):4209 - 4219.

第2章 稀疏高分辨重构 ISAR 成像基本方法

2.1 引 言

基于压缩感知的 ISAR 成像方法可利用少量的观测数据和样本数实现对高分辨图像的重构,在雷达目标成像中有着独特的优势。如果所重构信号由多个向量构成,且各向量稀疏结构相同,则可利用压缩感知中的多观测向量模型进行联合稀疏重构。相对于各向量单独重构或信号向量化后再重构,基于多观测向量模型的重构方法不仅可提高重构精度,还可降低重构计算复杂度。ISAR 成像中,在短的相干积累时间内不发生越距离单元徙动时,各脉冲的距离向稀疏结构相似,可利用多观测向量模型实现稀疏重构。当信号稀疏结构不完全满足多观测向量模型时,本章提出了基于多观测向量序列降采样恢复的 ISAR 图像重构方法。

基于压缩感知的方法通常需要构造稀疏基,一般来说,稀疏基构造时网格划分越精细,重构精度就越高,但往往计算量也越大;反之,网格划分越粗糙,重构精度就越差。本章提出利用无网格凸优化方法实现 ISAR 图像重构解决这一问题。

2.2 ISAR 成像原理

雷达成像是通过各种方法使得其分辨单元远小于成像目标尺寸,实现雷达对目标各维度的高分辨,从而能够刻画目标结构特性。ISAR 成像的原理与 SAR 成像原理本质上一致,均要求发射宽频带信号以获取目标的高分辨距离像。对于传统的成像方法来说,雷达发射信号带宽越大,其距离分辨率就越高,目标的 HRRP 就越能反映目标的特征信息。

研究 ISAR 成像通常将目标运动分解为平动和转动。平动一般是指目标相对于雷达的整体运动,各散射点相对于雷达有相同的径向速度,其回波多普勒也相同。平动对成像没有作用,但会产生距离包络走动和相位误差,使图像散焦,因此要实现目标的高分辨 ISAR 成像,需要补偿目标平动分量。目标的转动分量是成像主要利用的运动分量,会使各散射点多普勒频率不同,从而获得方位向高分辨,因此通常将该转动平面称为成像平面。

转台成像示意图如图 2.1 所示,其最下方箭头方向表示雷达视线方向。XOY 表示目标所在成像平面直角坐标系,X 轴代表方位向,Y 轴表示距离向,而方位向由距离向确定。考虑远场情况,当对回波进行匹配滤波处理时,纵向距离向分辨率可表示为

$$\rho_{\mathrm{r}} = \frac{c}{2B} \tag{2.1}$$

式中:c 为电磁波传播速度;B 为发射信号带宽。

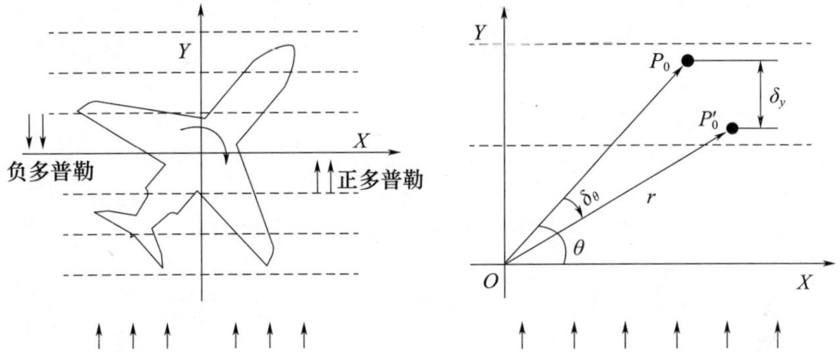

(a)转台目标示意图　　(b)散射点回波

图 2.1　转台目标成像示意图

方位向分辨率主要由目标与雷达之间的相对转角来确定。如图 2.1(a)所示,假设目标绕旋转中心顺时针转动,则目标位于轴线上的散射中心子回波多普勒为零,目标旋转轴两侧散射点多普勒的正负情况和多普勒值的大小取决于散射点在方位向的坐标位置。通过 FT 对距离压缩后的信号进行变换,便可实现各距离单元散射点在横向方位向的分辨。

假设在相邻的两次回波观测中,目标顺时针转过一个很小角度 δ_θ,如图 2.1(b)所示,则散射点 $P_0(x,y)$ 的纵向位移满足

$$\delta_y = r\sin(\theta - \delta_\theta) - r\sin(\theta) = -x\sin(\delta_\theta) - y(1 - \cos(\delta_\theta)) \tag{2.2}$$

式中:r 为散射点 P_0 的旋转半径;θ 为散射点 P_0 与 X 轴的初始夹角。

假设转台转速恒定,相干积累时间内目标相对于雷达视线的转角为 $\Delta\theta$,若两散射点横向距离差为 Δx 时,其总相位差为

$$\Delta\phi = \frac{4\pi}{\lambda}\Delta\theta \cdot \Delta x \tag{2.3}$$

方位向通过傅里叶变换分辨散射点时,需要 $\Delta\phi \geqslant 2\pi$,因此,方位向分辨率为

$$\rho_{\mathrm{a}} = \frac{\lambda}{2\Delta\theta} \tag{2.4}$$

在远场和小转角近似的条件下,第 k 个散射点 $P_k(x_k,y_k)$ 与雷达之间的瞬时距离可表示为

$$\begin{aligned}R_k(t) &= R_0 + x_k \sin\Delta\theta(t) + y_k \cos\Delta\theta(t)\\ &\approx R_0 + x_k \Delta\theta(t) + y_k\\ &\approx R_0 + x_k \omega_0 t + y_k\end{aligned} \tag{2.5}$$

式中:ω_0 为匀速旋转的旋转角速度;R_0 为转轴中心到雷达的距离。

假设雷达发射线性调频信号可表示为

$$s_t(\tau,t_m) = \mathrm{rect}\left(\frac{\tau}{T_p}\right)\cdot \exp\left(\mathrm{j}2\pi\left(f_c(\tau+t_m)+\frac{1}{2}\mu\tau^2\right)\right) \tag{2.6}$$

式中:$\mathrm{rect}(u)=\begin{cases}1, & |u|\leqslant 1/2\\ 0, & |u|>1/2\end{cases}$为矩形窗函数;$\tau$ 为快时间;t_m 为慢时间;T_p 为脉冲宽度;f_c 为载频;μ 为调频率。

散射点 $P_k(x_k,y_k)$ 的回波复包络可表示为

$$\begin{aligned}s(\tau,t_m) = A_k \cdot \mathrm{rect}\left(\frac{t_m}{T_a}\right)\cdot \mathrm{rect}\left(\frac{\tau-2R_k(t_m)/c}{T_p}\right)\cdot \exp\left(-\mathrm{j}\frac{4\pi f_c R_k(t_m)}{c}\right)\cdot\\ \exp\left\{\mathrm{j}\pi\mu\left(\tau-\frac{2R_k(t_m)}{c}\right)^2\right\}\end{aligned} \tag{2.7}$$

式(2.7)为点目标回波信号下变频至基频的形式,A_k 表示该散射中心的散射系数,T_a 表示相干积累时间。ISAR 在完成对目标基频回波信号的接收后,需要进行距离向的压缩,一般可通过匹配滤波和 Dechirp 两种方法实现。距离向脉压后的信号可表示为

$$s(\tau,t) = \mathrm{rect}\left(\frac{t}{T_a}\right)A_k T_p \cdot \mathrm{sinc}\left[T_p\mu\left(\tau-\frac{2R_k(t)}{c}\right)\right]\cdot \exp\left(-\mathrm{j}4\pi\frac{R_k(t)}{\lambda}\right) \tag{2.8}$$

假设已通过包络对齐和相位校正完成了目标平动补偿,若利用传统的距离多普勒算法对目标成像,需将式(2.5)代入式(2.8)并进行方位向的傅里叶变换,即可得到目标的 ISAR 像为

$$|s(\tau,t)| = |A_k|\cdot\left|\mathrm{sinc}\left[T_p\mu\left(\tau-\frac{2(R_0+y_k)}{c}\right)\right]\right|\cdot \mathrm{sinc}\left(\frac{T_a}{2}\left(f_a+\frac{2\omega_0 x_k}{\lambda}\right)\right) \tag{2.9}$$

式中:f_a 为方位多普勒。

2.3 压缩感知基本理论

2.3.1 压缩感知数学模型

考虑任意 N 维信号 $\boldsymbol{x}\in\mathbb{C}^N$,假设该信号在某个基 $\boldsymbol{\Psi}$ 上投影系数大多为

零,即该信号可通过 $\boldsymbol{x}=\boldsymbol{\Psi\alpha}$ 来表示。其中,$\boldsymbol{\Psi}$ 表示 $N\times N$ 矩阵,$\boldsymbol{\alpha}\in\mathbb{C}^N$ 表示 $\boldsymbol{x}$ 在基 $\boldsymbol{\Psi}$ 上的投影系数,其中仅有 K 个非零元,通常 $K\ll N$。在 CS 测量信号的过程中,并不像 Nyquist 采样定理那样对 $\boldsymbol{x}$ 逐点采样,而是将信号投影到一组 N 维测量波形 $\{\boldsymbol{\varphi}_1,\cdots,\boldsymbol{\varphi}_M\}$,其中 $K<M\ll N$。信号 $\boldsymbol{x}$ 的 M 个测量样本 $\{\boldsymbol{y}_1,\cdots,\boldsymbol{y}_M\}$ 可表示为

$$\boldsymbol{y}_i=\langle\boldsymbol{x},\boldsymbol{\varphi}_i\rangle+\varepsilon_i=\boldsymbol{\varphi}_i^{\mathrm{H}}\boldsymbol{x}+\varepsilon_i;i=1,2,\cdots,M \tag{2.10}$$

式中:$\langle\cdot,\cdot\rangle$ 为内积算子;ε_i 为测量噪声。用矩阵形式表示,式(2.10)可改写为

$$\boldsymbol{y}=\boldsymbol{\Phi x}+\boldsymbol{\varepsilon}=\boldsymbol{\Phi\Psi\alpha}+\boldsymbol{\varepsilon}=\boldsymbol{\Theta\alpha}+\boldsymbol{\varepsilon} \tag{2.11}$$

式中:$\boldsymbol{\Phi}=[\boldsymbol{\varphi}_1,\boldsymbol{\varphi}_2,\cdots,\boldsymbol{\varphi}_M]^{\mathrm{T}}$ 为 $M\times N$ 的测量矩阵;$\boldsymbol{\Theta}$ 为感知矩阵。因此,CS 的任务可描述为:利用低维的观测信号 $\boldsymbol{y}$ 和已知的测量矩阵 $\boldsymbol{\Phi}$,实现对原始高维稀疏信号 $\boldsymbol{x}$ 的高概率高精度重构。最基本的方法是将原始信号的重构问题转化为求解最小 L_0 范数问题,即

$$\hat{\boldsymbol{\alpha}}=\operatorname{argmin}\|\boldsymbol{\alpha}\|_0\quad \text{s. t.}\ \|\boldsymbol{y}-\boldsymbol{\Theta\alpha}\|_2\leqslant\xi \tag{2.12}$$

式中:ξ 为噪声能量门限。然而,式(2.12)是一个 NP - hard 问题,难以直接求解。Donoho 和 Candès 指出,当矩阵 $\boldsymbol{\Theta}$ 满足约束等距性或不相干条件时,式(2.12)可转化为 L_1 范数优化为题。L_1 范数不仅在此条件下与 L_0 范数的最优解相同,且对噪声和误差更稳健。因此,式(2.12)可转化为

$$\hat{\boldsymbol{\alpha}}=\operatorname{argmin}\|\alpha\|_1\quad \text{s. t.}\ \|\boldsymbol{y}-\boldsymbol{\Theta\alpha}\|_2\leqslant\xi \tag{2.13}$$

式(2.13)的优化问题比式(2.12)更易求解。

2.3.2　压缩感知的关键要素

压缩感知的关键要素包括信号的稀疏表示、测量矩阵的构造以及重构算法的设计。信号的稀疏表示是应用 CS 理论的前提,测量矩阵的构造是保证信号非相关测量的具体措施,而重构算法的设计决定了信号重构的质量。

1)信号的稀疏表示

原始信号在某个基或字典上的稀疏表示是应用 CS 理论的前提,CS 的首要任务是研究信号的稀疏表示问题。对于离散信号 $\boldsymbol{x}\in\mathbb{C}^N$,假设 $\boldsymbol{x}$ 可以表示为

$$\boldsymbol{x}=\boldsymbol{\Psi\alpha} \tag{2.14}$$

若 $\boldsymbol{\alpha}$ 中的非零向量元素的个数至多为 K,且 K 的值远小于 N,则信号 $\boldsymbol{x}$ 是 K 稀疏的;若 $\boldsymbol{\alpha}$ 中大部分向量元素的值较小,仅有 K 个向量元素的值较大,则信号 $\boldsymbol{x}$ 是可压缩的信号。一般情况下,很难找到自然存在的稀疏信号,但经研究发现,某些信号在经过一系列变换后呈现出稀疏信号的特性。因此,寻找适当的变换方式成为信号稀疏表示的重点和难点。对于雷达信号而言,利用正交变换能实现其信号的稀疏表示,常用的正交变换有傅里叶变换、小波变换等。

2)测量矩阵的构造

能否构造合适的测量矩阵,很大程度上决定了原稀疏信号能否被精确重构。在构造测量矩阵时,往往要求用少量的测量数,最大限度地保留原信号特征。

信号的 L_0 范数解不易得到,而通常需转化为更易实现的 L_1 范数求解,二者解一致要求感知矩阵满足 RIP 条件。若矩阵 $\boldsymbol{\Theta}$ 满足 K - RIP 条件,则对于 K 稀疏信号 $\boldsymbol{x}$,存在约束等距常量(Restricted Isometry Constant,RIC)$\delta_k \in (0,1)$ 使得如下约束条件成立,即

$$(1-\delta_k)\|\boldsymbol{x}\|_2^2 \leqslant \|\boldsymbol{\Theta x}\|_2^2 \leqslant (1+\delta_k)\|\boldsymbol{x}\|_2^2 \tag{2.15}$$

RIP 准则表明,取自矩阵 $\boldsymbol{\Theta}$ 的所有 K 列子集渐近正交,且构造的测量矩阵满足:当构造的稀疏基 $\boldsymbol{\Psi}$ 一定时,不同信号的投影值也不相同。

然而,通过利用式(2.15)来判断构造的测量矩阵是否合适通常难以实现。为了解决这个问题,在一定条件下可使用更易实现的 MIP 准则(Mutual Incoherence Property)来代替 RIP 准则。构造的 $\boldsymbol{\Phi}$ 满足 MIP 准则,要求其与 $\boldsymbol{\Psi}$ 不相关。矩阵 $\boldsymbol{\Phi}$ 与 $\boldsymbol{\Psi}$ 之间的非相干性要求 $\boldsymbol{\Psi}$ 的列不能够用 $\boldsymbol{\Phi}$ 的行稀疏表示,反之亦然。若用参数 μ 来表示测量矩阵 $\boldsymbol{\Phi}$ 与稀疏基 $\boldsymbol{\Psi}$ 之间的相关程度,则有

$$\mu = \mu(\boldsymbol{\Theta}) = \max_{k \neq l} \frac{|\langle \boldsymbol{\vartheta}_k, \boldsymbol{\vartheta}_l \rangle|}{\|\boldsymbol{\vartheta}_k\|_2 \|\boldsymbol{\vartheta}_l\|_2} \tag{2.16}$$

式中:ϑ_k 表示 $\boldsymbol{\Theta}$ 的第 k 列。参数 μ 的物理意义为矩阵 $\boldsymbol{\Theta}$ 归一化向量之间最大内积值。一般来说,相关系数 μ 越小,$\boldsymbol{\Phi}$ 和 $\boldsymbol{\Psi}$ 相关性越差,越有利于稀疏恢复。如果 $\boldsymbol{\Phi}$ 和 $\boldsymbol{\Psi}$ 高度不相关,则 $\boldsymbol{\Theta}$ 才会以较高的概率满足 RIP 条件。测量矩阵的设计要避免把不同的 K 稀疏信号投影为相同的采样值,因此测量矩阵的每 $2K$ 列均是非奇异的,重构 K 稀疏信号所需测量数 $M \geqslant 2K$。CS 理论表明,若构造的测量矩阵满足 RIP 条件或 MIP 条件,且测量数满足 $M = \mathcal{O}(K \cdot \log(N/K))$,则能高概率高精度重构原始 K 稀疏信号。常用的测量矩阵包括随机高斯矩阵、部分傅里叶矩阵、Toeplitz 矩阵等。

3)重构算法的设计

重构算法的性能主要通过重构精度、重构效率或计算复杂度以及所需测量数来衡量。目前比较常用的重构算法可分为贪婪算法、凸优化算法及统计优化方法等,不同算法优缺点各不相同。贪婪算法是通过迭代重构原始信号,算法复杂度较低,计算速度较快,然而该类方法往往不容易得到最稀疏解,所需的测量数较多,且重构效果相对较差。凸优化算法是将信号重构问题转化为凸规划最优解的求取问题,通常易求得最稀疏解,且重构精度较高,但是算法计算量和复杂度较高。以稀疏贝叶斯为代表的统计优化方法及其改进方法,可在一定条件下实现稀疏信号的精确重构,然而其迭代求解过程比较烦琐,且通常需要信号的部分先验信息。

2.4　多观测向量序列降采样恢复的 ISAR 图像重构

假设式(2.8)中距离脉压后的二维信号的矩阵形式为 $\boldsymbol{S}$,并已完成对回波信号的运动补偿。$\boldsymbol{S}$ 中包含了 M 次回波脉冲信号,而每次回波信号中包含了 N 个距离单元,因此 $\boldsymbol{S} \in \mathbb{C}^{N\times M}$ 且式(2.8)的矩阵形式可表示为

$$\boldsymbol{S} = \boldsymbol{FA} \tag{2.17}$$

式中:$\boldsymbol{A} = [a_{\bar{n}m}]_{\bar{N}M}$ 为 $\bar{N}\times M(\bar{N}>N)$ 的目标超分辨二维图像;$a_{\bar{n}m}$ 为散射点的散射复幅度;$\boldsymbol{F}$ 为 $N\times\bar{N}$ 维的部分傅里叶矩阵,且有

$$\boldsymbol{F} = \begin{bmatrix} 1 & 1 & \cdots & 1 \\ 1 & \omega & \cdots & \omega^{(\bar{N}-1)} \\ \vdots & \vdots & \ddots & \vdots \\ 1 & \omega^{(N-1)} & \cdots & \omega^{(N-1)(\bar{N}-1)} \end{bmatrix}_{N\times\bar{N}} \tag{2.18}$$

式中:$\omega = \exp\left(-\mathrm{j}\dfrac{2\pi}{\bar{N}}\right)$。

目前基于 CS 的 ISAR 成像方法大多是通过对式(2.17)进行矢量化操作,再完成信号的重构,或对信号进行逐列重构。然而,这些方法只利用了目标图像的一维稀疏性,没有利用图像的二维联合稀疏性。考虑目标 ISAR 图像的联合稀疏特性,可通过求解多观测向量(Multiple Measurement Vector,MMV)联合稀疏优化问题实现 ISAR 图像的重构。该方法重构精度更高,且运算复杂度大大降低。很多基于单观测向量的重构算法可以拓展到多观测向量问题中。文献[5]表明 OMP 算法在一定条件下可以找到多观测向量重构问题的稀疏解。文献[6]分析了多观测向量模型下的 OMP 算法的性能。文献[7]对 FOCUSS 算法的拓展算法进行了研究,分别提出了 MFOCUSS 算法和正则化 MFOCUSS 算法,解决了无噪声和有噪声情况下的多观测向量重构问题。文献[8]将 SBL 算法拓展到多观测向量,提出了 MSBL 算法。然而,当矩阵中各个向量的非零元素的位置不同并且非零元素数目不是很小时,这些算法的重构误差将会很大甚至失效。文献[9]基于 SL0 算法提出了一种拓展的 2D－SL0 算法用于实现稀疏矩阵重构,用于实现任意稀疏结构的稀疏矩阵重构。

2.4.1　多观测向量模型

在基于多观测向量的稀疏表示问题中,要求所恢复的 M 列稀疏信号具有相同的稀疏结构。基于式(2.17),多观测向量的稀疏表示问题可表示为

$$\min \left\| \left(\sum_{m=1}^{M} |a_{im}| \right)_{i\in\Lambda} \right\|_0, \Lambda = \{1,2,\cdots,N\} \quad \text{s. t. } \boldsymbol{S} = \boldsymbol{FA} \tag{2.19}$$

考虑到 L_0 范数最小化问题的计算复杂度问题，在满足 RIP 条件的前提下，可以用 L_1 范数作为替代，形式为

$$\min \left\| \left(\sum_{m=1}^{M} |a_{im}| \right)_{i \in \Lambda} \right\|_1, \Lambda = \{1,2,\cdots,N\} \quad \text{s.t. } \boldsymbol{S} = \boldsymbol{F}\boldsymbol{A} \tag{2.20}$$

同样，可以构造其他关于 $\boldsymbol{A}$ 的目标函数。例如，文献[5]中提出了基于凸优化的稀疏量测方法，即

$$\min_{A \in \mathbb{R}^{\bar{N} \times M}} \| \boldsymbol{A} \|_{p,q} \quad \text{s.t. } \boldsymbol{S} = \boldsymbol{F}\boldsymbol{A} \tag{2.21}$$

式(2.21)中的混合范数 $\| \cdot \|_{p,q}$ 定义为

$$\| \boldsymbol{A} \|_{p,q} = \sum_{n=1}^{\bar{N}} \left(\| \boldsymbol{A}^{(n)} \|_q \right)^p, 0 \leqslant p \leqslant 1, q \geqslant 1 \tag{2.22}$$

式中：$\boldsymbol{A}^{(n)}$ 为矩阵 $\boldsymbol{A}$ 的第 n 行。MFOCUSS 算法就是求解式(2.21)的最优解。

2.4.2 多观测向量序列降采样重构

当二维稀疏信号的稀疏度比较低时，现有的多观测向量的稀疏重构算法，如 MFOCUSS 和 MSBL，都有比较好的重构性能。然而，如果稀疏矩阵的各列向量有不同的稀疏结构，并且各列中非零元个数较多，那么上述方法将有可能在二维稀疏信号重构时失效。本节提出了一种基于多观测向量的序列降采样算法，来实现复杂稀疏结构的二维稀疏信号的重构。

根据多观测向量模型，将式(2.17)重写为如下稀疏重构问题，即

$$\boldsymbol{X} = \boldsymbol{\Psi}\boldsymbol{S} \tag{2.23}$$

式中：$\boldsymbol{\Psi} \in \mathbb{R}^{N \times \bar{N}}$ 为测量矩阵，通常有 $N < \bar{N}$ 或者 $N \ll \bar{N}$。

二维信号的重构可通过序列降采样和序列观测来实现。假设 $\boldsymbol{E} \in \mathbb{R}^{\bar{N} \times \bar{N}}$ 为单位阵，降采样率为 T 并且 $n_s = \bar{N}/T$。构造降采样矩阵 $\boldsymbol{P}_t \in \mathbb{R}^{\bar{N} \times \bar{N}}(t = 1,2,\cdots,T)$。矩阵 $\boldsymbol{P}_t$ 的第 $T \times r + t(0 \leqslant r \leqslant n_s - 1)$ 行与矩阵 $\boldsymbol{E}$ 对应行相同，而矩阵 $\boldsymbol{P}_t$ 其他行的元素都为零。因此，矩阵 $\boldsymbol{P}_t$ 可表示为

$$\boldsymbol{P}_t = \begin{bmatrix} \vdots & \vdots & \overset{\overset{t}{\downarrow}}{\vdots} & \vdots & \vdots & \vdots & \vdots \\ 0 & \cdots & 1 & \cdots & 0 & \cdots & 0 \\ \vdots & \vdots & \vdots & \vdots & \vdots & \vdots & \vdots \\ 0 & 0 & 0 & 0 & 0 & 0 & 0 \\ 0 & \cdots & 0 & \cdots & 0 & \cdots & 0 \\ 0 & \cdots & 0 & \cdots & 1 & 0 & 0 \\ \vdots & \vdots & \vdots & \vdots & \vdots & \vdots & \vdots \end{bmatrix} \left.\vphantom{\begin{matrix} a\\a\\a\\a\\a\\a\\a \end{matrix}}\right\} T-1 \tag{2.24}$$

可以看出，矩阵 $\boldsymbol{P}_t$ 的第 $T \times r + t(0 \leqslant r \leqslant n_s - 1)$ 行的第 $T \times r + t$ 个位置为非

零元素“1”,其他元素为“0”。降采样的过程就是将降采样矩阵与信号 $\boldsymbol{S}$ 相乘。第 t 次观测信号可表示为

$$\boldsymbol{X}_t = \boldsymbol{\Psi}_t(\boldsymbol{P}_t\boldsymbol{S}) = \boldsymbol{\Psi}_t\boldsymbol{S}_t \tag{2.25}$$

式中:$\boldsymbol{\Psi}_t \in \mathbb{R}^{N\times\overline{N}}$;$\boldsymbol{S}_t \in \mathbb{R}^{\overline{N}\times M}$。假设 $\boldsymbol{S}_t$ 和 $\boldsymbol{S}$ 的稀疏度分别为 k_t 和 k,则 $k_t \leqslant k$,通常情况下,$k_t < k$。

在下面的分析中,假设矩阵 $\boldsymbol{\Psi}_t$ 对于所有的 $\boldsymbol{v} \in \mathbb{R}^n$ 和部分常数 $c > 0$,有

$$P(\left|\ \|\boldsymbol{\Psi}_t\boldsymbol{v}\|^2 - \|\boldsymbol{v}\|^2\right| \geqslant \varepsilon\|\boldsymbol{v}\|^2) \leqslant 2\exp(-c\overline{N}\varepsilon^2/2) \tag{2.26}$$

矩阵 $\boldsymbol{S}$ 的支撑基定义为

$$\mathrm{supp}(\boldsymbol{S}) = \bigcup_{m=1}^{M} \mathrm{supp}(\boldsymbol{S}_{(m)}) \tag{2.27}$$

式中:$\boldsymbol{S}_{(m)}$ 为矩阵 $\boldsymbol{S}$ 的第 m 列。向量 $\boldsymbol{S}_{(m)}$ 的支撑基定义为

$$\mathrm{supp}(\boldsymbol{S}_{(m)}) = \{j, S_{jm} \neq 0\} \tag{2.28}$$

假设信号 $\boldsymbol{S} \in \mathbb{R}^{\overline{N}\times M}$ 满足 $\mathrm{supp}(\boldsymbol{S}) = \boldsymbol{\Omega}$。$\boldsymbol{\Psi}_{t\boldsymbol{\Omega}}$ 表示由 $\boldsymbol{\Omega}$ 索引的矩阵 $\boldsymbol{\Psi}_t$ 的列构成的子矩阵,并且假设矩阵 $\boldsymbol{\Psi}_{t\boldsymbol{\Omega}}$ 是非奇异的,那么当满足

$$\|\mathrm{sgn}\,(\boldsymbol{S}^{\boldsymbol{\Omega}})^* \boldsymbol{\Psi}_{t\boldsymbol{\Omega}}^{\dagger}\boldsymbol{\Psi}_{t(m)}\|_2 < 1,\ \forall m \notin \boldsymbol{\Omega} \tag{2.29}$$

时,$\boldsymbol{S}$ 是唯一的最优解。式(2.29)中,$\boldsymbol{S}^{\boldsymbol{\Omega}}$ 为由 $\boldsymbol{\Omega}$ 索引的矩阵 $\boldsymbol{S}$ 的行构成的子矩阵;$\boldsymbol{\Psi}_{t(m)}$ 为矩阵 $\boldsymbol{\Psi}_t$ 的第 m 列;$\boldsymbol{\Psi}_{t\boldsymbol{\Omega}}^{\dagger} = (\boldsymbol{\Psi}_{t\boldsymbol{\Omega}}^*\boldsymbol{\Psi}_{t\boldsymbol{\Omega}})^{-1}\boldsymbol{\Psi}_{t\boldsymbol{\Omega}}^*$ 为矩阵 $\boldsymbol{\Psi}_{t\boldsymbol{\Omega}}$ 的广义逆矩阵。$\mathrm{sgn}(\boldsymbol{S}) \in \mathbb{R}^{\overline{N}\times M}$ 中的元素可表示为

$$\mathrm{sgn}\,(\boldsymbol{S})_{nm} = \begin{cases} \dfrac{\boldsymbol{S}_{nm}}{\|\boldsymbol{S}^{(n)}\|_2}, & \|\boldsymbol{S}^{(n)}\|_2 \neq 0 \\ 0, & \|\boldsymbol{S}^{(n)}\|_2 = 0 \end{cases} \tag{2.30}$$

假设

$$\|\boldsymbol{\Psi}_{t\boldsymbol{\Omega}}^{\dagger}\boldsymbol{\Psi}_{t(m)}\|_2 \leqslant \alpha \leqslant 1,\ \forall m \notin \boldsymbol{\Omega} \tag{2.31}$$

通过式(2.25)重构 $\boldsymbol{S}_t$ 的概率为

$$P_t \geqslant 1 - \overline{N}\exp\left(-\frac{M}{2}(\alpha^{-2} - \log(\alpha^{-2}) - 1)\right) \tag{2.32}$$

为重构信号 $\boldsymbol{S}$,需要依次重构信号 $\boldsymbol{S}_t(t=1,2,\cdots,T)$,最终重构结果可表示为

$$\hat{\boldsymbol{S}} = \sum_{t=1}^{T} \hat{\boldsymbol{S}}_t \tag{2.33}$$

$$\hat{\boldsymbol{S}}_t \triangleq \underset{\boldsymbol{S}_t}{\mathrm{argmin}} \|\boldsymbol{X}_t - \boldsymbol{\Psi}_t\boldsymbol{S}_t\|_2^2 + \lambda d(\boldsymbol{S}_t) \tag{2.34}$$

式中:$d(\boldsymbol{S}_t)$ 为 $\boldsymbol{S}_t$ 中非零行的个数;λ 为平衡估计效果的权重。

当完成 $\boldsymbol{S}_t(t=1,2,\cdots,T)$ 的重构后,二维稀疏信号就可重构出来,如图2.2所示。

基于多观测向量的SDR方法流程可表示如下。

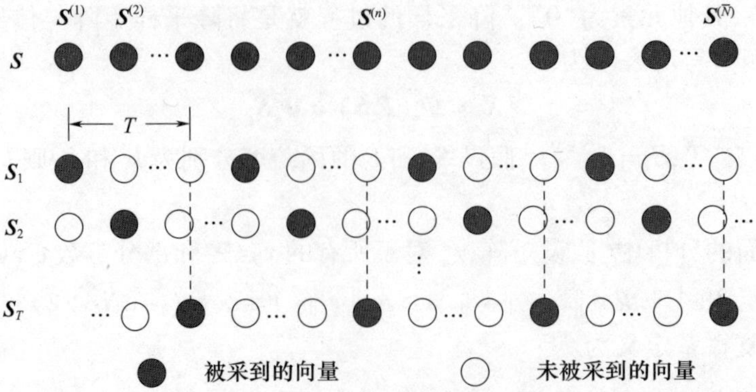

图 2.2　序列降采样重构

(1)构造降采样矩阵 $\boldsymbol{P}_t(t=1,2,\cdots,T)$,得到观测信号 $\boldsymbol{X}_t$。

(2)利用 MFOCUSS 方法求解式(2.34)优化问题,重构信号 $\boldsymbol{S}_t$,其重构概率可用式(2.32)表示。

(3)重复上述步骤,直至 $t=T$,通过式(2.33)计算最终重构的稀疏矩阵信号。

2.4.3 仿真实验验证

1)仿真信号重构实验

假设二维稀疏信号 $\boldsymbol{S}$ 各向量所包含的非零元素的位置和元素值是不相关的。$\|\boldsymbol{S}_{(m)}\|_0=k,m=1,2,\cdots,M$。$k$ 个非零元的位置是随机确定的,非零元素的元素值服从标准高斯分布。假设 $\bar{N}=100,m=5,N=50$,降采样率 $T=2$。当 $k=10$ 时,初始信号如图 2.3 所示。从图 2.3 可以看出,稀疏矩阵不同向量间非零元所在位置不同,不满足传统的多观测向量重构方法模型。

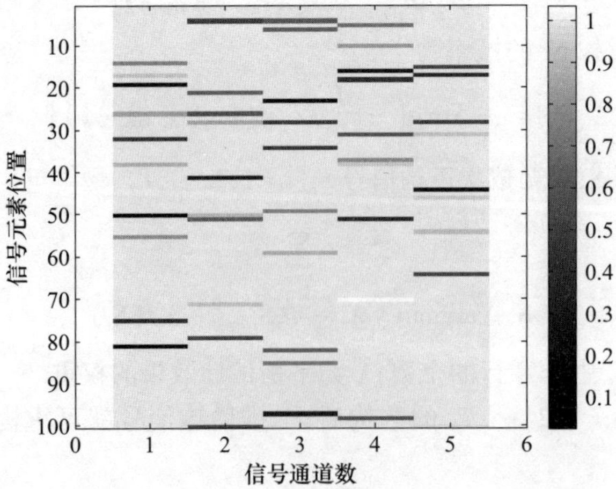

图 2.3　初始信号

将 SDR 算法分别与 MFOCUSS 算法和 MSBL 算法结合，得到 SDR－MFOCUSS 和 SDR－MSBL 算法。不同算法的二维稀疏信号重构概率如图 2.4 所示。作为对比，MFOCUSS 算法和 MSBL 算法的重构效果也在图中表示出来。稀疏度 k 以 2 为步长，从 2 变到 30。图 2.4 给出了各算法准确重构信号的概率（当 $\|\hat{\boldsymbol{S}}-\boldsymbol{S}\|_{\infty}<10^{-3}$ 时，认为信号得到准确重构，其中 $\|\Delta\boldsymbol{S}\|_{\infty}=\max\limits_{i}\sum\limits_{j=1}^{n}|(\Delta\boldsymbol{S})_{ij}|$），各方法均进行了 100 次蒙特卡罗仿真实验。

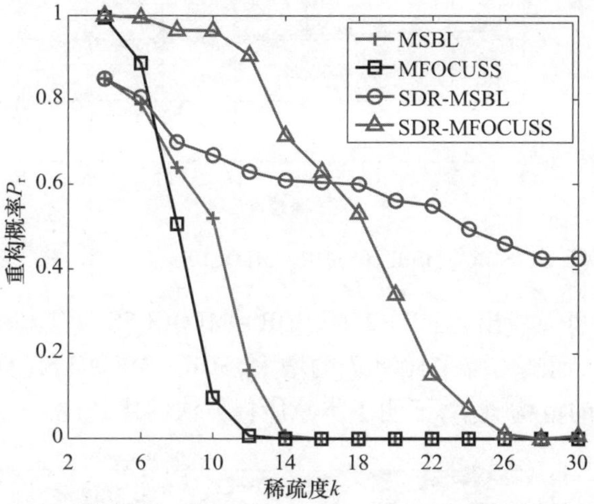

图 2.4　不同算法的二维稀疏信号重构概率

从图 2.4 可以看出，各算法在信号稀疏度增大时重构概率均有所降低，且随着稀疏度的增大，虽然 SDR－MFOCUSS 算法的重构概率一定程度上低于 SDR－MSBL 算法，但相比 MSBL 算法和 MFOCUSS 算法的重构概率要高，而 SDR－MSBL 算法在信号稀疏度较低时重构效果相对较差。

同样假设降采样率为 $T=2$，对比 SDR－MFOCUSS 和 SDR－MSBL 算法的计算时间，如图 2.5 所示。

从图 2.4 和图 2.5 可以看出，相比于 MFOCUSS 和 MSBL 算法，SDR－MFOCUSS 和 SDR－MSBL 算法在稀疏矩阵重构方面有着更好的性能。相比之下，本节提出的 SDR－MFOCUSS 算法的计算量远小于 SDR－MSBL 算法，主要原因是 SDR－MSBL 算法的迭代过程计算量很大，因而需要更长的运算时间。

前面提到，文献[11]提出的 2D－SL0 算法能实现任意稀疏结构矩阵的重构，且重构效果较好。图 2.6 对比了不同降采样率 T 的条件下，SDR－MFOCUSS 算法和 2D－SL0 算法在稀疏矩阵重构中的重构概率。

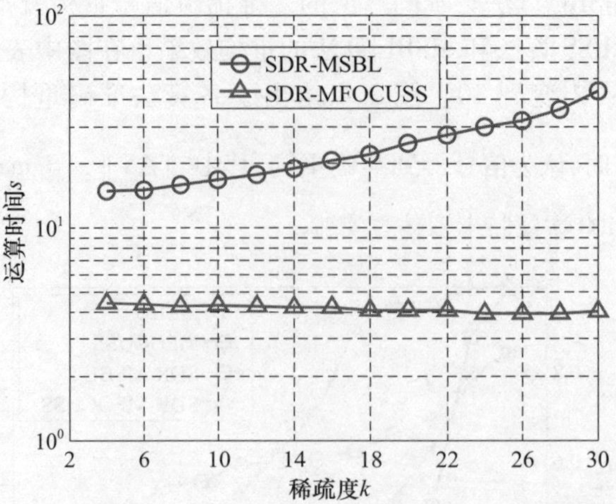

图 2.5　SDR – MSBL 和 SDR – MFOCUSS 算法的运算时间

从图 2.6 中可以看出，当 $T = 2$ 时，SDR – MFOCUSS 算法和 2D – SL0 算法有近似的重构概率，而随着降采样率 T 的增大，SDR – MFOCUSS 算法相比于 2D – SL0 算法有更高的重构概率，证明了本章所提方法的优越性。

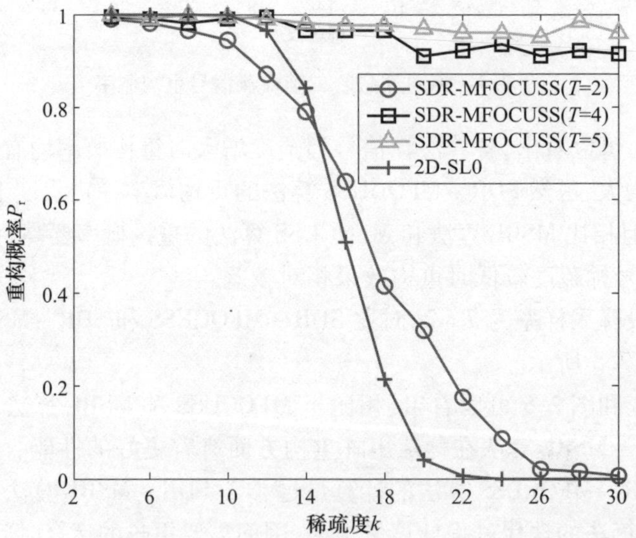

图 2.6　不同参数 T 时 SDR – MFOCUSS 算法重构概率

2）ISAR 图像重构实验

典型的飞机目标的 ISAR 图像通常满足所描述的二维稀疏特性，本节通过对该类图像的重构来验证本章算法在 ISAR 图像重构中的有效性。典型直升机目标的 ISAR 初始图像如图 2.7 所示，可以看出目标的在整个图像域具有二维稀疏特性。

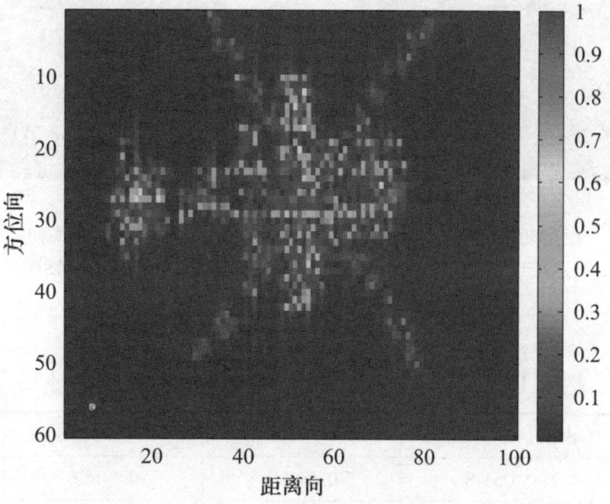

图 2.7　初始雷达图像

对比不同方法对该图像的重构效果，如图 2.8 所示。为定量分析各个算法的重构效果，本节引入重构均方误差（Mean Square Error，MSE）这一参数。重构图像的 MSE 定义为 $\text{MSE}=\|\hat{\boldsymbol{S}}-\boldsymbol{S}_0\|_F/\|\boldsymbol{S}_0\|_F$，其中：$\hat{\boldsymbol{S}}$ 表示重构图像；$\boldsymbol{S}_0$ 表示原始图像；$\|\cdot\|_F$ 表示矩阵的 Frobenius 范数。不同方法重构图像的 MSE 及运算时间如表 2.1 所列。

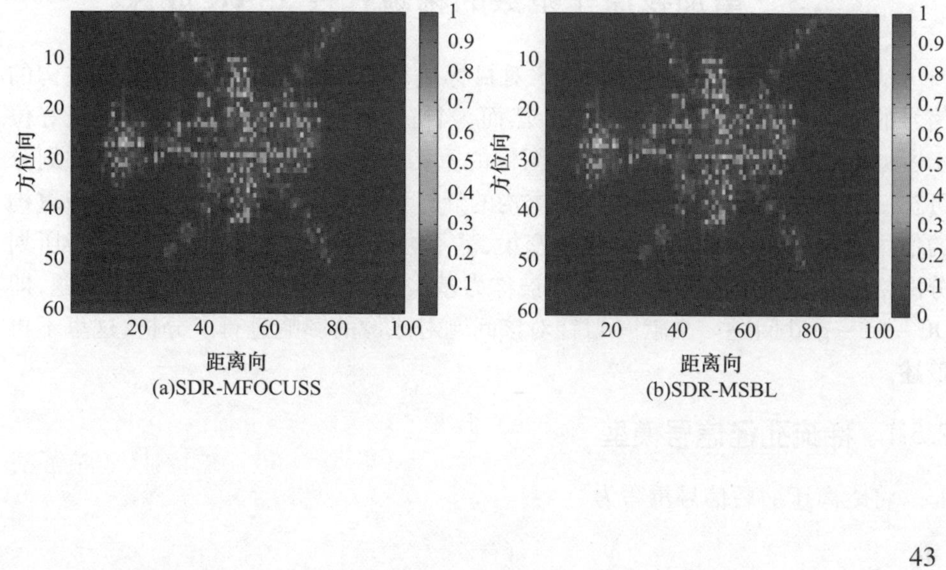

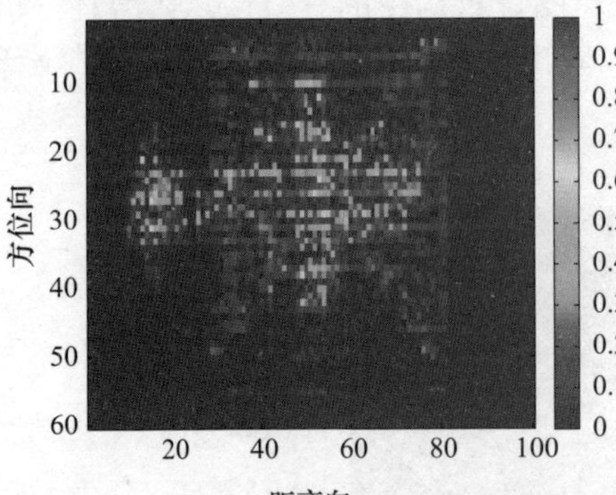

(c)MFOCUSS

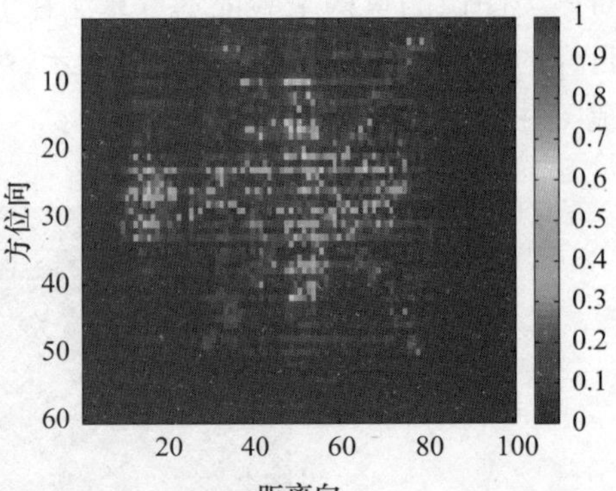

(d)MSBL

图 2.8　不同算法的图像重构效果

表 2.1　各算法重构图像 MSE 及运算时间比较

算法	SDR – MFOCUSS	SDR – MSBL	MFOCUSS	MSBL
MSE	0.051 3	0.048 0	0.504 6	0.466 9
时间/s	0.132 7	0.297 9	0.691 8	1.727 4

从图 2.8 及表 2.1 可以看出，基于 SDR – MFOCUSS 和 SDR – MSBL 的算法对 ISAR 图像的重构效果明显优于 MFOCUSS 及 MSBL 算法，而 SDR – MFOCUSS 比 SDR – MSBL 有更低的运算量和更短的运算时间，证明了本章所提方法在图像重构中的有效性和优越性。

2.5　重加权原子范数的稀疏孔径 ISAR 成像

从式(2.18)可以看出，利用 CS 对目标进行 ISAR 成像时，需要将待重构的信号的稀疏基划分为特定的网格。然而，当待恢复的散射点的像素值不正好位于所划分的网格上时，目标超分辨图像的重构效果会不理想。密集网格的划分可在一定程度上缓解该问题，然而重构的计算量将会大大提高。实际上，待重构的信号通常为连续值，无论网格多密集，都不可避免部分非零像素值不位于所划分网格上。在压缩感知中，该问题被称为基失配(Basis/Grid Mismatch)问题，即 Off – the – grid 问题。文献[14]针对该问题对成像的影响进行了分析，这里不再赘述。

2.5.1　稀疏孔径信号模型

将距离压缩后信号重写为

$$s(\tau,t_{\mathrm{m}})=A_k\cdot\mathrm{sinc}\left(B\left(\tau-\frac{2(R_0+y_k)}{c}\right)\right)\cdot\exp\left(-\mathrm{j}\frac{4\pi(R_0+y_k)}{\lambda}\right)\cdot$$
$$\mathrm{rect}\left(\frac{t_{\mathrm{m}}}{T_{\mathrm{a}}}\right)\cdot\exp(-\mathrm{j}2\pi(f_k\cdot t_{\mathrm{m}}))\tag{2.35}$$

式中：$f_k=2x_k\omega_0/\lambda$ 为第 k 个散射点的多普勒频率。假设对应于 $\tau=2(R_0+y_k)/c$ 的距离单元包含 K 个散射点，忽略常数相位项，该距离单元的信号可表示为

$$s(t_{\mathrm{m}})=\sum_{k=1}^{K}A_k\cdot\mathrm{rect}\left(\frac{t_{\mathrm{m}}}{T_a}\right)\cdot\exp(-\mathrm{j}2\pi f_k\cdot t_{\mathrm{m}})\tag{2.36}$$

由于 ISAR 系统需要同时观测多个目标，导致对每个目标的观测形成稀疏孔径，图 2.9 给出了稀疏孔径结构。假设全孔径结构接收数据包含 N 个脉冲，依次为第 0 到第 $N-1$ 个脉冲，并假设每个脉冲包含 P 个距离门。不失一般性，假设对某个目标的观测包含 I 个子孔径，且第 i 个子孔径包含了 L_i 个脉冲，记为从 N_i 到 N_i+L_i-1 个脉冲。对应于第 i 个子孔径的距离压缩数据可表示为

$$\boldsymbol{S}_i=\begin{bmatrix} s(N_i,0) & s(N_i,1) & \cdots & s(N_i,P-1)\\ s(N_i+1,0) & s(N_i+1,1) & \cdots & s(N_i+1,P-1)\\ \vdots & \vdots & \vdots & \vdots\\ s(N_i+L_i-1,0) & s(N_i+L_i-1,1) & \cdots & s(N_i+L_i-1,P-1)\end{bmatrix}_{L_i\times P}\tag{2.37}$$

式中：$s(q,p)$ 为第 q 个脉冲中第 p 个距离单元的距离压缩数据。

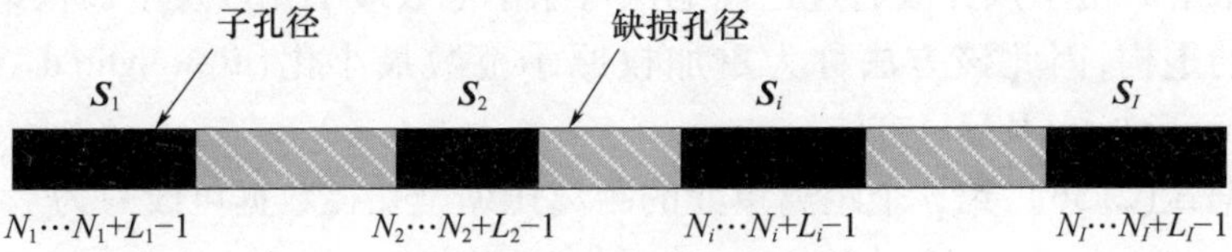

图 2.9　稀疏孔径结构

因此，整个稀疏孔径距离压缩数据可表示为

$$\boldsymbol{S}_{\mathrm{SA}}^{(p)}=\begin{bmatrix}\boldsymbol{S}_1\\ \boldsymbol{S}_2\\ \vdots\\ \boldsymbol{S}_I\end{bmatrix}\tag{2.38}$$

这里，假设稀疏孔径数据共包含 $M=L_1+L_2+\cdots+L_I(M<N)$ 个脉冲。

在实际中，一般有两种类型的稀疏孔径成像模式：一种是随机丢失采样(Random Missing Sampling, RMS)；另一种是固定间隔丢失采样(Gap Missing Sampling, GMS)。考虑到随机采样模式在信号重构中的独特优势，本节中考虑方位向为 RMS 模式的稀疏孔径结构。

2.5.2 重加权原子范数理论

Candès 和 Fernandes – Granda 引入了超分辨数学理论来解决压缩感知中存在的基失配问题。他们通过研究单观测向量、全数据模型下的频率估计问题，提出了基于原子范数(或全变差范数)的无网格凸优化方法。他们还证明，如果信号的频率点间隔被人工地分为不小于 $4/N$，那么该信号就可以被高精度恢复。Tang 等将该理论扩展到压缩数据和多观测向量问题中，证明了在相同的频率间隔条件下并且测量数 $M \geqslant \mathcal{O}(K\ln K\ln N)$ 时原始信号和频率点可通过原子范数方法被高概率精确恢复。虽然原子范数方法从根本上避免了压缩感知中基于网格划分的稀疏重构方法所存在的基失配问题，但是要实现信号的精确重构，通常要求信号的频率点被充分分开，导致其分辨率不高。

原子 L_0 范数可以直接利用信号的稀疏性求得最稀疏解，且没有分辨率限制，然而，原子 L_0 范数的求解计算是 NP – hard 问题。相反，虽然信号的原子范数作为一种凸松弛模型可以被有效地求解，但是其分辨率却受限制。文献[18]提出了一种高分辨的无网格稀疏重构方法，用于实现非零元为连续值的压缩感知问题中的信号及频率点重构。该方法综合了原子 L_0 范数和原子范数的特点，在保证算法可有效求解的基础上，突破了原子范数的分辨率限制，在合适的参数选择条件下可达到与原子 L_0 范数相近的分辨率。该方法同时构建了新的稀疏度量标准，建立了新的信号及频率重构的非凸优化问题，利用一种局部收敛迭代算法实现求解。由于该方法通过迭代地执行原子范数最小化以及重加权策略来实现信号的重构，因此该方法称为重加权原子范数最小化(Reweighted Atomic – norm Minimization，RAM)方法。

根据式(2.36)，第 p 个距离单元的距离压缩全孔径数据可改写为

$$\boldsymbol{S}^{(p)} = \sum_{k=1}^{K} \boldsymbol{a}(f_k) A_k \tag{2.39}$$

$$\boldsymbol{a}(f) = [1, \mathrm{e}^{\mathrm{j}2\pi f\Delta t}, \cdots, \mathrm{e}^{\mathrm{j}2\pi(N-1)f\Delta t}]$$

式中：Δt 为脉冲重复间隔。不失一般性，对于一个特定的距离单元，式(2.39)中的 $\boldsymbol{S}^{(p)}$ 可被简化表示为 $\boldsymbol{S}^0 \in \mathbb{C}^{N\times 1}$。因此，式(2.38)中距离压缩稀疏孔径数据可表示为 $\boldsymbol{S}^0_{\boldsymbol{\Omega}} \in \mathbb{C}^{M\times 1}$，其中 $\boldsymbol{\Omega} \subset \{1,2,\cdots,N\}$ 为稀疏孔径数据中 M 个脉冲在全孔径数据中的位置。

为利用原子 L_0 范数方法从稀疏孔径结构数据中重构全孔径数据，需解决以下优化问题，即

$$\|\boldsymbol{S}\|_{\mathcal{A},0} = \inf_{f_k, A_k} \{\mathcal{K}: \boldsymbol{S} = \sum_{k=1}^{\mathcal{K}} \boldsymbol{a}(f_k) A_k\} \tag{2.40}$$

重构的全孔径数据需与得到的稀疏孔径数据一致，即 $\boldsymbol{S} \in \boldsymbol{\mathcal{Y}}$，其中有

$$\mathcal{Y} \triangleq \{\boldsymbol{S} \in \mathbb{C}^{N\times 1}: \|\boldsymbol{S}_{\boldsymbol{\Omega}} - \boldsymbol{S}_{\boldsymbol{\Omega}}^{0}\|_{\mathrm{F}} \leqslant \eta\} \tag{2.41}$$

式中：$\eta \geqslant 0$ 为噪声的 Frobenius 范数。根据文献[12]和文献[18]，式(2.40)的原子 L_0 范数问题可转化为秩最小化问题，即

$$\|\boldsymbol{S}\|_{\mathcal{A},0} = \min_{\boldsymbol{u}} \mathrm{rank}(\boldsymbol{T}(\boldsymbol{u}))$$

$$\text{s. t.} \begin{cases} \mathrm{tr}(\boldsymbol{S}^{\mathrm{H}}\boldsymbol{T}(\boldsymbol{u})^{-1}\boldsymbol{S}) < +\infty \\ \boldsymbol{T}(\boldsymbol{u}) \geqslant \boldsymbol{0} \end{cases} \tag{2.42}$$

$$\boldsymbol{T}(\boldsymbol{u}) = \begin{bmatrix} u_1 & u_2 & \cdots & u_N \\ u_2^{\mathrm{H}} & u_1 & \cdots & u_{N-1} \\ \vdots & \vdots & \ddots & \vdots \\ u_N^{\mathrm{H}} & u_{N-1}^{\mathrm{H}} & \cdots & u_1 \end{bmatrix} \in \mathbb{C}^{N\times N} \tag{2.43}$$

式中：$\boldsymbol{T}(\boldsymbol{u})$ 为(Hermitian) Toeplitz 矩阵；rank(·)和 tr(·)分别为求取矩阵的秩和矩阵的迹。当 $\boldsymbol{R} \in \mathbb{C}^{N\times N}$ 为半正定矩阵时，式(2.42)的约束条件为

$$\mathrm{tr}(\boldsymbol{S}^{\mathrm{H}}\boldsymbol{R}^{-1}\boldsymbol{S}) = \min_{X} \mathrm{tr}(\boldsymbol{X}) \quad \text{s. t.} \begin{bmatrix} \boldsymbol{X} & \boldsymbol{S}^{\mathrm{H}} \\ \boldsymbol{S} & \boldsymbol{R} \end{bmatrix} \geqslant \boldsymbol{0} \tag{2.44}$$

虽然原子 L_0 范数可以在最大限度寻求最稀疏解，然而其求解，包括由其推导的秩最小化问题的求解通常是非凸的，并且为 NP - hard 问题。文献[12]提出了更便于计算求解的原子 L_1 范数来代替原子 L_0 范数，可表示为

$$\|\boldsymbol{S}\|_{\mathcal{A}} = \inf_{f_k, A_k} \left\{ \sum_k |A_k| : \boldsymbol{S} = \sum_{k=1}^{\mathcal{K}} \boldsymbol{a}(f_k) A_k \right\} \tag{2.45}$$

上述原子范数有半正定特性，可表示为

$$\|\boldsymbol{S}\|_{\mathcal{A}} = \min_{\boldsymbol{u}} \frac{1}{2\sqrt{N}} [\mathrm{tr}(\boldsymbol{T}(\boldsymbol{u})) + \mathrm{tr}(\boldsymbol{S}^{\mathrm{H}}\boldsymbol{T}(\boldsymbol{u})^{-1}\boldsymbol{S})]$$

$$\text{s. t.} \quad \boldsymbol{T}(\boldsymbol{u}) \geqslant \boldsymbol{0} \tag{2.46}$$

然而，由于原子范数有着原子 L_0 范数所不具备的松弛特性，因而其分辨率相比于原子 L_0 范数有所降低。

文献[18]综合原子 L_0 范数和原子范数的特点，提出了一种新的稀疏度量标准，定义为

$$\mathcal{M}(\boldsymbol{S}) = \min_{\boldsymbol{u}} \ln|\boldsymbol{T}(\boldsymbol{u}) + \varepsilon \boldsymbol{I}| + \mathrm{tr}(\boldsymbol{S}^{\mathrm{H}}\boldsymbol{T}(\boldsymbol{u})^{-1}\boldsymbol{S})$$

$$\text{s. t.} \quad \boldsymbol{T}(\boldsymbol{u}) \geqslant \boldsymbol{0} \tag{2.47}$$

式中：|·|为方阵的行列式算子；$\varepsilon > 0$ 为正则化参数，该参数可防止式(2.47)中第一项在 $\boldsymbol{T}(\boldsymbol{u})$ 为非满秩矩阵时变为 $-\infty$。该稀疏度量标准在参数 ε 值较大时趋于原子范数，当 $\varepsilon \to 0$ 时趋于原子 L_0 范数。从低秩矩阵重构的角度来看，原子 L_0 范数求取的是当矩阵 $\boldsymbol{T}(\boldsymbol{u})$ 的非零特征值数目最小时所对应的解，而原子范数求取的是当矩阵 $\boldsymbol{T}(\boldsymbol{u})$ 的非零特征值和最小时所对应的解。

利用式(2.47)的稀疏度量标准,要实现信号的重构需求解优化问题,即

$$\min_{S\in\mathcal{Y}}\mathcal{M}(S) \tag{2.48}$$

式(2.48)可改写为

$$\begin{aligned}&\min_{S\in\mathcal{Y},\boldsymbol{u}}\ln\left|T(\boldsymbol{u})+\varepsilon\boldsymbol{I}\right|+\mathrm{tr}(\boldsymbol{S}^{\mathrm{H}}T(\boldsymbol{u})^{-1}\boldsymbol{S})\\&\quad\text{s. t.}\quad T(\boldsymbol{u})\geqslant\boldsymbol{0}\end{aligned} \tag{2.49}$$

由于 $\ln|T(\boldsymbol{u})+\varepsilon\boldsymbol{I}|$ 是凹函数,因此难以求得式(2.49)的全局最优解。一种常用的方法是利用最大—最小化方法(Majorize - Minimization,MM)。令 $\boldsymbol{u}_j$ 为第 j 次迭代时 $\boldsymbol{u}$ 的优化变量,因而第$(j+1)$次迭代中,式(2.48)的优化问题变为

$$\begin{aligned}&\min_{S\in\mathcal{Y},\boldsymbol{u}}\mathrm{tr}[(T(\boldsymbol{u}_j)+\varepsilon\boldsymbol{I})^{-1}T(\boldsymbol{u})]+\mathrm{tr}(\boldsymbol{S}^{\mathrm{H}}T(\boldsymbol{u})^{-1}\boldsymbol{S})\\&\quad\text{s. t.}\quad T(\boldsymbol{u})\geqslant\boldsymbol{0}\end{aligned} \tag{2.50}$$

由于直接求解该问题容易陷入局部最优解,定义关于原字典 $\boldsymbol{a}(f)$ 的加权连续字典为

$$\mathcal{A}^{\omega}\triangleq\{\boldsymbol{a}^{\omega}(f)=\omega(f)\boldsymbol{a}(f)\} \tag{2.51}$$

式中:$\omega(f)$ 为加权函数。定义关于 $\mathcal{A}^{\omega}$ 的加权原子范数为

$$\begin{aligned}\|\boldsymbol{S}\|_{\mathcal{A}^{\omega}}&\triangleq\inf_{f_k,A_k^{\omega}}\left\{\sum_k|A_k^{\omega}|:\boldsymbol{S}=\sum_k\boldsymbol{a}^{\omega}(f_k)A_k^{\omega}\right\}\\&=\inf_{f_k,A_k}\left\{\sum_k\frac{|A_k^{\omega}|}{\omega(f_k)}:\boldsymbol{S}=\sum_k\boldsymbol{a}(f_k)A_k\right\}\end{aligned} \tag{2.52}$$

式(2.52)表明,如果某个频率点的权值较大,那么其对应的原子 $\boldsymbol{a}(f_0)$ 就会有更大概率被选择。同时可以看出,原子范数是加权原子范数的一种特殊情况,当加权函数为常数时,加权原子范数就退化为传统的原子范数。与原子范数最小化求解方法相似,式(2.52)可转化为

$$\begin{aligned}\|\boldsymbol{S}\|_{\mathcal{A}^{\omega}}&=\min_{\boldsymbol{u}}\frac{\sqrt{N}}{2}\mathrm{tr}(\boldsymbol{W}T(\boldsymbol{u}))+\frac{1}{2\sqrt{N}}\mathrm{tr}(\boldsymbol{S}^{\mathrm{H}}T(\boldsymbol{u})^{-1}\boldsymbol{S})\\&\quad\text{s. t.}\quad T(\boldsymbol{u})\geqslant\boldsymbol{0}\end{aligned} \tag{2.53}$$

此时,式(2.51)中加权函数可表示为 $\omega(f)=\dfrac{1}{\sqrt{\boldsymbol{a}(f)^{\mathrm{H}}\boldsymbol{W}\boldsymbol{a}(f)}}$,$\boldsymbol{W}\in\mathbb{C}^{N\times N}$。同样采用迭代方法求解,在 j 次迭代中,令 $\boldsymbol{W}_j=(1/N)(T(\boldsymbol{u}_j)+\varepsilon\boldsymbol{I})^{-1}$,$\omega_j(f)=\dfrac{1}{\sqrt{\boldsymbol{a}(f)^{\mathrm{H}}\boldsymbol{W}_j\boldsymbol{a}(f)}}$。由于每次迭代加权函数都需要更新,因此将该方法称为重加权原子范数最小化方法。可以看出,如果 $\boldsymbol{u}_0=\boldsymbol{0}$ 或者 $\omega_0(f)$ 为常数,那么其初次迭代就与原子范数最小化的初次迭代一致。

重加权原子范数最小化的每次迭代需求解半正定规划问题,即

$$\min_{S\in\mathcal{Y},\boldsymbol{u},\boldsymbol{X}}\mathrm{tr}(\boldsymbol{W}T(\boldsymbol{u}))+\mathrm{tr}(\boldsymbol{X})$$

$$\text{s. t.}\quad \begin{bmatrix} \boldsymbol{X} & \boldsymbol{S}^{\mathrm{H}} \\ \boldsymbol{S} & T(\boldsymbol{u}) \end{bmatrix} \geqslant \boldsymbol{0} \tag{2.54}$$

式中：$\boldsymbol{W} = (T(\boldsymbol{u}_j) + \varepsilon \boldsymbol{I})^{-1}$。

上述问题的对偶问题可表示为

$$\begin{aligned} &\min_{V,Z} 2\eta \| \boldsymbol{V}_{\boldsymbol{\Omega}} \| + 2\mathrm{Re}(\mathrm{tr}(\boldsymbol{S}_{\boldsymbol{\Omega}}^{0\mathrm{H}} \boldsymbol{V}_{\boldsymbol{\Omega}})) \\ &\text{s. t.}\quad \begin{bmatrix} \boldsymbol{I} & \boldsymbol{V}^{\mathrm{H}} \\ \boldsymbol{V} & \boldsymbol{Z} \end{bmatrix} \geqslant \boldsymbol{0}, \boldsymbol{V}_{\bar{\boldsymbol{\Omega}}} = \boldsymbol{0} \\ &\sum_{n=1}^{N-j} Z_{n,n+j} = \sum_{n=1}^{N-j} W_{n,n+j}, j = 0,1,\cdots,N-1 \end{aligned} \tag{2.55}$$

式中：Re(·)为取实部操作；$Z_{n,j}$为矩阵 $\boldsymbol{Z}$ 的第 n 行第 j 列的元素。相对于式(2.54)的原问题，式(2.55)的对偶问题可利用标准的 SDP 求解方法 SDPT3 实现更有效的求解。

2.5.3　仿真和实测数据实验分析

1）仿真数据验证算法性能实验

采用美国海军研究实验室的 B727 仿真数据来检验不同算法在稀疏孔径雷达成像中的性能。雷达发射线性调频信号，载频为 9GHz，信号带宽为 150MHz，脉冲重复频率为 20kHz。全孔径数据共包含 256 个脉冲，假设稀疏孔径数据共包含 128 个脉冲，这些脉冲是从全孔径数据随机抽取的，即 RMS 情况下的稀疏孔径。

在利用 RAM 算法实现信号的重构及 ISAR 成像时，初始化 $\boldsymbol{u}_0 = \boldsymbol{0}, \varepsilon = 1$。在每一次新的迭代中，$\varepsilon$ 都降低至前次迭代的一半，直至 $\varepsilon = 1/2^5$。

图 2.10 为利用 RD 算法及全孔径数据实现 ISAR 成像结果，图 2.11 给出了稀疏孔径距离压缩像序列。

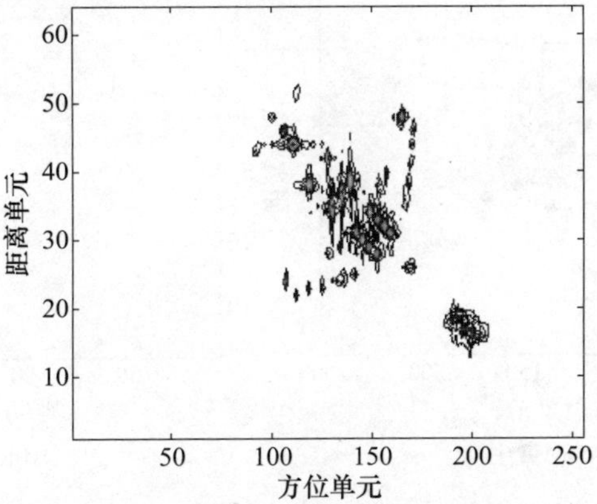

图 2.10　B727 数据全孔径 RD 图像

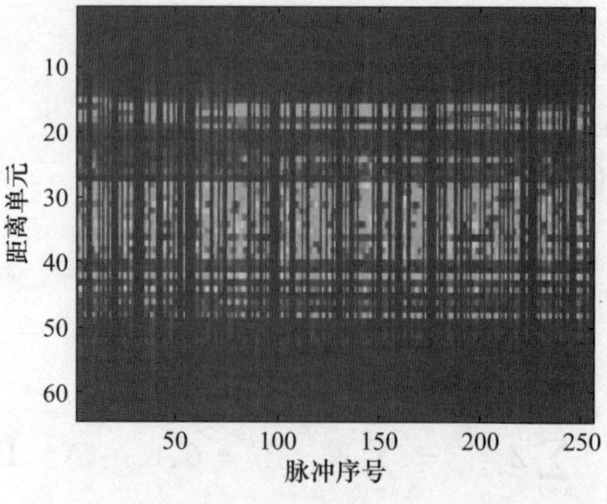

图 2.11　B727 数据稀疏孔径距离压缩像序列

基于 RD 算法、压缩感知算法、原子范数最小化（Atomic Norm Mininization, ANM）算法以及 RAM 算法的稀疏孔径 ISAR 成像结果如图 2.12 所示。

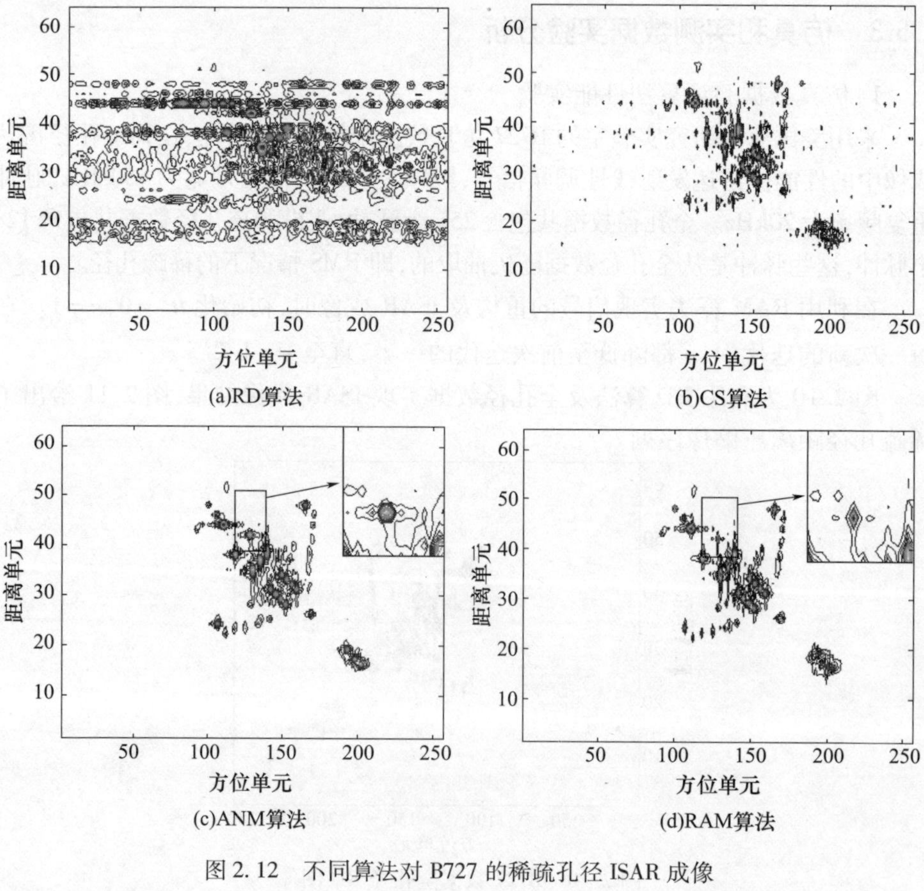

图 2.12　不同算法对 B727 的稀疏孔径 ISAR 成像

从图 2.12(a)可以看出,利用 RD 算法进行稀疏孔径成像,方位向难以聚焦,成像质量差。从图 2.12(b)可以看出,CS 算法成像会形成若干虚假点,这是由于当采用 CS 算法实现 ISAR 图像重构时通常存在基失配问题,而当散射点能量较为集中且网格划分合理而密集时,基失配并不会造成 ISAR 图像质量的显著降低。而 ANM 算法和 RAM 算法均可得到聚焦良好的 ISAR 像,其中利用 ANM 算法成像部分散射点的分辨率比 RAM 算法的差,如图 2.12(c)和图 2.12(d)所示。

为定量分析各算法的成像效果,计算各算法所得图像的均方误差。均方误差定义为 $\mathrm{MSE} = \|\boldsymbol{R} - \boldsymbol{R}^0\|_F / \|\boldsymbol{R}^0\|_F$,其中:$\boldsymbol{R}^0$ 为用 RD 算法得到的全孔径 ISAR 图像数据矩阵;$\boldsymbol{R}$ 为用其他三种不同算法得到的稀疏孔径成像数据矩阵。不同算法重构图像的 MSE 值如表 2.2 所列。

表 2.2　不同算法重构成像的 MSE 值

算法	CS	ANM	RAM
MSE	0.9961	0.1199	0.1016

从表 2.2 可以看出,利用 RAM 算法得到的 ISAR 图像的 MSE 值是最小的,证明了 RAM 算法在稀疏孔径 ISAR 成像中的优势。

2)实测数据验证算法性能实验

为进一步分析算法性能,下面用 C 波段的 ISAR 试验系统产生的 Yak-42 飞机实测数据进行分析处理。雷达同样发射线性调频信号,中心频率为 10GHz,信号带宽为 400MHz,脉冲重复频率为 100Hz,相干积累时间为 2.56s,因此,全孔径雷达数据包含 256 个脉冲。从全孔径雷达数据中随机抽取 128 个脉冲用作稀疏孔径雷达数据,参数 $\boldsymbol{u}_0$ 和 ε 的选择与前相同。

图 2.13 为利用全孔径数据时 RD 算法的 ISAR 成像结果,图 2.14 为方位向稀疏孔径距离压缩像序列。

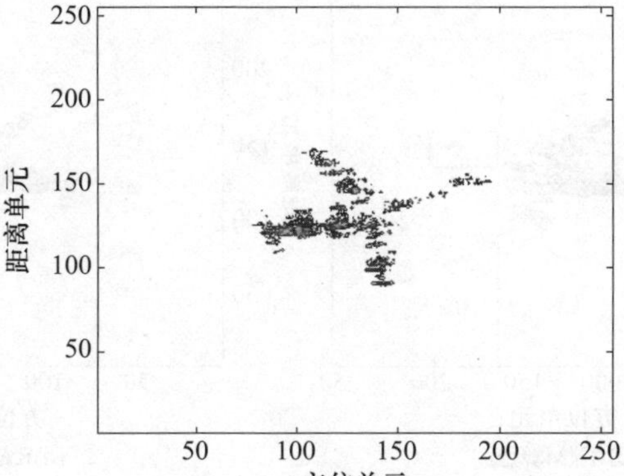

图 2.13　Yak-42 数据全孔径 RD 算法的 ISAR 成像结果

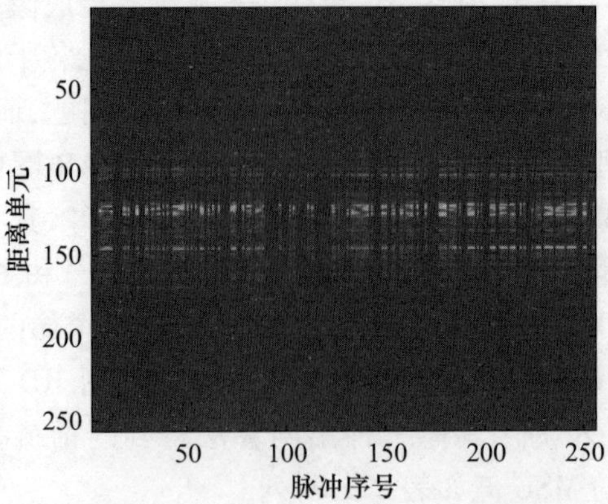

图 2.14　Yak - 42 数据稀疏孔径距离压缩像序列

基于 RD 算法、CS 算法、ANM 算法以及 RAM 算法的稀疏孔径 ISAR 成像结果如图 2.15 所示。从图 2.15(a)可以看出，当直接利用 RD 算法实现稀疏孔径

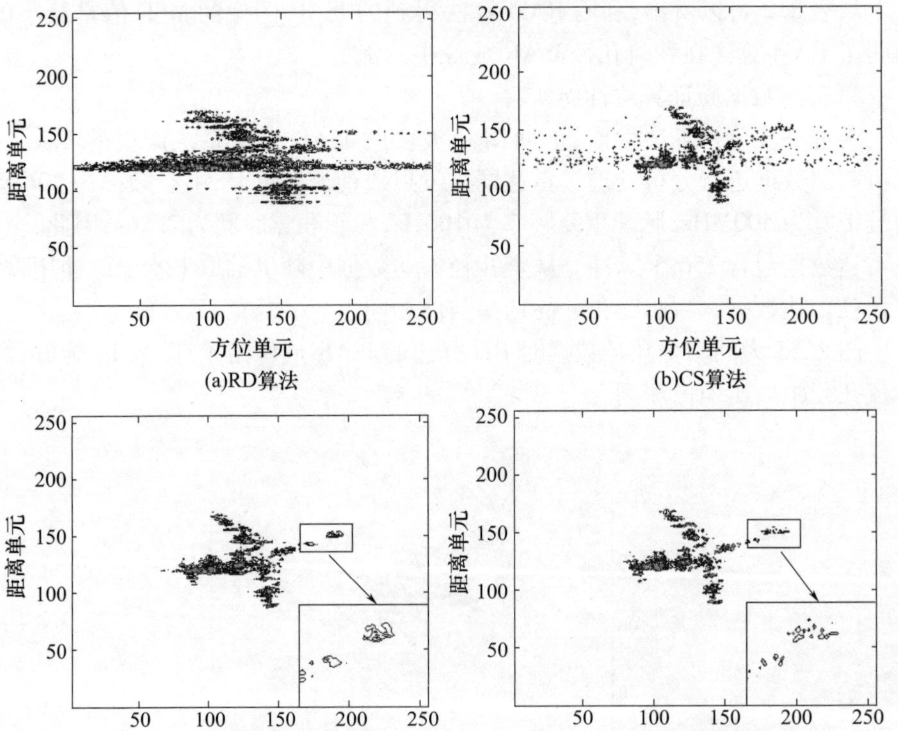

图 2.15　不同算法对 Yak - 42 的稀疏孔径 ISAR 成像结果

成像时,方位向难以聚焦,成像质量较差。同样由于存在基失配问题,CS算法在成像时会产生部分虚假点,如图2.15(b)所示。利用ANM算法和RAM算法均可得到聚焦良好的ISAR像,但ANM算法对部分散射点成像的分辨率比RAM算法的差,如图2.15(c)和图2.15(d)所示。

同样,通过计算不同算法获得图像的MSE来定量分析其成像效果。图2.16为50次蒙特卡罗仿真条件下,当成像脉冲数改变时采用RD算法、压缩感知算法、ANM算法以及RAM算法得到ISAR成像MSE曲线。

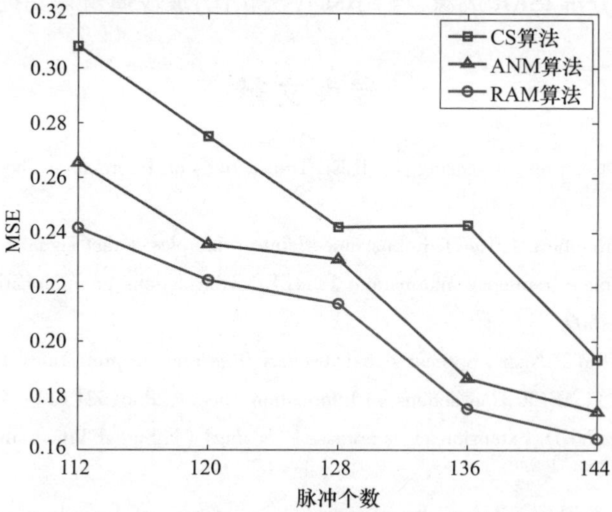

图2.16　各算法在不同脉冲数下的成像MSE值

从图2.16可以看出,RAM算法得到的ISAR图像的MSE值是最小的,这主要是由于RAM算法避免了CS算法和ANM算法在稀疏孔径成像中的基失配及部分散射点分辨率较差的问题,表明了RAM算法在稀疏孔径ISAR成像中的优势。

2.6　本章小结

作为本书研究的基础,本章重点给出了ISAR成像模型,介绍了ISAR成像的基本原理和压缩感知的基本理论,分析了基于压缩感知ISAR成像的特点,提出了基于多观测向量稀疏降采样恢复的稀疏矩阵重构方法,用于实现ISAR图像重构,并对RAM成像方法进行了研究。所做主要工作及成果如下:

(1)给出了运动目标转台模型,介绍了基于RD算法实现ISAR成像的基本原理。

(2)给出了压缩感知的基本数学模型,介绍了相关的基本理论,分析了压缩感知的三个关键要素。

(3)基于多观测向量模型,提出了序列降采样重构方法对复杂稀疏结构多观测向量进行重构,将该方法与 FOCUSS 算法结合用于 ISAR 成像,在较低计算复杂度下提高了 ISAR 图像重构效果。

(4)给出了稀疏孔径成像模型,分析了基于压缩感知方法进行稀疏孔径 ISAR 成像的特点和存在的问题。利用无网格划分的 RAM 方法实现了运动目标的稀疏孔径高分辨 ISAR 成像,与 ANM 算法相比,成像质量得到提高。

参考文献

[1] Donoho D L. Compressed sensing[J]. IEEE Transactions on Information Theory,2006,52(4):1289 - 1306.

[2] Candès E J,Romberg J,Tao T. Robust uncertainty principles:Exact signal reconstruction from highly incomplete frequency information[J]. IEEE Transactions on Information Theory,2006,52(2):489 - 509.

[3] Candès E J,Tao T. Near - optimal signal recovery from random projections:Universal encoding strategies? [J]. IEEE Transactions on Information Theory,2006,52(12):5406 - 5425.

[4] Tsaig Y,Donoho D. Extension of compressed sensing[J]. Signal Processing,2006,86(3):549 - 571.

[5] Chen J,Huo X. Theoretical results on sparse representations of multiple - measurement vectors [J]. IEEE Transactions on Signal Processing,2006,54(12):4634 - 4643.

[6] Wang Y,Fu T,Gao M,et al. Performance of orthogonal matching pursuit for multiple measurement vectors with noise[C]. 2013 IEEE China Summit & International Conference on Signal and Information Processing,Beijing,China,2013:67 - 71.

[7] Cotter S,Rao B D,Engan K,et al. Sparse solutions to linear inverse problems with multiple measurement vectors[J]. IEEE Transactions on Signal Processing,2005,53(7):2477 - 2488.

[8] Tipping M E. Sparse Bayesian learning and the relevance vector machine[J]. The journal of machine learning research,2001,1:211 - 244.

[9] Ghaffari A,Babaie - Zadeh M,Jutten C. Jutten. Sparse decomposition of two dimensional signals [C]. 34th IEEE International Conference on Acoustics,Speech Signal Processing,Teipei,Taiwan,2009:3157 - 3160.

[10] Rauhut H,Schnass K,Vandergheynstand P. Compressed sensing and redundant dictionaries [J]. IEEE Transactions on Information Theory,2008,54(5):2210 - 2219.

[11] Ghaffari A,Babaie - Zadeh M,Jutten C. Sparse decomposition of two dimensional signals[C]. 34th IEEE International Conference on Acoustics,Speech Signal Processing,Taiwan,China,2009:3157 - 3160.

[12] Tang G, Bhaskar B N, Shah P, et al. Compressed sensing off the grid[J]. IEEE Transactions on Information Theory, 2013, 59(11): 7465 – 7490.

[13] Chi Y, Scharf LL, Pezeshki A, et al. Sensitivity to basis mismatch in compressed sensing[J]. IEEE Transactions on Signal Processing, 2011, 59(5): 2182 – 2195.

[14] 胡晓伟. 基于稀疏理论的 MIMO 雷达运动目标三维 MIMO 成像方法研究[D]. 西安: 空军工程大学, 2016.

[15] Candès E J, Fernandez – Granda C. Towards a mathematical theory of super – resolution [J]. Communications on Pure and Applied Mathematics, 2014, 67(6): 906 – 956.

[16] Tang G, Bhaskar B N, P Shah, et al. Compressed sensing off the grid[J]. IEEE Transactions on Information Theory, 2013, 59(11): 7465 – 7490.

[17] Yang Z, Xie L. Continuous compressed sensing with a single or multiple measurement vectors [C]. 2014 IEEE Workshop on Statistical Signal Processing, Gold Coast, Australia, 2014: 308 – 311.

[18] Yang Z, Xie L. Enhancing sparsity and resolution via reweighted atomic norm minimization[J]. IEEE Transactions on Signal Processing, 2016, 64(4): 995 – 1006.

[19] Toh K C, Todd M J, Tütüncü R H Tütüncü. SDPT3 – a MATLAB software package for semidefinite programming, version 1.3[J]. Optimization Methods Software, 1999, 11(1 – 4): 545 – 581.

第3章　弹道中段目标特性与分析

3.1 引　言

微动的概念首次由美国海军研究实验室的 Chen V. C. 提出,主要是指除目标质心平动以外的震动、转动等微小运动。单散射点的微动体现在其运动的非匀速性,多散射点的微动体现在其运动的非刚体性。弹道目标在中段的运动由平动和微动复合而成,可以描述为刚体运动。

雷达发射的信号照射到目标时,目标的结构、形状、姿态等物理特征会对该发射信号进行调制,形成雷达回波。回波信号的相位和幅度是频率、时间和空间的函数。目标的形状可以由幅度对空间的变化来反映;目标的角度和方位可以通过相位对空间的变化率来反映;目标的径向速度可以通过相位对时间的变化率来反映;目标的距离可以由相位对频率的变化率来反映。这些关系为雷达目标识别提供了依据。

本章研究中段弹道目标运动和微动建模,并进行了宽带雷达回波分析,为弹道目标成像和特征提取提供基础。本章内容安排如下:3.2 节进行中段弹道目标的平动分析,给出了平动弹道的解算方法,并进行了平动仿真;3.3 节对弹道目标的微动进行了分析,研究了进动目标的极坐标表示,完成了各坐标系间的转换,建立了目标的微动模型并进行了微动仿真。

3.2　中段弹道目标平动分析

3.2.1　中段弹道目标平动假设

弹头经由火箭助推被送入外大气层,在中段开始无动力飞行。设关机点目标的位置和速度已知,则可根据其受力情况确定其弹道轨迹。但是,弹道目标在中段的受力较为复杂,包括空气阻力、重力以及外天体引力等。为简化问题分析,可以对弹道目标中段飞行条件做以下合理假设。

(1)弹道目标只限于在近地空间飞行,因此可以忽略其他星球的引力作用。

(2)计算弹道目标运动轨迹时,将其抽象为质点,同时假设地球是一个质量分布均匀的圆球体，并取球半径 $R=6371110\text{m}$，质量为 M，则距地心为 $\boldsymbol{r}$、质量为 m 的弹道中段目标受到万有引力为

$$\boldsymbol{F}=-\frac{GMm}{|\boldsymbol{r}|^3}\boldsymbol{r}=-\frac{\mu m}{|\boldsymbol{r}|^3}\boldsymbol{r} \tag{3.1}$$

式中：G 为引力常数，$\mu=GM=3.986\times10^{14}\text{m}^3/\text{s}^2$。

(3)中段弹道目标在外大气层飞行，空气稀薄，忽略空气阻力。

(4)不考虑地球自转和公转对弹道目标运动的影响。

在上述假设条件下，目标的运动可被描述为二体运动，其弹道运动方程可用开普勒定律和龙格－库塔状态方程两种方法进行解算。利用开普勒定律计算的运动方程结果比较准确，但是计算量大，过程复杂。利用龙格－库塔状态方程的解算方法计算过程相对简单，在一定的误差允许条件下被广泛使用。下面就以龙格－库塔方法对中段弹道目标轨迹进行解算。

3.2.2　中段弹道目标平动解算

在进行中段弹道目标平动分析，计算其运动轨迹时，可以将目标等效为一个质点。由前面的假设及理论力学知识可知，弹道目标在中段的飞行轨迹在地球万有引力矢量和目标速度矢量所确定的平面内，该平面被称为弹道平面。弹道轨迹如图 3.1 中粗实线 PQ 所示。

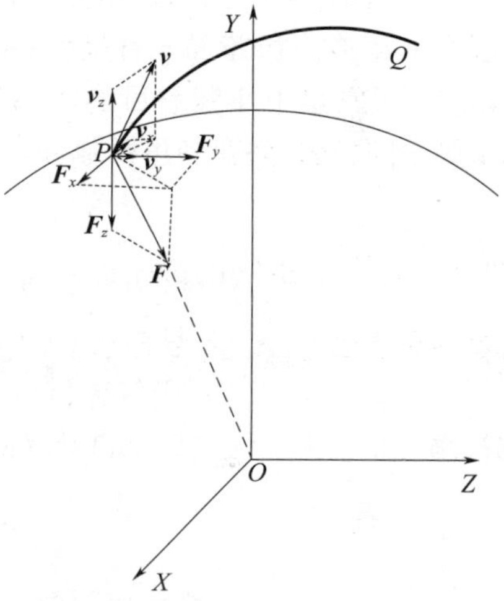

图 3.1　弹道目标中段运动分析图

图 3.1 中，O 为地心原点，(X,Y,Z) 为地心坐标系，$\boldsymbol{F}$ 为地球对目标的万有引力矢量，$\boldsymbol{F}_x$、$\boldsymbol{F}_y$、$\boldsymbol{F}_z$ 为 $\boldsymbol{F}$ 在地心坐标系中各个轴的分量，$\boldsymbol{v}$ 为目标的速度矢量，$\boldsymbol{v}_x$、$\boldsymbol{v}_y$、$\boldsymbol{v}_z$ 为 $\boldsymbol{v}$ 在地心坐标系中各个轴的分量。

由万有引力定律和牛顿第二定律可知，目标的受力与加速度满足

$$\begin{cases}\boldsymbol{F}_x=\boldsymbol{F}\cdot\dfrac{\boldsymbol{x}}{\|\boldsymbol{x}\|}=ma_x=\mu m\dfrac{x}{\sqrt{(x^2+y^2+z^2)^3}}\\ \boldsymbol{F}_y=\boldsymbol{F}\cdot\dfrac{\boldsymbol{y}}{\|\boldsymbol{y}\|}=ma_y=\mu m\dfrac{y}{\sqrt{(x^2+y^2+z^2)^3}}\\ \boldsymbol{F}_z=\boldsymbol{F}\cdot\dfrac{\boldsymbol{z}}{\|\boldsymbol{z}\|}=ma_z=\mu m\dfrac{z}{\sqrt{(x^2+y^2+z^2)^3}}\end{cases} \tag{3.2}$$

则中段弹道目标状态转移方程可表示为

$$\begin{bmatrix} \dot{x} \\ \dot{y} \\ \dot{z} \\ \dot{\nu}_x \\ \dot{\nu}_y \\ \dot{\nu}_z \end{bmatrix} = \begin{bmatrix} \nu_x \\ \nu_y \\ \nu_z \\ \mu m \dfrac{x}{\sqrt{(x^2+y^2+z^2)^3}} \\ \mu m \dfrac{y}{\sqrt{(x^2+y^2+z^2)^3}} \\ \mu m \dfrac{z}{\sqrt{(x^2+y^2+z^2)^3}} \end{bmatrix} \tag{3.3}$$

利用龙格-库塔法对式(3.3)求解,可以实现中段弹道目标平动解算。

同样,可以建立地心极坐标系来对中段弹道目标平动进行解算,如图3.2所示。r 为极轴,r_0 为初始极轴,f 为极角。导弹在中段的运动方程可表示为

$$r = \frac{P}{1+e\cos f} \tag{3.4}$$

$$P = \frac{r_k V_k^2 \cos^2\theta_k}{\dfrac{\mu}{r_k}}$$

$$e = \sqrt{1+\nu_k(\nu_k-2)\cos^2\theta_k}$$

式中:P 为半通径;e 为偏心率;V_k、r_k、θ_k 分别为关机点目标速度、地心距和弹道倾角;$\nu_k = \dfrac{V_k^2}{\mu/r_k}$ 为能量参数;开普勒常数 $\mu = 3.986\times10^5\,\mathrm{km^3/s^2}$。其中,半通径和偏心率大小可由导弹关机点参数确定。

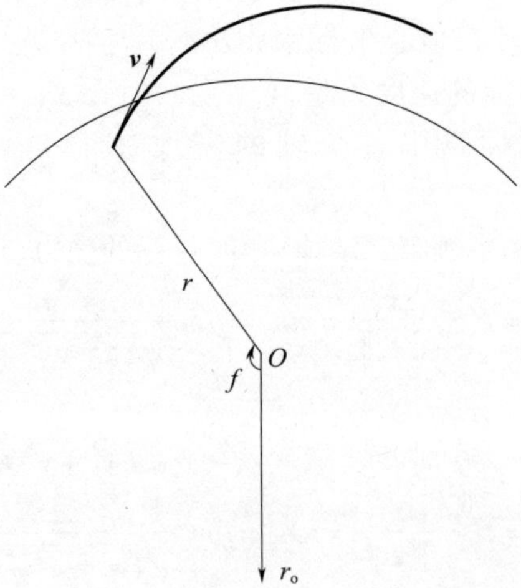

图3.2 弹道目标中段运动极坐标系

3.2.3　中段弹道平动仿真

雷达在地心坐标系的坐标为 $\boldsymbol{S}_{\mathrm{r}} = [0 \quad R_0 \quad 0]$，$R_0 = 6371110\mathrm{m}$ 为地球半径，起始时刻目标位置为 $\boldsymbol{S}_{\mathrm{P}} = [x_0 \quad y_0 \quad z_0]$，其中 $x_0 = 2.5 \times 10^5\mathrm{m}$，$y_0 = R_0 + 1 \times 10^5\mathrm{m}$，$z_0 = 0$。导弹关机点的速度 $\boldsymbol{v} = [-1000 \quad 5000 \quad 0]\mathrm{m/s}$。根据龙格-库塔状态方程，解算得到目标的位置、速度以及加速度随时间的变化曲线，如图 3.3 所示。

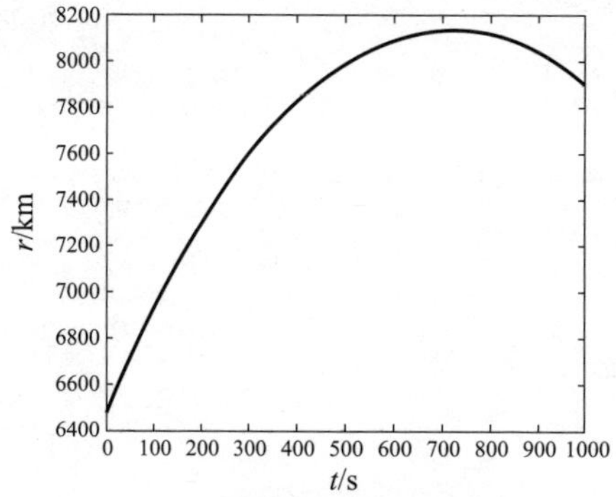

(a)目标距离变化曲线

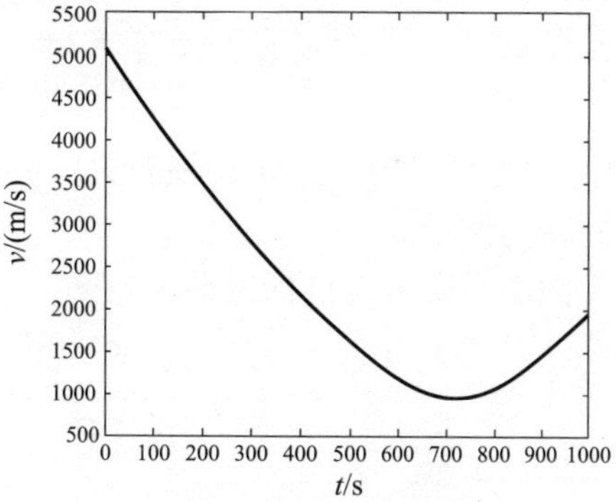

(b)目标速度变化曲线

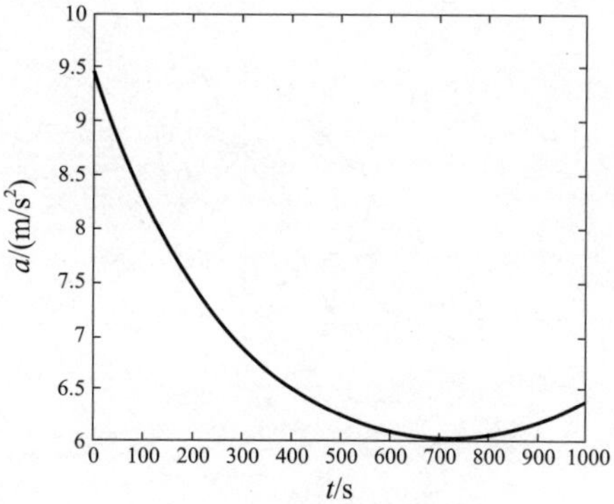

(c)目标加速度变化曲线

图 3.3　弹道中段平动弹道仿真

图 3.3(a)为目标距离随时间变化关系曲线，从图中可以解算得到中段弹道最大高度及飞行时间。图 3.3(b)和图 3.3(c)分别为目标的速度和加速度曲线，可见中段弹道目标的飞行速度很大，通常能达到几千米每秒，但由于只存在地球引力作用，加速度相对很小，中段弹道是比较平稳的。

3.3 弹道目标中段微动分析

3.3.1 微动建模

由陀螺力学的理论可知,进动周期 T 和进动角 θ 可表示为

$$\begin{cases} T = \dfrac{2\pi I_t}{\sqrt{Q^2 + (I_s\omega_s)^2}} \\ \theta = \arctan\left(\dfrac{Q}{I_s\omega_s}\right) \end{cases} \tag{3.5}$$

式中:I_t 为目标的横向转动惯量;Q 为目标受到的横向干扰冲量矩;I_s 为目标的纵向转动惯量。

图 3.4 所示为目标进动示意图。

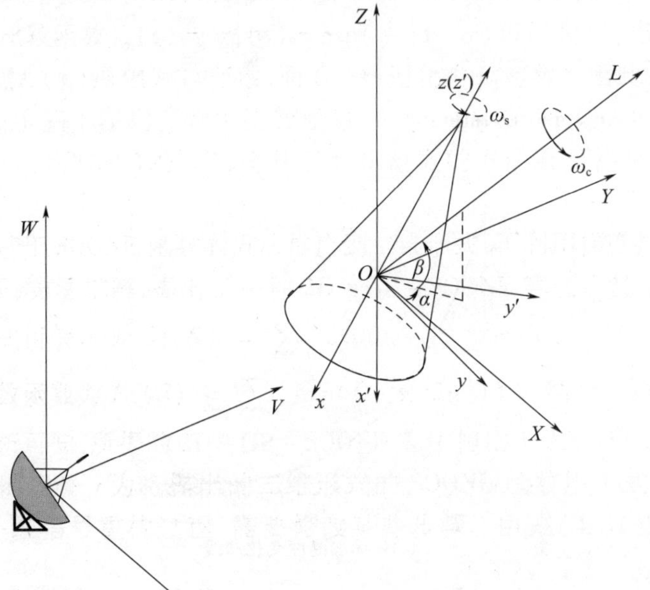

图 3.4 弹头目标进动示意图

以原点 O 为目标质心,OL 为目标的锥旋轴,Oz 为目标的自旋轴。(U,V,W) 为雷达坐标系;(X,Y,Z) 平行于雷达坐标系,称为参考坐标系;(x,y,z) 为弹体坐标系;(x',y',z') 为自旋坐标系。由弹体坐标系到参考坐标系的坐标变换可以通过初始欧拉角表示的欧拉旋转矩阵及罗德里格斯(Rodrigues)公式表示。假设

雷达视线在雷达坐标系中的方位角和俯仰角分别为 α 和 β，则雷达视线方向的单位向量为 $\boldsymbol{n}=[\cos\alpha\cos\beta \quad \sin\alpha\cos\beta \quad \sin\beta]$。

若初始欧拉角表示为 $(\varphi_0,\psi_0,\theta_0)$，相应的初始旋转矩阵可定义为

$$\boldsymbol{R}_{\text{Init}}=\boldsymbol{R}_Y(\theta_0)\boldsymbol{R}_Z(\psi_0)\boldsymbol{R}_X(\varphi_0)$$
$$=\begin{bmatrix}\cos\psi_0 & 0 & \sin\psi_0\\ 0 & 1 & 0\\ -\sin\psi_0 & 0 & \cos\psi_0\end{bmatrix}\begin{bmatrix}\cos\theta_0 & -\sin\theta_0 & 0\\ \sin\theta_0 & \cos\theta_0 & 0\\ 0 & 0 & 1\end{bmatrix}\begin{bmatrix}1 & 0 & 0\\ 0 & \cos\varphi_0 & -\sin\varphi_0\\ 0 & \sin\varphi_0 & \cos\varphi_0\end{bmatrix}$$
$$=\begin{bmatrix}r_{11} & r_{12} & r_{13}\\ r_{21} & r_{22} & r_{23}\\ r_{31} & r_{32} & r_{33}\end{bmatrix} \tag{3.6}$$

$$\begin{cases}r_{11}=\cos\psi_0\cos\theta_0\\ r_{21}=\sin\theta_0\\ r_{31}=-\cos\theta_0\sin\psi_0\end{cases} \tag{3.7a}$$

$$\begin{cases}r_{12}=-\cos\psi_0\sin\theta_0\cos\varphi_0+\sin\psi_0\sin\varphi_0\\ r_{22}=\cos\theta_0\cos\varphi_0\\ r_{32}=-\sin\psi_0\sin\theta_0\cos\varphi_0-\cos\psi_0\sin\varphi_0\end{cases} \tag{3.7b}$$

$$\begin{cases}r_{13}=\cos\psi_0\sin\theta_0\sin\varphi_0+\sin\psi_0\sin\theta_0\\ r_{23}=-\cos\theta_0\cos\varphi_0\\ r_{33}=-\sin\psi_0\sin\theta_0\sin\varphi_0+\cos\psi_0\cos\varphi_0\end{cases} \tag{3.7c}$$

假设进动轴 OL 在参考坐标系中的方位角和俯仰角分别表示为 α_1 和 β_1。进动矩阵 $\boldsymbol{R}_p$ 是圆锥运动矩阵 $\boldsymbol{R}_c$ 与自旋矩阵 $\boldsymbol{R}_s$ 的乘积，即

$$\boldsymbol{R}_p=\boldsymbol{R}_c\cdot\boldsymbol{R}_s \tag{3.8}$$

$$\begin{cases}\boldsymbol{R}_c=\boldsymbol{I}+\hat{\boldsymbol{\omega}}_c\sin(\omega_c t)+\hat{\boldsymbol{\omega}}_c^2[1-\cos(\omega_c t)]\\ \boldsymbol{R}_s=\boldsymbol{I}+\hat{\boldsymbol{\omega}}_s\sin(\omega_s t)+\hat{\boldsymbol{\omega}}_s^2[1-\cos(\omega_s t)]\end{cases} \tag{3.9}$$

式中：ω_s 为目标的自旋角速度；ω_c 为目标的进动角速度。圆锥运动和自旋运动的斜对称矩阵分别为

$$\hat{\boldsymbol{\omega}}_c=\begin{bmatrix}0 & -\omega_{cz} & \omega_{cy}\\ \omega_{cz} & 0 & -\omega_{cx}\\ -\omega_{cy} & \omega_{cx} & 0\end{bmatrix}=\frac{\boldsymbol{R}_{\text{init}}\cdot\boldsymbol{\omega}}{||\boldsymbol{\omega}||} \tag{3.10}$$

$$\hat{\boldsymbol{\omega}}_s=\begin{bmatrix}0 & -\omega_{sz} & \omega_{sy}\\ \omega_{sz} & 0 & -\omega_{sx}\\ -\omega_{sy} & \omega_{sx} & 0\end{bmatrix}=\text{unit}\begin{bmatrix}0 & -\sin\beta_1 & \sin\alpha_1\cos\beta_1\\ \sin\beta_1 & 0 & -\cos\alpha_1\cos\beta_1\\ -\sin\alpha_1\cos\beta_1 & \cos\alpha_1\cos\beta_1 & 0\end{bmatrix} \tag{3.11}$$

二者分别具有标量角速度 ω_c 和 ω_s，unit 表示单位化。假设目标散射中心 P 在弹体坐标系位置为 $\boldsymbol{r}_P=(x_P,y_P,z_P)^{\mathrm{T}}$，则其在参考坐标系中的位置表示为

$$\boldsymbol{r}=\boldsymbol{R}_p\cdot\boldsymbol{R}_{\mathrm{Init}}\cdot\boldsymbol{r}_P \tag{3.12}$$

该散射点由进动引起的微多普勒可表示为

$$\begin{aligned} f_{\mathrm{Dop}}&=\frac{2f}{c}\left[\frac{\mathrm{d}}{\mathrm{d}t}\boldsymbol{r}\right]=\frac{2f}{c}\left[\frac{\mathrm{d}}{\mathrm{d}t}(\boldsymbol{R}_p\cdot\boldsymbol{R}_{\mathrm{Init}}\cdot\boldsymbol{r}_P)\right]\\ &=\frac{2f}{c}\left[\left(\frac{\mathrm{d}}{\mathrm{d}t}\boldsymbol{R}_c\cdot\boldsymbol{R}_s+\boldsymbol{R}_c\cdot\frac{\mathrm{d}}{\mathrm{d}t}\boldsymbol{R}_s\right)\cdot\boldsymbol{R}_{\mathrm{Init}}\cdot\boldsymbol{r}_P\right] \end{aligned} \tag{3.13}$$

3.3.2 进动的极坐标表示

建立如图 3.5 所示的极坐标系实现各坐标系间的变换。在给定的参考坐标系 $\boldsymbol{F}_0$ 即 O_0UVW 的基础上，任意空间坐标系 $\boldsymbol{F}_1$ 即 O_1xyz，均可用原点在参考坐标系中的位置${}_1^0\boldsymbol{P}$ 和 $\boldsymbol{F}_1$ 中各坐标轴单位方向向量 $\boldsymbol{i},\boldsymbol{j},\boldsymbol{k}$ 唯一确定。

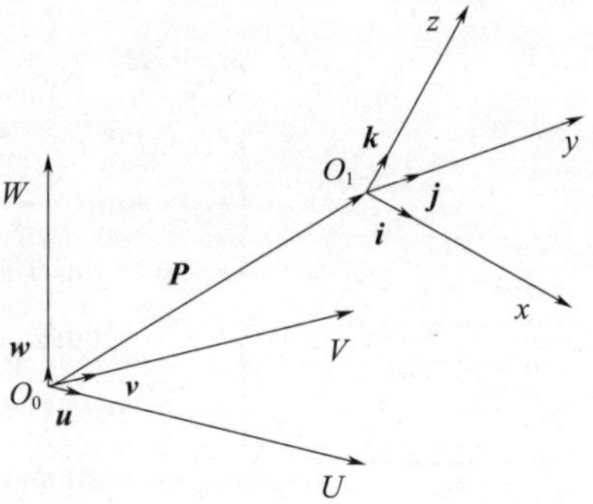

图 3.5　坐标系间的位置及转换关系

根据齐次坐标理论，$\boldsymbol{F}_1$ 可以用 4×4 的齐次坐标矩阵表示为

$$\boldsymbol{F}_1=\begin{bmatrix}\boldsymbol{i}&\boldsymbol{j}&\boldsymbol{k}&{}_1^0\boldsymbol{P}\\0&0&0&1\end{bmatrix}=\begin{bmatrix}{}_1^0\boldsymbol{G}&{}_1^0\boldsymbol{P}\\\boldsymbol{0}&1\end{bmatrix}=[{}_1^0\boldsymbol{G}'\quad{}_1^0\boldsymbol{P}'] \tag{3.14}$$

式中：${}_1^0\boldsymbol{G}$、${}_1^0\boldsymbol{P}$，${}_1^0\boldsymbol{G}'$、${}_1^0\boldsymbol{P}'$分别为 $\boldsymbol{F}_1$ 在 $\boldsymbol{F}_0$ 中的非齐次姿态矩阵、非齐次位置向量和齐次姿态矩阵、齐次位置向量。

$\boldsymbol{F}_1$ 和 $\boldsymbol{F}_0$ 的坐标变换关系可表示为

$$\boldsymbol{F}_1=\begin{bmatrix}\boldsymbol{i}\cdot\boldsymbol{u}&\boldsymbol{j}\cdot\boldsymbol{u}&\boldsymbol{k}\cdot\boldsymbol{u}&{}_1^0\boldsymbol{P}_x-{}_0^0\boldsymbol{P}_x\\\boldsymbol{i}\cdot\boldsymbol{v}&\boldsymbol{j}\cdot\boldsymbol{v}&\boldsymbol{k}\cdot\boldsymbol{v}&{}_1^0\boldsymbol{P}_y-{}_0^0\boldsymbol{P}_x\\\boldsymbol{i}\cdot\boldsymbol{w}&\boldsymbol{j}\cdot\boldsymbol{w}&\boldsymbol{k}\cdot\boldsymbol{w}&{}_1^0\boldsymbol{P}_z-{}_0^0\boldsymbol{P}_x\\0&0&0&1\end{bmatrix}[{}_0^0\boldsymbol{G}'\quad{}_0^0\boldsymbol{P}']=\begin{bmatrix}{}_1^0\boldsymbol{R}&{}_1^0\boldsymbol{P}\\\boldsymbol{0}&1\end{bmatrix}\boldsymbol{F}_0={}_1^0\boldsymbol{T}\boldsymbol{F}_0 \tag{3.15}$$

式中：${}_1^0\boldsymbol{R}$ 为$\boldsymbol{F}_0$ 变换到 $\boldsymbol{F}_1$ 的非齐次旋转变换矩阵，反映了两坐标系的姿态关系；${}_1^0\boldsymbol{P}-{}_0^0\boldsymbol{P}$ 为非齐次位置变换向量，反映了两坐标系的位置关系；${}_1^0\boldsymbol{T}$ 为$\boldsymbol{F}_0$ 到$\boldsymbol{F}_1$ 的齐次变换矩阵。齐次坐标表示将平移和旋转变换等描述在一个矩阵中，与三维空间的描述相比具有更为直观和一般的矩阵描述。

若$\boldsymbol{F}_1$ 相对于$\boldsymbol{F}_0$ 只发生了平移变换，则有齐次平移变换矩阵为

$$ {}_1^0\boldsymbol{T} = \mathbf{Trans}({}_1^0\boldsymbol{P}) = \begin{bmatrix} \boldsymbol{I} & {}_1^0\boldsymbol{P} \\ \mathbf{0} & 1 \end{bmatrix} \tag{3.16} $$

式中：$\boldsymbol{I}$ 为 3×3 的单位阵。若 $\boldsymbol{F}_1$ 相对 $\boldsymbol{F}_0$ 只发生了旋转变换，则有齐次旋转变换矩阵为

$$ {}_1^0\boldsymbol{T} = \boldsymbol{R}(k,\alpha) = \begin{bmatrix} \boldsymbol{R}'(k,\alpha) & \mathbf{0}^{\mathrm{T}} \\ \mathbf{0} & 1 \end{bmatrix} \tag{3.17} $$

式中：$\boldsymbol{R}'(k,\alpha)$ 为经由 k 轴旋转 α 角后的旋转变换矩阵。

根据以上变换关系，图 3.4 中各坐标之间的变化就可以利用极坐标变换来完成。本体坐标系设为 $\boldsymbol{F}_0$，参考坐标系设为 $\boldsymbol{F}_1$，雷达坐标系设为 $\boldsymbol{F}_2$，则本体坐标系到参考坐标系的变换可表示为

$$ {}_1^0\boldsymbol{T} = \boldsymbol{R}(Z,\varphi_0)\boldsymbol{R}(Y,\theta_0)\boldsymbol{R}(X,\psi_0) \tag{3.18} $$

参考坐标系变换到雷达坐标系变换表示为

$$ {}_2^1\boldsymbol{T} = \mathbf{Trans}({}_2^1\boldsymbol{P}) \tag{3.19} $$

3.3.3 弹道中段微运动仿真

假设雷达工作中心频率为 10GHz，目标自旋角频率 $f_s = 3.906\text{Hz}$，锥旋角频率 $f_c = 0.977\text{Hz}$。目标上的三个散射点在本体坐标系中的坐标分别为 $P_1 = (0,0,0)$，$P_2 = (0.3,0,0.6)$，$P_3 = (-0.3,0,0.6)$。初始欧拉角 $\varphi_0 = 30°$，$\theta_0 = 45°$，$\psi_0 = 20°$。目标进动轴在参考坐标系中的方位角和俯仰角分别为 $\theta = 160°$ 和 $\varphi = 50°$，雷达视线在参考坐标系中的方位角和俯仰角分别为 $\varphi_0 = 30°$，$\theta_0 = 45°$。通过坐标转换，得到目标上各散射点径向距离随时间变化曲线，如图 3.6(a)所示。散射点径向距离随时间的变化率为目标径向速度随时间变化关系，如图 3.6(b)所示。图 3.6(c)为三个散射点的进动微多普勒曲线。

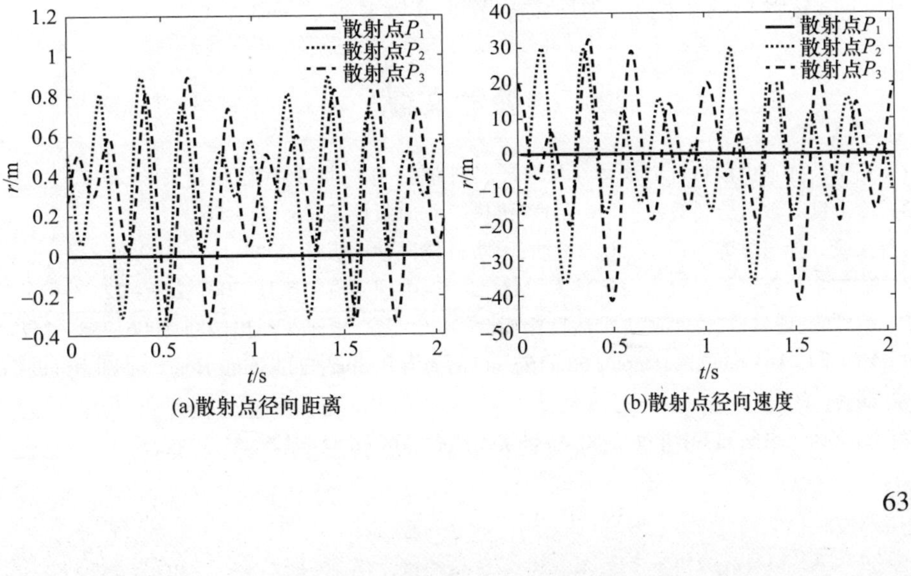

(a)散射点径向距离　　(b)散射点径向速度

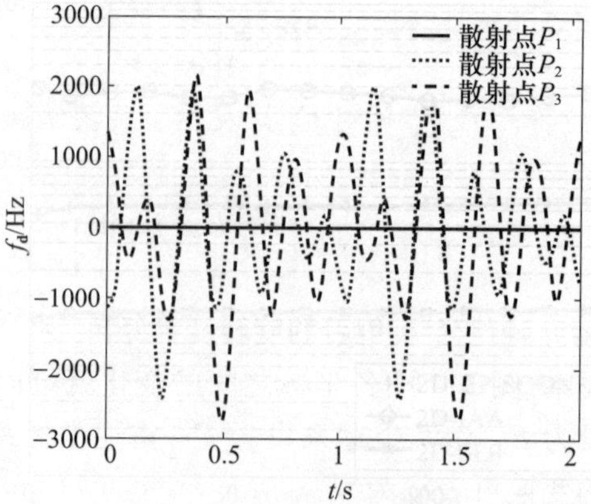

(c)进动微多普勒曲线

图 3.6 弹道目标微运动仿真

从图 3.6 中可以看出,目标的径向距离和速度呈周期性起伏,理论分析及仿真实验表明,其起伏周期为目标自旋与锥旋周期的最小公倍数。

3.4 本章小结

本章就中段弹道目标的平动和微动进行了分析建模,主要进行了以下工作:

(1)对弹道目标在中段的受力情况进行了简化分析,利用龙格-库塔状态方程对中段目标的平动进行了解算。对弹道目标中段平动进行了仿真分析,指出其中段平动的平稳性。

(2)对中段弹道目标的微动进行了建模分析,在完成坐标转换的基础上,得到了散射点的径向距离、速度及微多普勒表示,仿真结果与理论分析结果一致,证明了所建模型的正确性,为后续章节的分析奠定了基础。

参考文献

[1] 马梁. 弹道中段目标微动特性及综合识别方法[D]. 长沙:国防科技大学,2011.
[2] 徐士良. 数值分析算法[M]. 北京:机械工业出版社,2006: 24-56.
[3] 张毅. 弹道导弹弹道学[M]. 长沙:国防科技大学出版社,2005:138-169.
[4] 陆伟宁. 弹道导弹攻防对抗技术[M]. 北京:中国宇航出版社,2007:221-222.
[5] 黄培康,殷红成,许小剑. 雷达目标特性[M]. 北京:电子工业出版社,2006:235-247.
[6] Victor C. The micro-Doppler effect in radar[M]. Beijing:Publishing House of Electronics Industry,2013.
[7] 胡茂林. 空间和变换[M]. 北京:科学出版社,2007:111-129.

第4章　机动目标短时间高分辨ISAR成像

4.1　引　言

传统的距离多普勒方法为实现方位向的高分辨，通常需要较长的观测时间进行相干积累处理，且该分辨率取决于相干积累时间内目标相对于雷达视线的旋转角度。若目标在相干积累时间内的运动可看作近似平稳运动，则目标运动产生的高阶非线性项可以忽略，此时方位回波信号可用单频信号的叠加来近似，利用普通RD算法的成像效果较好。然而当目标运动较为复杂时，若仍采用长相干积累时间，则会引入不可忽略的高次相位项，导致多普勒频率时变，利用RD算法难以得到方位向聚焦的ISAR图像。

对于机动目标高分辨ISAR成像，文献[1]提出了一种基于改进Keystone变换的机动目标成像算法，该算法将散射点回波多普勒看作一阶多项式，利用改进的Keystone变换将多成分线性调频信号转换成单频信号，再利用快速傅里叶变换实现方位向压缩。文献[2]提出了一种基于匹配追踪技术的机动目标ISAR成像算法，该算法将ISAR回波分解为许多子信号，将ISAR成像问题就转化为子信号选取问题，利用匹配追踪算法选取对ISAR成像有贡献的子信号，ISAR回波在子信号上的投影系数就表示为目标的ISAR像。文献[3]针对机动目标成像，提出了一种基于稀疏孔径的相位自调节算法，利用优化的特征分解自聚焦方法修正相位误差。

由于在小角度观测条件下目标的运动形式相对简单，对于包含高阶运动项的机动目标可利用短孔径目标成像技术，因此传统成像方法在短孔径成像条件下通常难以获得理想的方位向分辨率。压缩感知理论可通过少量的观测数据实现对原稀疏信号的重构，在超分辨ISAR中有着独特的优势。文献[4]将压缩感知理论应用于ISAR成像中，利用少量脉冲实现了高分辨成像，证明了基于压缩感知的短孔径高分辨成像的可行性。文献[5]提出了一种基于序列SL0的机动目标成像算法，可利用短相干积累时间实现机动目标方位向的高分辨，然而该方法所需的迭代停止门限较难设置，且解决序列的稀疏重构问题所需的计算时间较长。文献[6]提出了一种机动目标高分辨三维干涉ISAR成像方法，该方法基于CS的超分辨成像技术，同样只需短相干积累时间实现了高分辨成像，且对噪声和旁瓣有较好的抑制效果。本章基于压缩感知短孔径超分辨成像研究,将多观测向量模型和二维联合矩阵重构引入机动目标成像中,在获得高分辨成像质量的基础上,大大缩短成像时间,为机动目标成像提供新的方法和思路。

4.2 多列稀疏向量重构的机动目标超分辨成像

4.2.1 机动目标回波信号模型

由第 2 章分析可知,目标的平动分量补偿后,其运动可看作绕旋转中心的转动,如图 4.1 所示

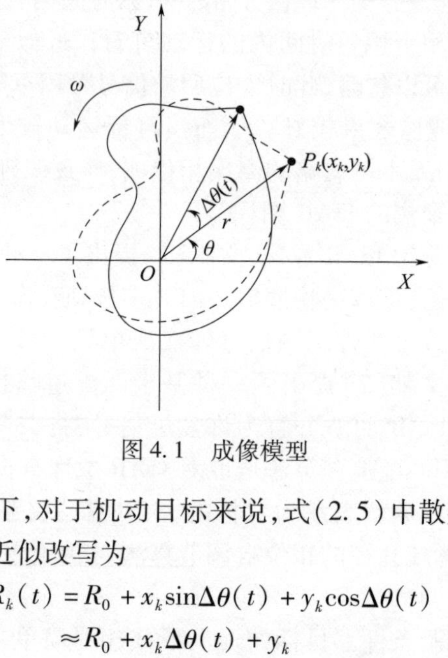

图 4.1 成像模型

在远场观测条件下,对于机动目标来说,式(2.5)中散射点 $P_k(x_k, y_k)$ 沿雷达视线的瞬时距离可近似改写为

$$\begin{aligned} R_k(t) &= R_0 + x_k \sin\Delta\theta(t) + y_k \cos\Delta\theta(t) \\ &\approx R_0 + x_k \Delta\theta(t) + y_k \\ &\approx R_0 + x_k\left(\omega_0 t + \frac{1}{2}\omega_1 t^2\right) + y_k \end{aligned} \tag{4.1}$$

式中:ω_1 为旋转角加速度。当相干积累时间较短,且目标的机动不是很剧烈时,式(4.1)近似为

$$R_k(t) \approx R_0 + x_k \omega_0 t + y_k \tag{4.2}$$

式(4.2)表明,机动目标在短相干积累时间内的旋转运动可用匀速旋转运动来近似。

假设雷达发射线性调频信号,则距离压缩后的信号可表示为

$$s(\tau,t) = \mathrm{rect}\left(\frac{t}{T_{\mathrm{a}}}\right)\sum_{k=1}^{K}A_kT_{\mathrm{p}}\cdot\mathrm{sinc}\left[T_{\mathrm{p}}\mu\left(\tau-\frac{2R_k(t)}{c}\right)\right]\cdot\exp\left(-\mathrm{j}4\pi\frac{R_k(t)}{\lambda}\right) \tag{4.3}$$

式中：K 为散射点个数。将式(4.2)代入式(4.3)中，可得

$$s(\tau,t) = \mathrm{rect}\left(\frac{t}{T_{\mathrm{a}}}\right)\sum_{k=1}^{K}A_kT_{\mathrm{p}}\cdot\mathrm{sinc}\left[T_{\mathrm{p}}\mu\left(\tau-\frac{2(R_0+x_k\omega_0t+y_k)}{c}\right)\right]\cdot$$
$$\exp\left(-\mathrm{j}4\pi f_{\mathrm{c}}\frac{R_0+y_k}{c}\right)\cdot\exp\left(-\mathrm{j}4\pi f_{\mathrm{c}}\frac{\omega_0x_k}{c}t\right) \tag{4.4}$$

假设目标占据了 L 个距离单元，且在第 l 个距离单元中包含了 $K_l\leqslant K$ 个散射点，K_l 个散射点的方位向坐标均不相同。考虑观测噪声影响，第 l 个距离单元的信号可表示为

$$\begin{aligned}s(t) &= \mathrm{rect}\left(\frac{t}{T_{\mathrm{a}}}\right)\sum_{k=1}^{K_l}A_kT_{\mathrm{p}}\cdot\exp\left(-\mathrm{j}4\pi\frac{R_0+y_k}{\lambda}\right)\cdot\exp\left(-\mathrm{j}4\pi\frac{\omega_0x_k}{\lambda}t\right)+n(t)\\ &= \mathrm{rect}\left(\frac{t}{T_{\mathrm{a}}}\right)\sum_{k=1}^{K_l}A'_k\cdot\exp\left(-\mathrm{j}4\pi\frac{\omega_0x_k}{\lambda}t\right)+n(t)\end{aligned} \tag{4.5}$$

式中：$A'_k=A_kT_{\mathrm{p}}\exp\left(-\mathrm{j}4\pi\dfrac{R_0+y_k}{\lambda}\right)$为第 k 个散射点的散射复幅度；$n(t)$为噪声。

假设相干积累时间内的脉冲数为 M，用 $\boldsymbol{t}=[1:M]^{\mathrm{T}}\cdot T_{\mathrm{r}}$ 来表示观测时间序列，$[\,\cdot\,]^{\mathrm{T}}$ 表示向量或矩阵的转置。为实现方位向超分辨，将脉冲重复频率划分为 N 个多普勒单元，即 $\boldsymbol{f}_{\mathrm{d}}=[1:N]^{\mathrm{T}}\cdot\Delta f$，其中：$\Delta f=f_{\mathrm{r}}/N$ 为多普勒频率分辨率。因此，可将式(4.5)表示为矩阵形式，即

$$\boldsymbol{s}'_l=\boldsymbol{\Phi}\boldsymbol{\alpha}_l+\boldsymbol{n}' \tag{4.6}$$

式中：$\boldsymbol{\alpha}_l\in\mathbb{R}^{N\times1}$为第 l 个距离单元的散射复幅度向量，其非零元代表了 K_l 个强散射点的散射幅度，即 $\boldsymbol{\alpha}_l$ 为 A'_k 的向量化表示；$\boldsymbol{\Phi}^{M\times N}$为稀疏字典，且有 $\boldsymbol{\Phi}=\exp(-\mathrm{j}2\pi\cdot\boldsymbol{t}\cdot\boldsymbol{f}_{\mathrm{d}}^{\mathrm{T}})$；$\boldsymbol{n}'$为回波噪声。

4.2.2 基于 SL0 算法的多列稀疏向量稀疏表示

根据 CS 理论，$\boldsymbol{\alpha}_l$ 可通过求解目标函数优化问题来重构，即

$$\hat{\boldsymbol{\alpha}}_l=\mathrm{argmin}\ \|\boldsymbol{\alpha}_l\|_0\quad \mathrm{s.t.}\ \|\boldsymbol{s}_l-\boldsymbol{\Psi}\boldsymbol{\Phi}\boldsymbol{\alpha}_l\|\leqslant\varepsilon \tag{4.7}$$

式中：$\boldsymbol{\Psi}^{M'\times M}$为观测矩阵；$\boldsymbol{s}_l$ 为观测信号，且有 $\boldsymbol{s}_l=\boldsymbol{\Psi}\boldsymbol{\Phi}\boldsymbol{\alpha}_l+\boldsymbol{n}$。$\|\boldsymbol{n}\|_2\leqslant\xi$ 规定了噪声能量的上限。L 个距离单元的观测信号可表示为矩阵形式，即

$$\boldsymbol{S}=\boldsymbol{\Psi}\boldsymbol{\Phi}\boldsymbol{A}+\boldsymbol{N}=\boldsymbol{\Psi}\boldsymbol{S}_{\mathrm{r}}+\boldsymbol{N}=\boldsymbol{\Theta}\boldsymbol{A}+\boldsymbol{N} \tag{4.8}$$

式中：$\boldsymbol{A}=[\boldsymbol{\alpha}_1,\boldsymbol{\alpha}_2,\cdots,\boldsymbol{\alpha}_L]^{N\times L}$，$\boldsymbol{S}_{\mathrm{r}}=[\boldsymbol{s}'_1,\boldsymbol{s}'_2,\cdots,\boldsymbol{s}'_L]^{M\times L}$。
这里，假设散射点占据了 $L'\ll L$ 个距离单元，这意味着矩阵 $\boldsymbol{A}$ 有$(L-L')$列为全

零元素。

多观测向量稀疏表示理论表明，如果稀疏矩阵 $\boldsymbol{X}$ 只有部分行包含非零元素，即每一列的非零元素都在同一行，那么就可以从少量的观测中实现对该稀疏多通道信号的联合重构。然而，ISAR 图像中散射点在距离向和方位向的分布是不均匀的，并不满足多观测向量模型。假设在第 l 个距离单元中包含了 K_l 个散射点，即 $\boldsymbol{\alpha}_l$ 中有 K_l 个非零元素。一般的，$\boldsymbol{\alpha}_l(l=1,2,\cdots,L)$ 不能满足多观测向量模型的条件，主要是因为他们的非零元素位置不同。考虑到矩阵 $\boldsymbol{S}_{\mathrm{r}}$ 只有少部分列包含非零元素（ISAR 图像中只有部分距离单元包含散射点），对式（4.8）做以下变形，即

$$\boldsymbol{S}'=\boldsymbol{\Psi}'\boldsymbol{S}_{\mathrm{r}}^{\mathrm{T}}+\boldsymbol{N}'=\boldsymbol{\Psi}'[\boldsymbol{\Phi}\boldsymbol{A}]^{\mathrm{T}}+\boldsymbol{N}'=\boldsymbol{\Psi}'\boldsymbol{A}^{\mathrm{T}}\boldsymbol{\Phi}^{\mathrm{T}}+\boldsymbol{N}' \tag{4.9}$$

因此有

$$\boldsymbol{S}'(\boldsymbol{\Phi}^{\mathrm{T}})^{+}=\boldsymbol{\Psi}'\boldsymbol{A}^{\mathrm{T}}+\boldsymbol{N}'(\boldsymbol{\Phi}^{\mathrm{T}})^{+} \tag{4.10}$$

式中：$\boldsymbol{\Psi}'\in\mathbb{R}^{L_1\times L}$ 为对接收信号变换之后的观测矩阵；$(\boldsymbol{\Phi}^{\mathrm{T}})^{+}=((\boldsymbol{\Phi}^{\mathrm{T}})^{*}\boldsymbol{\Phi}^{\mathrm{T}})^{-1}(\boldsymbol{\Phi}^{\mathrm{T}})^{*}$ 为矩阵 $\boldsymbol{\Phi}^{\mathrm{T}}$ 的广义逆矩阵，上标 $*$ 表示共轭转置运算。由于矩阵 $\boldsymbol{A}^{\mathrm{T}}$ 的非零元均在特定的部分行，满足多观测向量模型条件，因此，可以转化为重构矩阵 $\boldsymbol{A}^{\mathrm{T}}$。

重构矩阵 $\boldsymbol{A}^{\mathrm{T}}$ 的充分必要条件是

$$|\mathrm{supp}(\boldsymbol{A}^{\mathrm{T}})|<\frac{\mathrm{spark}(\boldsymbol{\Psi}')-1+\mathrm{rank}(\boldsymbol{A}^{\mathrm{T}})}{2} \tag{4.11}$$

式中：$\mathrm{spark}(\boldsymbol{\Psi}')$ 为矩阵 $\boldsymbol{\Psi}'$ 的最小线性相关列向量个数；$\mathrm{rank}(\boldsymbol{A}^{\mathrm{T}})$ 为矩阵 $\boldsymbol{A}^{\mathrm{T}}$ 的秩。

然而，式（4.9）和式（4.10）的变化带来的问题也是显而易见的。假设利用多观测向量重构 $\boldsymbol{A}$ 得到的信号为 $\hat{\boldsymbol{A}}$，那么 $\hat{\boldsymbol{\alpha}}_n^{\mathrm{T}}(n=1,2,\cdots,N)$ 中非零元的个数和位置均相同，其中 $\hat{\boldsymbol{\alpha}}_n^{\mathrm{T}}$ 表示矩阵 $\hat{\boldsymbol{A}}^{\mathrm{T}}$ 的第 n 列，这与待重构信号 $\boldsymbol{A}$ 特点不符（该问题在字典为冗余字典时更为严重），且得到的重构结果也不是最稀疏解。若利用短相干积累时间实现机动目标高分辨 ISAR 成像，字典 $\boldsymbol{\Phi}$ 是冗余的，此时，难以从少量短孔径观测数据中重构稀疏信号。

在 MMV 中，矩阵各列的非零元都有相同的位置集，将该种类型矩阵称为“行稀疏”矩阵。类似的，矩阵 $\boldsymbol{A}$ 的非零元素都在相同的列，称矩阵 $\boldsymbol{A}$ 为“列稀疏”矩阵。针对列稀疏信号，提出了一种基于多列稀疏向量（Multiple Column - Sparse Vectors，MCSV）和 SL0 算法的稀疏重构算法，这里称为 MCSV - SL0 算法，来实现多列稀疏向量的联合重构。

由于实际中 L_0 范数难以求解，基追踪（Basis Pursuit，BP）原理通常转而求解凸松弛问题，即

$$\hat{\boldsymbol{\alpha}}_l=\operatorname{argmin}\ \|\boldsymbol{\alpha}_l\|_1\quad \mathrm{s.t.}\ \|\boldsymbol{s}_l-\boldsymbol{\Psi}\boldsymbol{\Phi}\boldsymbol{\alpha}_l\|\leqslant\varepsilon \tag{4.12}$$

当字典为冗余字典时，文献[8]证明，如果式(4.7)的解 $\hat{\boldsymbol{\alpha}}_l$ 满足 $\|\hat{\boldsymbol{\alpha}}_l\|_0 < (1/2)\mathrm{spark}(\boldsymbol{\Theta})$，那么该解为唯一的最稀疏解。然而，只有当解 $\hat{\boldsymbol{\alpha}}_l$ 满足 $\|\hat{\boldsymbol{\alpha}}_l\|_0 < (1+M_c^{-1}/2)$ 时，该解才是式(4.12)的唯一最优解，其中，M_c 表示矩阵中各向量的最大相关系数，即 $M_c = \max\limits_{j\neq l}|\langle \boldsymbol{\psi}_j, \boldsymbol{\psi}_l\rangle|$。

可以看出，式(4.12)相对于式(4.7)有额外的约束条件，其求解结果不一定是最稀疏的。由于用 SL0 算法求解式(4.7)运算速度更快且重构效果更好，因此当字典为冗余字典时，本节提出的 MCSV－SL0 算法易求得式(4.7)的最稀疏解。

图 4.2 所示为 MCSV－SL0 算法的实现步骤，其中，$\hat{\boldsymbol{A}}^{\mathrm{T}}(0)$ 表示稀疏信号 $\boldsymbol{A}^{\mathrm{T}}$ 的初始化估计值，即 $\hat{\boldsymbol{A}}^{\mathrm{T}}(0) = (\boldsymbol{\Psi}')^{+}\boldsymbol{S}'(\boldsymbol{\Phi}^{\mathrm{T}})^{+}$，其中：参数 σ 表示函数与 ℓ_0 范数的近似程度；$\hat{\boldsymbol{A}}^{\mathrm{T}}(i)$ 表示第 i 次迭代得到的信号 $\boldsymbol{A}^{\mathrm{T}}$ 的估计。算法中参数的选择可参考文献[10]。

(1)为 σ 选择一个合适的递减序列 $[\sigma_1, \sigma_2, \cdots, \sigma_{N\times L}]$，其中该序列的前 L 个元素值 $\sigma_i(i=1,2,\cdots,L)$ 为向量 $\hat{\boldsymbol{\alpha}}_l^{\mathrm{T}}(0)$（矩阵 $\hat{\boldsymbol{A}}^{\mathrm{T}}(0)$ 的第 l 列，$l=1,2,\cdots,L$）中绝对值最大元素的 4 倍，并且该个 L 元素按从大到小顺序排列。当 $i=L+1, L+2, \cdots, N\times L$ 时，$\sigma_i = d\sigma_{i-1}$，其中 d 表示比例因子，通常选择 $0.5\leqslant d<1$。

(2)令 $\sigma=\sigma_i$（在第 1 次迭代中，将 i 设为 1），初始化 $\boldsymbol{A}^{\mathrm{T}} = \hat{\boldsymbol{A}}^{\mathrm{T}}(i=1)$。利用最速上升法最大化函数，共进行 $N\times L$ 次迭代。

①令 $\boldsymbol{\Delta} = [\boldsymbol{\alpha}_1\exp(-\boldsymbol{\alpha}_1^2/2\sigma^2)], \cdots, \boldsymbol{\alpha}_L\exp(-\boldsymbol{\alpha}_1^2/2\sigma^2)]_{N\times L}^{\mathrm{T}}$。

②令 $\boldsymbol{A}^{\mathrm{T}} = \boldsymbol{A}^{\mathrm{T}} - \mu\boldsymbol{\Delta}$，其中参数 μ 表示步长，为大于零的常数（可以取 $\mu=2$）。

③利用梯度投影，得

$$\boldsymbol{A}^{\mathrm{T}} = \boldsymbol{A}^{\mathrm{T}} - (\boldsymbol{\Psi}')^{\mathrm{T}}(\boldsymbol{\Psi}'(\boldsymbol{\Psi}')^{\mathrm{T}})^{-1}(\boldsymbol{\Psi}'\boldsymbol{A}^{\mathrm{T}} - \boldsymbol{S}'(\boldsymbol{\Phi}^{\mathrm{T}})^{+})$$

(3)令 $\hat{\boldsymbol{A}}^{\mathrm{T}}(i) = \boldsymbol{A}^{\mathrm{T}}$，且 $i=i+1$，返回至步骤(2)，直至 $i=N\times L$。

(4)最终重构结果为 $\hat{\boldsymbol{A}}^{\mathrm{T}} = \hat{\boldsymbol{A}}^{\mathrm{T}}(N\times L)$。

图 4.2　MCSV－SL0 算法实现步骤

信号重构条件可表述如下：假设无噪的观测信号 $\boldsymbol{S}_0$ 有稀疏表示形式为 $\boldsymbol{S}_0 = \boldsymbol{\Psi\Phi A}_0 = \boldsymbol{\Theta A}_0$，且满足 $\|\boldsymbol{A}_0\|_0 < (1/2)\mathrm{spark}(\boldsymbol{\Theta})$。令 $\boldsymbol{S} = \boldsymbol{S}_0 + \boldsymbol{N}$ 表示噪声条件下的观测信号，且 $\|\boldsymbol{N}\|_2 \leqslant \varepsilon$。如果稀疏表示系数 $\hat{\boldsymbol{A}}$ 满足 $\|\hat{\boldsymbol{A}}\|_0 < (1/2)\mathrm{spark}(\boldsymbol{\Theta})$ 且 $\|\boldsymbol{S} - \boldsymbol{\Theta}\hat{\boldsymbol{A}}\| \leqslant \delta, \delta \geqslant \varepsilon$，那么有

$$\|\hat{\boldsymbol{A}} - \boldsymbol{A}_0\|_2 \leqslant \frac{\delta+\varepsilon}{\chi_{\min}^{(j)}} \tag{4.13}$$

其中，$\chi_{\min}^{(j)}$ 表示由 $\boldsymbol{\Theta}$ 的 j 列构成的所有子矩阵的奇异值的最小值，且有 $1\leqslant j\leqslant \mathrm{spark}(\boldsymbol{\Theta})-1$。

此外，实际中由于通常难以获取目标图像的稀疏度信息，所提 MCSV－SL0 算法的另一个优势是无须预先知道图像的稀疏度。

4.2.3 仿真实验及分析

1) MCSV - SL0 算法重构性能分析实验

假设观测矩阵 $\boldsymbol{\Psi}^{M'\times M}$的元素服从随机高斯分布，考察当信号 $\boldsymbol{A}$ 的列数 L 从 5 到 100 之间变化($5\leqslant L\leqslant 100$)时，所提 MCSV - SL0 算法与 M - FOCUSS、MMV - OMP、sequential OMP (SOMP) 以及 sequential SL0 (SSL0) 算法的重构效果。信号 $\boldsymbol{A}$ 中非零列的个数设为$\lfloor L/2\rfloor$，对于矩阵 $\boldsymbol{\Psi}'\in\mathbb{R}^{L_1\times L}$，$L_1=30$。矩阵 $\boldsymbol{\Phi}^{M\times N}$为部分傅里叶矩阵，且 $M=60$，$N=100$。信号 $\boldsymbol{A}$ 中的非零列中的非零元素的位置服从随机分布，其非零元素值服从标准高斯分布。

对比各算法信号重构的均方误差，如图 4.3(a) 所示。与 2.5.3 节类似，将均方误差定义为

$$\mathrm{MSE}=E\left(\frac{\|\hat{\boldsymbol{A}}-\boldsymbol{A}_0\|_{\mathrm{F}}^2}{\|\boldsymbol{A}_0\|_{\mathrm{F}}^2}\right) \tag{4.14}$$

式中：$\boldsymbol{A}_0$ 和 $\hat{\boldsymbol{A}}$ 分别为原始信号及其估计信号。不同算法的 CPU 计算时间如图 4.3(b) 所示。从图 4.3(a) 可以看出，SSL0 算法及本节所提出的 MCSV - SL0 算法的均方误差是最小的。从图 4.3(b) 可以看出，所提 MCSV - SL0 算法的计算时间比其他大部分算法的计算时间都要小。值得指出的是，虽然 MCSV - SL0 算法的计算速度不如 MMV - OMP 算法的快，但 MMV - OMP 算法重构信号的精度较差，如图 4.3(a) 所示。

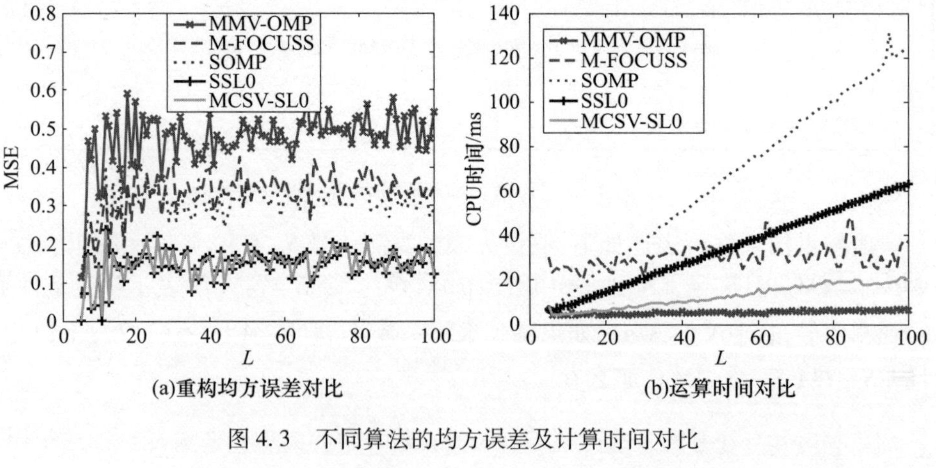

(a)重构均方误差对比　　(b)运算时间对比

图 4.3　不同算法的均方误差及计算时间对比

为检验不同信噪比下的重构效果，进行了 50 次蒙特卡罗仿真实验，设置参数 $L=30$，$2\mathrm{dB}\leqslant\mathrm{SNR}\leqslant 16\mathrm{dB}$，其他参数设置不变。不同算法在不同信噪比下的重构均方误差如图 4.4 所示。

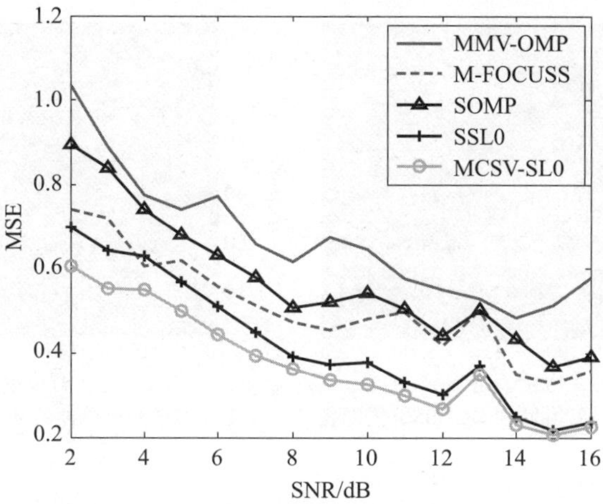

图 4.4　不同算法在不同信噪比下的重构均方误差

从图 4.4 可以看出，所提 MCSV－SL0 算法的均方误差是最小的。综合图 4.3(a)与图 4.4 可以得出，MCSV－SL0 算法的重构效果和抗噪性能均优于 SSL0 算法，表明所提算法性能更好。

2）机动目标成像实验

利用波音 727 的仿真数据来检验所提算法的有效性。雷达信号参数设置见 2.5.3 节，目标回波数据已完成平动补偿。矩阵 $\boldsymbol{\Psi}' \in \mathbb{R}^{L_1 \times L}$ 的维数为 $L_1 = 30$，$L = 64$。矩阵 $\boldsymbol{\Phi}^{M \times N}$ 维数为 $M = 32$，$N = 256$。

当目标图像在距离向和方位向的网格点数分别为 64 和 256 时，利用全孔径数据时 RD 算法的 ISAR 成像结果如图 4.5(a)所示。由于目标在相干积累时间内的非平稳运动，该图像的方位向聚焦效果较差。利用 32 个脉冲的短孔径数据，采用 MMV－OMP 算法、M－FOCUSS 算法及 MCSV－SL0 算法重构得到的目标图像如图 4.5(b)～(d)所示。从图 4.5 可以看出，MCSV－SL0 算法对机动目标的图像聚焦性优于其他算法。

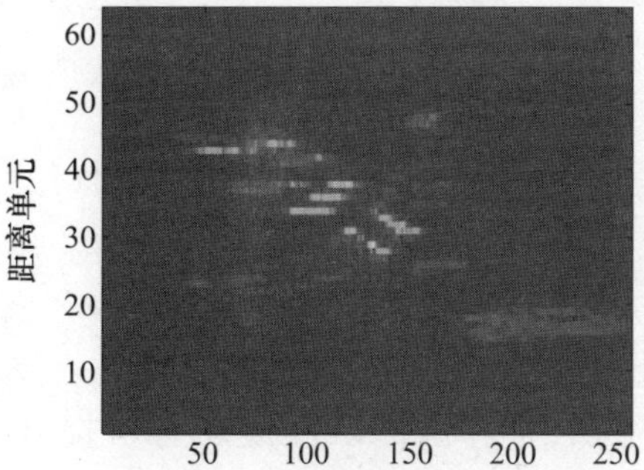

(a)基于256个脉冲的RD算法图像

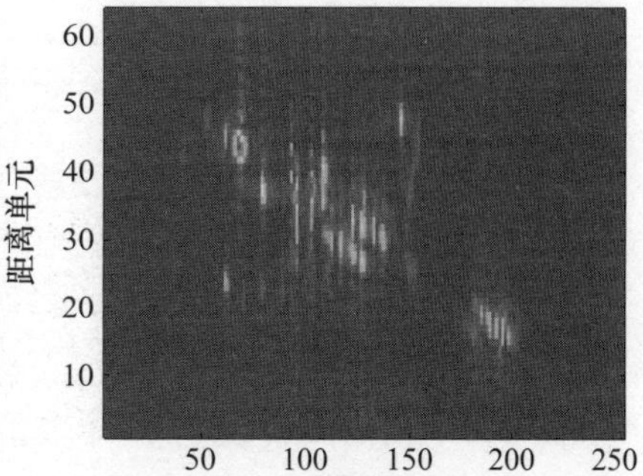

(b)基于32个脉冲的MMV-OMP算法图像

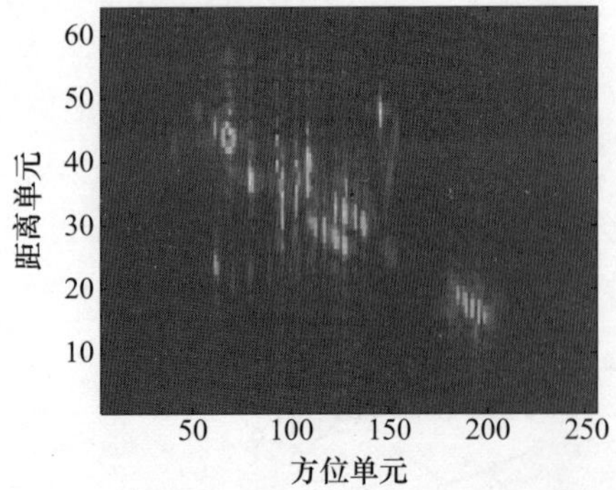

(c)基于32个脉冲的M-FOCUSS算法图像

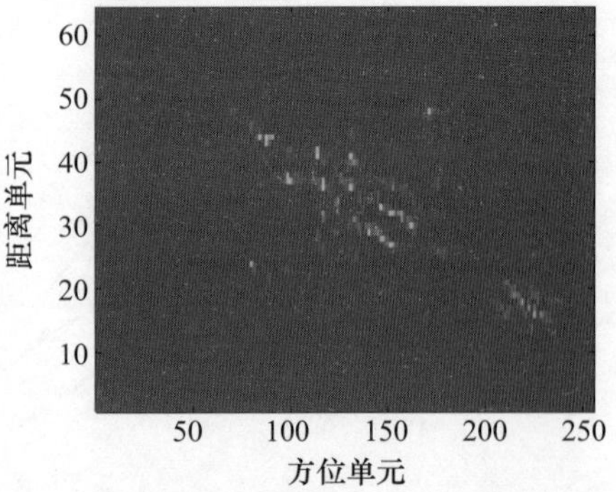

(d)基于32个脉冲的MCSV-SL0算法图像

图 4.5　不同成像算法对波音 727 的成像图像

下面考察不同脉冲数下不同算法的 ISAR 成像的图像匹配度。定义图像的匹配度为

$$\eta = \frac{\mathrm{tr}(\hat{\boldsymbol{A}}^{\mathrm{T}} \cdot \boldsymbol{A}')}{\|\hat{\boldsymbol{A}}\|_{\mathrm{F}} \|\boldsymbol{A}'\|_{\mathrm{F}}} \tag{4.15}$$

式中：$\boldsymbol{A}'$表示将目标的非平稳转动补偿后全孔径数据下 RD 算法获得目标的 ISAR 图像；$\hat{\boldsymbol{A}}$ 表示不同算法重构的目标图像；tr(·)为矩阵的迹。当脉冲数以 2 为间隔从 20 增加到 60 时，不同算法获得的图像与 $\boldsymbol{A}'$的匹配度如图 4.6 所示。

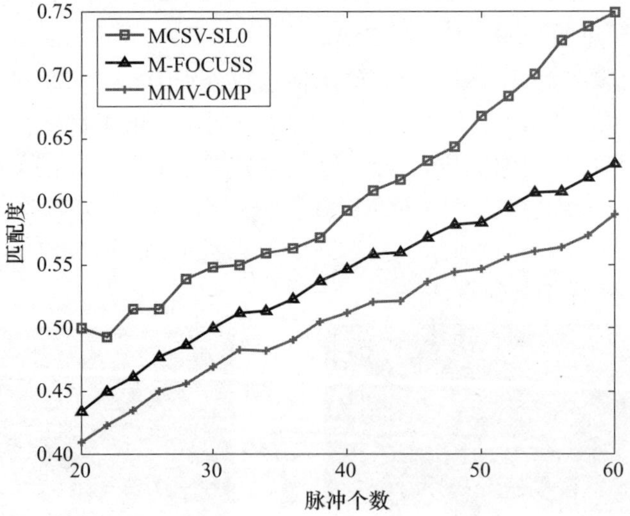

图 4.6　不同算法在不同脉冲数下的图像匹配度

从图 4.6 可以看出：随着脉冲数的增加，各算法的匹配度均有所提升，且 MCSV－SL0 算法的图像匹配度优于其他算法。

从上述两个仿真实验可知，本章提出的 MCSV - SL0 算法重构信号的均方误差最小，成像质量最高，并且算法运算速度更快，对噪声的适应性更强。

4.3　稀疏矩阵重构的机动目标超分辨成像

4.3.1　回波信号建模

根据 ISAR 成像理论，在“Stop - and - go”模型下，目标的平动分量对成像无益，假设目标的平动分量已经补偿。这种情况下，在发射接收一个脉冲的过程中，目标可近似为静止不动的，因而慢时间可被看作离散变量，这里记为 n。因此，接收信号可表示为

$$s_{\mathrm{R}}(t,nT_{\mathrm{R}}) = s_{\mathrm{R}}(t,n) = \int_V \gamma'(z) s_{\mathrm{T}}(t-\tau(z,n),n) h(n) \mathrm{d}z \tag{4.16}$$

式中：$s_{\mathrm{T}}(t,n)$ 为发射的第 n 个脉冲信号，其中 t 表示快时间，$n=1,2,\cdots,N$，N 表示发射的脉冲数；T_{R} 为脉冲重复间隔；$\tau(z,n)$ 为坐标 z 的散射点在第 n 个脉冲的时延；$h(n)$ 为慢时间域的信号支撑集；$\gamma'(z)$ 为在目标域 V 中坐标为 z 的散射点的散射函数。在匹配滤波器的输出端，经过时域傅里叶变换，慢时间—频率域的基带信号可表示为

$$S_{\mathrm{R}}(f,n) = W(f,n)\int_V \gamma'(z)\exp(-\mathrm{j}2\pi\tau(z,n))\mathrm{d}z \tag{4.17}$$

式中：f 为快时间 t 傅里叶变换后的频率；$W(f,n)$ 为信号 $S_{\mathrm{R}}(f,n)$ 在傅里叶域的支撑域。在匹配傅里叶变换的输出端，$W(f,n)$ 可表示为

$$W(f,n) = |S_{\mathrm{T}}(f,n)|^2 h(n) \tag{4.18}$$
$$h(n) = u(n) - u(n-N)$$

式中：$u(n)$ 为单位阶跃离散函数。

假设在观测时间内目标转角为 Ω，接收信号可表示为

$$\begin{aligned}\boldsymbol{X}(f,n) = W(f,n)\int_{z_1}\int_{z_2}\gamma(z_1,z_2)\exp(-\mathrm{j}(4\pi f/c)(z_1\cos(\Omega n) + \\ z_2\sin(\Omega n)))\mathrm{d}z_1\mathrm{d}z_2\end{aligned} \tag{4.19}$$

式中：$\gamma(z_1,z_2) = \int_{z_3}\gamma'(z)\mathrm{d}z_3$ 为目标散射函数投影到成像平面的结果。假设目标有 K 个散射点，则式(4.19)可重写为

$$\boldsymbol{X}(f,n) = W(f,n)\sum_{k=1}^{K}\sigma_k\exp(-\mathrm{j}(4\pi f/c)(z_1^k\cos(\Omega n) + z_2^k\sin(\Omega n))) \tag{4.20}$$

定义空域频率为

$$\begin{cases} Z_1(f,n) = \dfrac{2f\cos(\Omega n)}{c} \\ Z_2(f,n) = \dfrac{2f\sin(\Omega n)}{c} \end{cases} \tag{4.21}$$

式(4.20)可改写为

$$\begin{aligned} \boldsymbol{X}(Z_1,Z_2) &= W(Z_1,Z_2)\sum_{k=1}^{K}\sigma_k\exp(-\mathrm{j}2\pi(z_1^kZ_1+z_2^kZ_2)) \\ &= W(Z_1,Z_2)\Gamma(Z_1,Z_2) \end{aligned} \tag{4.22}$$

式中：$\Gamma(Z_1,Z_2)$为目标散射函数$\gamma(z_1,z_2)$的傅里叶变换。

在小转角假设条件下，式(4.21)的空间频率可近似为

$$\begin{cases} Z_1(f,n) \approx \dfrac{2f}{c} \\ Z_2(f,n) \approx \dfrac{2f\Omega n}{c} \end{cases} \tag{4.23}$$

两个空间频率可看作是相互独立的，进而可利用二维快速傅里叶变换获得目标的ISAR像。

在小转角假设条件下，接收信号经过运动补偿可写为

$$\boldsymbol{X}(f,n) = W(f,n)\sum_{k=1}^{K}\sigma_k\exp(-\mathrm{j}(4\pi/c)(fz_1^k+fz_2^k\Omega n)) \tag{4.24}$$

令变量(τ,υ)表示时延和多普勒频率，有

$$\begin{cases} \tau = \dfrac{2z_1}{c} \\ \upsilon = \dfrac{2f\Omega z_2}{c} \end{cases} \tag{4.25}$$

将式(4.25)代入式(4.22)，则运动补偿后的信号表示为

$$\boldsymbol{X}(f,n) = CW(f,n)\sum_{k=1}^{K}\sigma_k\exp(-\mathrm{j}2\pi(f\tau_k+n\upsilon_k)) \tag{4.26}$$

$$C = c^2/4f\Omega$$

将式(4.26)中的各变量离散化，有

$$\begin{cases} f = f_0 + m\Delta f, & m = 1,2,\cdots,M \\ \upsilon = p\Delta\upsilon, & p = 1,2,\cdots,P \\ \tau = q\Delta\tau, & q = 1,2,\cdots,Q \end{cases} \tag{4.27}$$

式中：Δf为频率步长；$\Delta\upsilon = 1/NT_{\mathrm{R}}$为离散化多普勒频率间隔；$\Delta\tau = 1/Q\Delta f$为离散化时延间隔。值得指出的是，通常$Q=M$，$P=N$，此时，$\Delta\upsilon$及$\Delta\tau$分别与多普勒和时延分辨率一致。因此，式(4.26)的离散化形式为

$$\boldsymbol{X}(m,n) = CW(m,n)\sum_{k=1}^{K}\sigma_k\exp(-\mathrm{j}2\pi(mq_k/Q))\exp(-\mathrm{j}2\pi(np_k/P)) \tag{4.28}$$

式中：$W(m,n)=(u(n)-u(n-N))\cdot(u(m)-u(m-M))$为信号在离散慢时间—频率域的支撑集。

假设$\boldsymbol{S}(q,p)$表示获得的目标 ISAR 图像,其矩阵形式用$\boldsymbol{S}$来表示,式(4.28)中信号$\boldsymbol{X}(m,n)$的矩阵形式用$\boldsymbol{X}$表示。其关系可表示为

$$\boldsymbol{X}=\boldsymbol{A}\boldsymbol{S}\boldsymbol{B}^{\mathrm{T}} \tag{4.29}$$

式中：$\boldsymbol{A}\in\mathbb{C}^{M\times Q}$,$\boldsymbol{B}\in\mathbb{C}^{N\times P}$分别表示实现距离及方位向压缩的傅里叶字典,即

$$\begin{cases}[\boldsymbol{A}]_{m,q}=\exp(-\mathrm{j}2\pi mq/Q)\\ [\boldsymbol{B}]_{n,p}=\exp(-\mathrm{j}2\pi np/P)\end{cases} \tag{4.30}$$

在全傅里叶矩阵条件下,有$P=N,Q=M$。

通过利用目标图像在成像场景中的二维稀疏特性,将目标的 ISAR 成像转化为稀疏矩阵$\boldsymbol{S}$的重构问题。由于在短相干积累时间内目标多普勒变化近似平稳,考虑在短孔径条件下,通过解稀疏矩阵重构问题,来实现机动目标超分辨成像。

4.3.2　基于 2D－GP－SOONE 算法的 ISAR 成像

假设$\boldsymbol{S}\in\mathbb{R}^{m_1\times m_2}$表示二维稀疏信号,$\boldsymbol{X}\in\mathbb{R}^{n_1\times n_2}$是矩阵$\boldsymbol{\Phi}$的原子$\boldsymbol{\Phi}_{ij}(1\leqslant i\leqslant m_1,1\leqslant j\leqslant m_2)$的线性叠加,即$\boldsymbol{X}=\sum_{i=1}^{m_1}\sum_{j=1}^{m_2}s_{ij}\boldsymbol{\Phi}_{ij}$。令$\boldsymbol{x}=\mathrm{vec}(\boldsymbol{X})$,$\boldsymbol{\varphi}_{ij}=\mathrm{vec}(\boldsymbol{\Phi}_{ij})$,其中 vec(·)表示矩阵的向量化操作,即将矩阵各列堆叠起来。这样,稀疏矩阵重构问题就转化为一维稀疏信号重构问题,可通过 OMP,SL0 等传统的重构方法实现。

然而,当二维信号表示中的原子是可分的,即$\boldsymbol{\Phi}_{ij}=\boldsymbol{a}_i\boldsymbol{b}_j^{\mathrm{T}}$,$1\leqslant i\leqslant m_1$,$1\leqslant j\leqslant m_2$,则考虑观测噪声时,二维稀疏信号通常可表示为

$$\boldsymbol{X}_{n_1\times n_2}=\boldsymbol{A}_{n_1\times m_1}\boldsymbol{S}_{m_1\times m_2}\boldsymbol{B}^{\mathrm{T}}_{n_2\times m_2}+\boldsymbol{N} \tag{4.31}$$

式中:$\boldsymbol{X}$为观测信号矩阵;$\boldsymbol{N}\in\mathbb{R}^{n_1\times n_2}$为噪声矩阵。当$n_1<m_1$,$n_2<m_2$时,式(4.31)是欠定的,因而没有唯一解。一个直接的方法是,同样将式(4.31)转化为一维稀疏信号重构模型,即

$$\boldsymbol{x}=\boldsymbol{\Phi}\boldsymbol{s} \tag{4.32}$$

式中:$\boldsymbol{x}=\mathrm{vec}(\boldsymbol{X})$;$\boldsymbol{s}=\mathrm{vec}(\boldsymbol{S})$;$\boldsymbol{\Phi}=\boldsymbol{B}\otimes\boldsymbol{A}$;$\otimes$表示求矩阵的 Kronecker 积。而一维稀疏信号的重构可通过传统的稀疏重构算法来实现。然而,矩阵$\boldsymbol{\Phi}\in\mathbb{R}^{n_1n_2\times m_1m_2}$的维数要远远高于矩阵$\boldsymbol{A}$及矩阵$\boldsymbol{B}$的维数。例如,对于一个低维的稀疏矩阵$\boldsymbol{S}\in\mathbb{R}^{40\times 50}$及字典$\boldsymbol{A}\in\mathbb{R}^{40\times 100}$,$\boldsymbol{B}\in\mathbb{R}^{50\times 100}$,式(4.32)中对应的$\boldsymbol{\Phi}$的维数为 2000 ×

10000，显然式(4.31)到式(4.32)的转化过程中，将低维的重构问题转化为计算更高复杂度的高维信号重构问题。

为降低重构计算量，本章提出了一种矩阵重构算法来实现二维稀疏矩阵的直接重构。该算法重构精度较高，且相比于一维重构方法，算法的计算复杂度大幅降低。

第2章指出，在稀疏信号重构时，由于向量 L_0 范数是不连续的，且其求解是一个 NP - hard 问题，通常转而求解其 L_1 范数优化问题。而文献[11]指出，向量的稀疏度还可通过其 L_p 范数来描述，向量的 L_p 范数通常被定义为 $\sum_{i=1}^{m_1}|\boldsymbol{s}_i|^p$ $(0\leqslant p\leqslant 1)$，基于 L_p 范数的优化问题求解的性能要优于 L_1 范数。然而，L_p 范数是非凸的，通常较难处理。Rick Chartrand 利用最速梯度下降法来寻求该范数局部最小值，然而当 $s\to 0$ 时，$s^p(p<1)$ 的导数将趋于无穷。文献[12]提出了一种基于一阶负指数函数 $G_\sigma(\boldsymbol{s}) = \sum_{i=1}^{m_1}\exp(-|\boldsymbol{s}_i|/\sigma)$ 的方法来实现一维信号的重构，其中 σ 为辅助变量。该函数与 SL0 算法定义的指数函数 $f_\sigma(\boldsymbol{s}) = \exp(-\boldsymbol{s}^2/2\sigma^2)$ 类似。比较函数 $f_\sigma(\boldsymbol{s})$ 与 $g_\sigma(\boldsymbol{s}) = \exp(-|\boldsymbol{s}|/\sigma)$ 可以发现，当 $\sigma\to\infty$ 时，函数 $F_\sigma(\boldsymbol{s}) = \sum f_\sigma(\boldsymbol{s}_i)$ 退化为 L_2 范数，而 $G_\sigma(\boldsymbol{s})$ 退化为 L_1 范数。因此，当 σ 值较大时，文献[12]中基于序列一阶负指数函数(Sequential Order One Negative Exponential Function，SOONE)的方法比基于 SL0 范数的方法有更高概率求得最稀疏解。

本章将基于 SOONE 函数的方法推广到二维形式，再利用梯度投影(Gradient Projection，GP)方法求解，提出了一种 2D - GP - SOONE 算法。其中，SOONE 函数的二维形式可表示为 $G_\sigma(\boldsymbol{S}) = \sum_{i,j}\exp((-|\boldsymbol{s}_{ij}|/\sigma))$，而 2D - SL0 算法中所采用的指数函数为 $F_\sigma(\boldsymbol{S}) = \sum_{i,j}\exp((-\boldsymbol{s}_{ij}^2/2\sigma^2))$。结合一维信号重构指数函数的分析可知，所提的 2D - GP - SOONE 算法相比于 2D - SL0 算法有更高概率得到最稀疏解。为将提出的二维形式的 SOONE 函数用于式(4.31)的求解，相比于一维信号重构过程，需要修改某些步骤。由式(4.31)和式(4.32)可得

$$\begin{aligned}\mathrm{vec}(\hat{\boldsymbol{S}}_0) &= \boldsymbol{\Phi}^\dagger x = (\boldsymbol{B}\otimes\boldsymbol{A})^\dagger x \\ &= (\boldsymbol{B}^\dagger\otimes\boldsymbol{A}^\dagger)\mathrm{vec}(\boldsymbol{X}) = \mathrm{vec}(\boldsymbol{A}^\dagger\boldsymbol{X}(\boldsymbol{B}^\dagger)^{\mathrm{T}})\end{aligned}\tag{4.33}$$

式中：$(\cdot)^\dagger$ 为矩阵的伪逆。式(4.33)表明，在重构过程中，稀疏矩阵初始化为 $\hat{\boldsymbol{S}}_0 = \boldsymbol{A}^\dagger\boldsymbol{X}(\boldsymbol{B}^\dagger)^{\mathrm{T}}$。

当重构一维稀疏信号时，有 $\boldsymbol{x}-\boldsymbol{\Phi s} = \boldsymbol{\Phi}(\boldsymbol{s}_0-\boldsymbol{s})$，其中 $\boldsymbol{s}_0$ 和 $\boldsymbol{s}$ 分别代表原始稀疏信号及其重构得到的信号。因此，$\boldsymbol{\Phi}^\dagger(\boldsymbol{x}-\boldsymbol{\Phi s})$ 就是 $\boldsymbol{s}_0-\boldsymbol{s}$ 的最小 L_2 范数估计。一维信号 $\boldsymbol{s}'$ 在解空间 $\boldsymbol{s} = \{\boldsymbol{s}: |\boldsymbol{\Phi s}-\boldsymbol{x}|_2<\varepsilon\}$ 的投影为

$$s = \underset{s}{\arg\min} \| s - s' \| = s' + \boldsymbol{\Phi}^{\dagger}(x - \boldsymbol{\Phi} s) \tag{4.34}$$

类似的，当重构二维稀疏信号时，有 $\boldsymbol{X} - \boldsymbol{ASB}^{\mathrm{T}} = \boldsymbol{A}(\boldsymbol{S}_0 - \boldsymbol{S})\boldsymbol{B}^{\mathrm{T}}$，所以 $\boldsymbol{S}_0 - \boldsymbol{S}$ 的最小 L_2 范数估计为

$$\boldsymbol{A}^{\dagger}(\boldsymbol{A}(\boldsymbol{S}_0 - \boldsymbol{S})\boldsymbol{B}^{\mathrm{T}})(\boldsymbol{B}^{\dagger})^{\mathrm{T}} = \boldsymbol{A}^{\dagger}(\boldsymbol{X} - \boldsymbol{ASB}^{\mathrm{T}})(\boldsymbol{B}^{\dagger})^{\mathrm{T}} \tag{4.35}$$

估计的二维稀疏信号可表示为

$$\hat{\boldsymbol{S}} = \boldsymbol{S} + \boldsymbol{A}^{\dagger}(\boldsymbol{X} - \boldsymbol{ASB}^{\mathrm{T}})(\boldsymbol{B}^{\dagger})^{\mathrm{T}} \tag{4.36}$$

综上所述，概括 2D－GP－SOONE 算法的实现步骤如图 4.7 所示。

初始化：

（1）令 $\hat{\boldsymbol{S}}_0$ 表示 $\boldsymbol{X} = \boldsymbol{ASB}^{\mathrm{T}}$ 的最小 ℓ_2 范数解，有 $\hat{\boldsymbol{S}}_0 = \boldsymbol{A}^{\dagger}\boldsymbol{X}(\boldsymbol{B}^{\dagger})^{\mathrm{T}}$。

（2）为参数 $\{\sigma\}$ 选择合适的递减序列，即 $[\sigma_1, \cdots, \sigma_J]$。

for　$j = 1, 2, \cdots, J$，执行下列步骤：

（1）令 $\sigma = \sigma_j$，$\beta = \dfrac{J - j/2 + 1}{J}$ 为辅助变量。

（2）利用 L 次最速下降法迭代求解函数 $G_\sigma(\boldsymbol{S})$ 在解空间 $\boldsymbol{S} = \{\boldsymbol{S}: |\boldsymbol{\Phi S} - \boldsymbol{X}|_2 < \varepsilon\}$ 上的最小值，然后将重构信号投影到解空间中。

－初始化：$\boldsymbol{S} = \hat{\boldsymbol{S}}_{j-1}$。

－for $l = 1, 2, \cdots, L$（迭代 L 次），执行下列步骤：

令 $\gamma = \dfrac{L - l/2 + 1}{L}$ 为另一个辅助变量。

a）令 $\boldsymbol{\delta} \triangleq -\sigma \nabla G_\sigma(\boldsymbol{S}) = \dfrac{\boldsymbol{S}_{ij}}{|\boldsymbol{S}_{ij}|}\exp(-|\boldsymbol{S}_{ij}|/\sigma)$。

b）令 $\boldsymbol{S} \leftarrow \boldsymbol{S} - \mu\boldsymbol{\delta}$（其中，参数 μ 为被 j 和 l 定义的非负变量）。

c）将信号 $\boldsymbol{S}$ 投影到解空间中，有

$$\boldsymbol{S} \leftarrow \boldsymbol{S} + \boldsymbol{A}^{\dagger}(\boldsymbol{X} - \boldsymbol{ASB}^{\mathrm{T}})(\boldsymbol{B}^{\dagger})^{\mathrm{T}}$$

（3）令 $\hat{\boldsymbol{S}} = \boldsymbol{S}$。

获得重构信号 $\hat{\boldsymbol{S}} = \boldsymbol{S}_J$。

图 4.7　2D－GP－SOONE 算法实现步骤

在本节中，将参数 σ_1 设置为 $\sigma_1 > 16 \max\limits_{i,j} |(\hat{\boldsymbol{S}}_0)_{ij}|$，那么 $\exp(-|(\hat{\boldsymbol{S}}_0)_{ij}|/\sigma_1) > 0.93 \approx 1$。参数 μ 通常设置为 $\mu = \beta\gamma\min(\max(|\boldsymbol{S}_{ij}|)/L_0, \sigma/L_1)$，$L_0$ 和 L_1 是用来控制步长的参数，通常选为较大的值。具体参数选择的依据可参考文献[12]。

4.3.3　仿真实验及分析

1）2D－GP－SOONE 算法重构性能分析实验

设矩阵 $\boldsymbol{A}$ 和矩阵 $\boldsymbol{B}$ 的维数分别设为 50×80 和 20×25，且它们的各行均为傅里叶正交基。$\boldsymbol{S}$ 为 K 稀疏信号，其 K 个非零元位置均是随机的，且非零元素的

值服从标准高斯分布。观测噪声矩阵 $\boldsymbol{N}$ 为高斯随机矩阵，其方差 σ_n^2 通过信噪比来确定，满足 $\sigma_n^2 = \|\boldsymbol{S}\|_F^2 10^{-SNR/10}$。2D－GP－SOONE 算法参数设置如下：$L=3, L_0=25, L_1=10, \sigma_J=0.1$。2D－SL0 算法参数设置如下：$L=3, \sigma_J=0.1, \mu=2$。2D－IAA 算法内部迭代次数设置为 15 次。

为检验不同算法在不同稀疏度下的重构性能，采用均方误差对 2D－GP－SOONE、2D－SL0 和 2D－IAA 算法的重构结果进行对比分析，均方误差定义为 $MSE = \|\hat{\boldsymbol{S}} - \boldsymbol{S}\|_F^2 / m_1 m_2$。当 SNR＝30dB 时，对不同的稀疏度 K 进行了 200 次蒙特卡罗实验，各算法的重构均方误差随稀疏度变化曲线如图 4.8(a)所示。为检验不同信噪比下各算法的重构性能，当 $K=100$ 时，对不同的信噪进行了 200 次蒙特卡罗仿真，各算法的重构均方误差随信噪比变化曲线如图 4.8(b)所示。

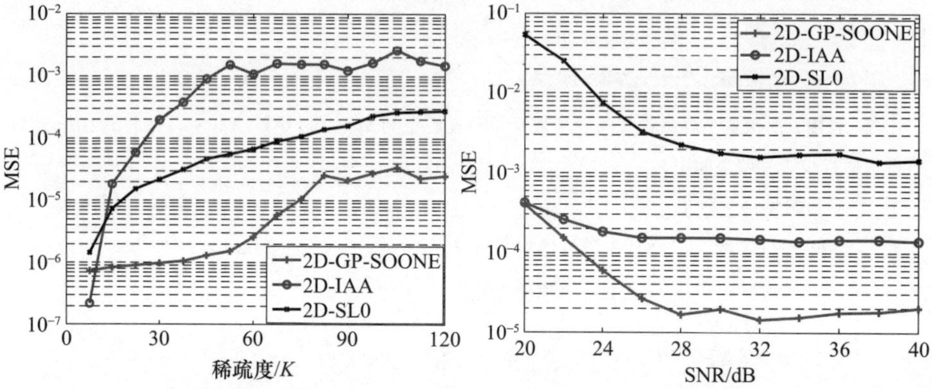

(a)SNR=30dB (b)K=100

图 4.8 不同算法的均方误差

从图 4.8 可以看出，在不同的稀疏度和不同的信噪比条件下，2D－GP－SOONE 算法重构效果均优于 2D－IAA 和 2D－SL0 算法

图 4.9 为不同算法准确重构概率的 200 次蒙特卡罗仿真实验结果，这里设定当重构误差满足 $\max\limits_i \|\hat{\boldsymbol{S}}_i - \boldsymbol{S}_i\|_\infty \leqslant 10^{-3}$ 时认为信号被准确重构。图 4.9(a)给出了信噪比 SNR＝30dB 时不同稀疏度下各算法的准确重构概率，图 4.9(b)给出了稀疏度 $K=50$ 时不同信噪比下各算法的准确重构概率。

从图 4.9 可以看出，在不同的稀疏度和不同的信噪比条件下，2D－GP－SOONE 算法比 2D－IAA 和 2D－SL0 算法均有更好的重构效果和更高的重构概率。

图 4.10 为增加参数 $L=10$ 而其他参数保持不变时，各算法在不同稀疏度下的准确重构概率。

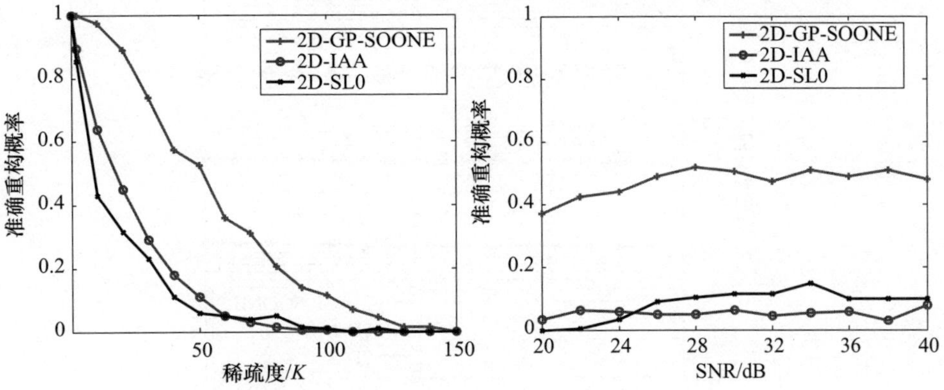

(a)SNR=30dB　　(b)K=50

图4.9　不同算法的准确重构概率($L=3$)

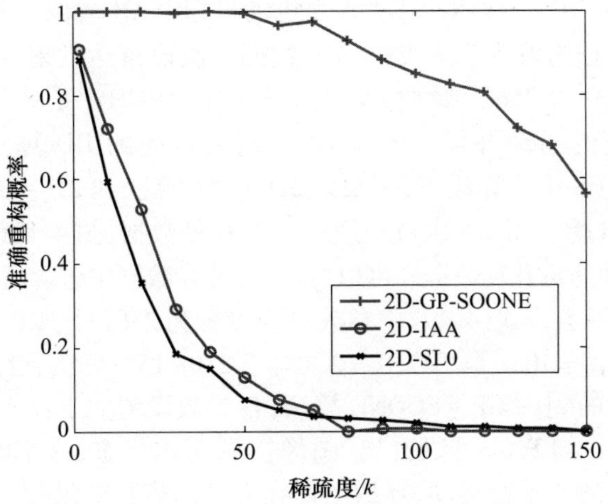

图4.10　不同稀疏度条件下各算法的准确重构概率(SNR = 30dB,$L=10$)

对比图4.10和图3.9(a)可以看出,当参数$L=10$时,2D－IAA和2D－SL0算法的重构概率改变不大,而2D－GP－SOONE算法准确重构概率则提高明显,从而验证了4.3.2节中的分析结论:当参数L选取为较大值时,2D－GP－SOONE算法重构概率将会得到大幅度的提升。

图4.11所示为各算法CPU运算时间的200次蒙特卡罗实验的结果。从图4.11可以看出,2D－GP－SOONE算法的运算时间远低于2D－IAA算法,因此也会更低于一般的一维稀疏重构算法。需要指出的是,虽然2D－SL0算法运算时间最低,但该算法重构效果和重构概率相比于2D－GP－SOONE算法较差。因此,2D－GP－SOONE算法在稀疏矩阵重构中综合性能更好。

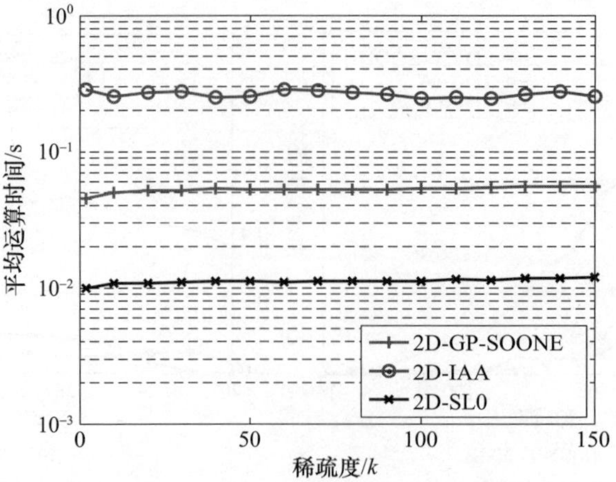

图 4.11　各算法在不同稀疏度条件下的平均运算时间

2)利用 2D - GP - SOONE 算法实现机动目标 ISAR 成像实验

设置目标数据为波音 727 飞机仿真数据。假设雷达发射线性调频信号,所处理的回波数据包含 256 个脉冲,发射信号载频为 9GHz,带宽为 150MHz。回波数据已完成相应的运动补偿。图 4.12 分别为传统的 RD 算法、解耦二维 CS (CSD)算法、1D CS 重构算法、2D - SL0、2D - IAA 算法和 2D - GP - SOONE 算法得到的目标 ISAR 像。图 4.12(a)利用的是全孔径数据,图 4.12(b) ~ (f)利用的是包含 32 个脉冲的短孔径数据。可以看出,短孔径数据中包含的脉冲数远低于全孔径数据中的脉冲数。式(4.29)中参数 P 应设置为 256,对于2D - SL0 算法,其他参数分别设置为:$L=10$,$\sigma_J=0.1$,$\mu=2$。对于 2D - IAA 算法,设置内部循环次数为 15。对于提出的 2D - GP - SOONE 算法,各参数设置如下:$L=10$,$L_0=10$,$L_1=8$,$\sigma_J=0.1$。从图 4.12(a)可以看出,图像模糊问题严重,这主要是由于目标在相干积累时间内的非平稳运动,导致图像在方位向聚焦效果较差。

从图 4.12 可以看出:虽然基于稀疏重构的方法利用的脉冲数远小于全孔径脉冲数,但大部分算法得到的机动目标 ISAR 图像聚焦效果要明显优于 RD 算法;2D - GP - SOONE 算法成像效果更好,图像分辨率更高。

为定量分析各算法的成像效果,用图像熵参数来表征 ISAR 图像的聚焦性能。图像熵定义为

$$\boldsymbol{\eta} = -\mathrm{sum}\left\{\frac{\boldsymbol{S}_{\mathrm{Img}}^2}{\mathrm{sum}(\boldsymbol{S}_{\mathrm{Img}}^2)}\ln\left(\frac{\boldsymbol{S}_{\mathrm{Img}}^2}{\mathrm{sum}(\boldsymbol{S}_{\mathrm{Img}}^2)}\right)\right\} \tag{4.37}$$

式中:$\boldsymbol{S}_{\mathrm{Img}}^2 \in \mathbb{R}^{N'\times M}$表示 ISAR 图像的散射强度矩阵,且其第$(n,m)$个元素值等于 ISAR 图像在该位置像素值的平方,即 $\boldsymbol{S}_{\mathrm{Img}}^2(n,m) = (\boldsymbol{S}_{\mathrm{Img}}(n,m))^2$,$\mathrm{sum}(\boldsymbol{S}_{\mathrm{Img}}^2) = \sum_{m=1}^{M}\sum_{n=1}^{N'}\boldsymbol{S}_{\mathrm{Img}}^2(n,m)$ 。

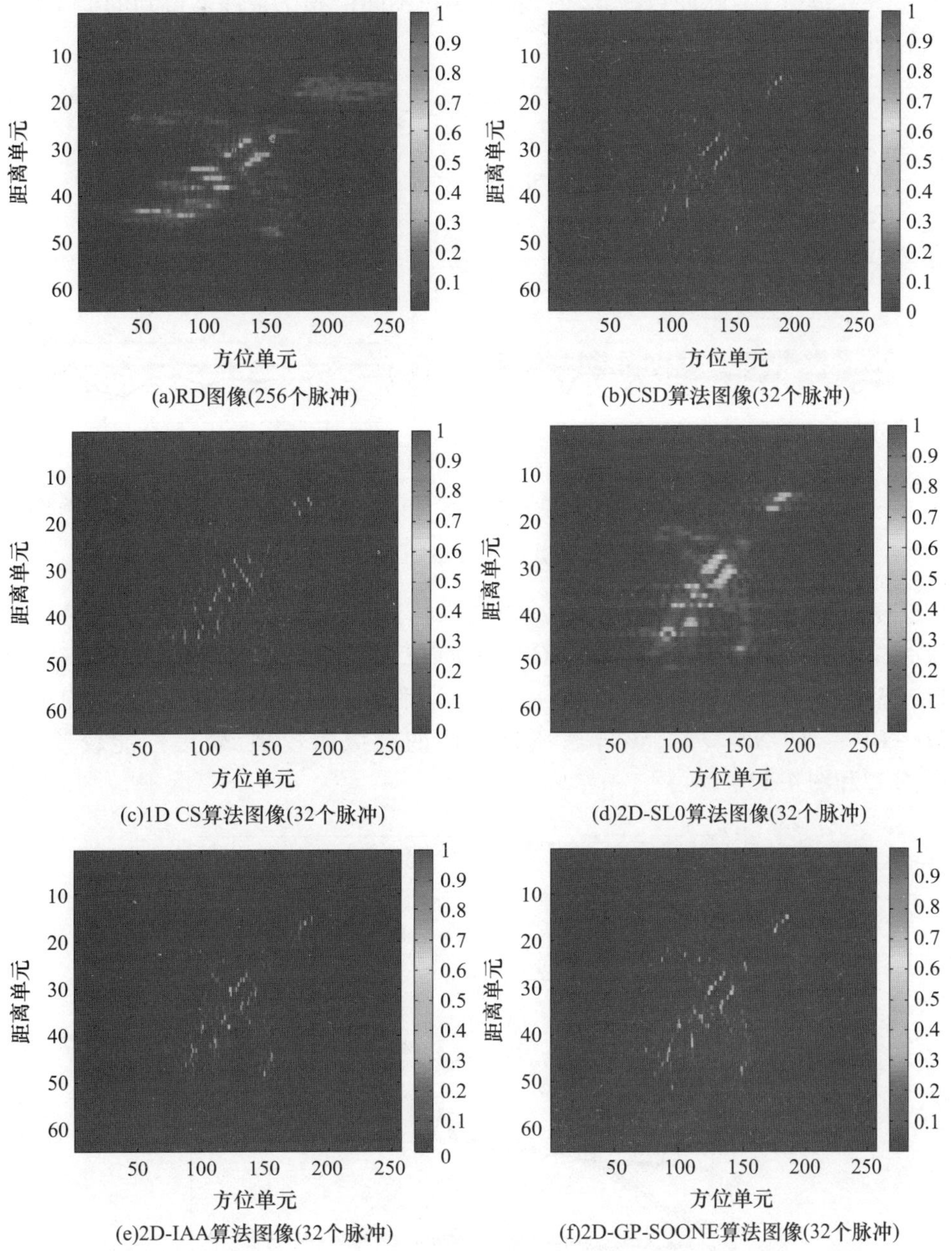

图 4. 12　波音 727 数据不同算法的成像结果

进一步地，研究了不同算法在不同脉冲数条件下获得图像的图像熵。假设生成 ISAR 图像所利用的脉冲数从 20 变换到 120，步长为 2。当信噪比 SNR = 10dB 时，各算法在不同脉冲数条件下所得 ISAR 图像的图像熵如图 4. 13(a)所示。图 4.13(b)为脉冲数为 32 时,各算法在不同信噪比条件下得到的 ISAR 图像的图像熵。

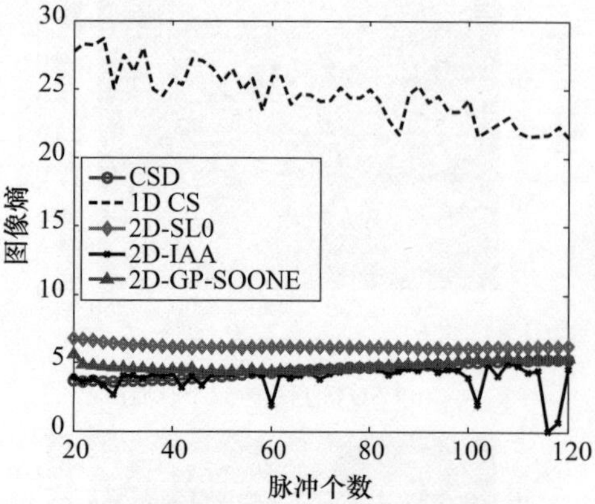

(a)不同脉冲数各算法图像熵(SNR=10dB)

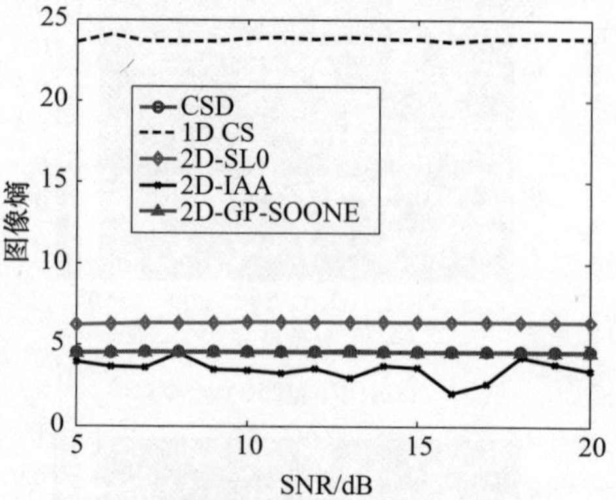

(b)不同信噪比各算法图像熵(脉冲数为32)

图 4.13　不同算法所得 ISAR 图像的图像熵

图 4.14 给出了当信噪比 SNR = 10dB 时,各算法在不同脉冲数下的平均计算时间。图 4.14 表明,所提 2D - GP - SOONE 算法的运算时间低于 CSD 算法、1D CS 算法和 2D - IAA 算法。2D - SL0 算法所需的运算时间最短,然而相比于 2D - GP - SOONE 算法,该算法所得图像的图像熵较高,聚焦性能较差,如图 4.12和图 4.13 所示。

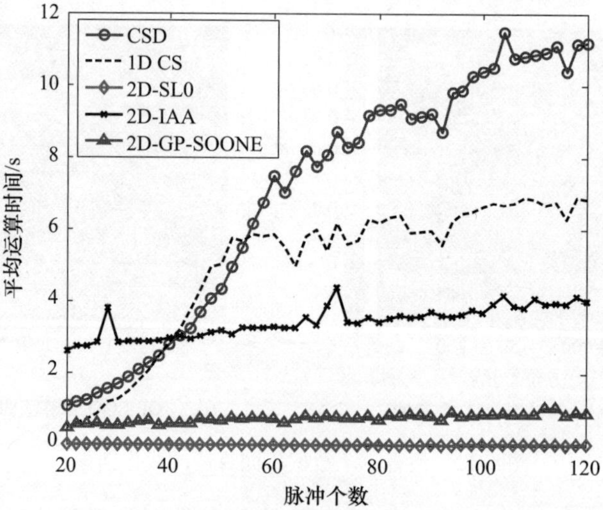

图 4.14　各算法的平均计算时间(SNR = 10dB)

4.4　本章小结

本章主要研究了基于联合稀疏及矩阵重构的机动目标短孔径超分辨 ISAR 成像方法。主要工作和成果如下：

（1）给出了机动目标回波信号模型，分析了机动目标的成像特点。

（2）从多观测向量信号重构思想出发，分析了距离压缩信号转化为 MMV 模型的特点和问题，提出了一种多列稀疏向量重构的方法，结合 SL0 算法，可实现信号的准确重构。仿真实验表明，该方法重构误差较小，在不同的信噪比下均有良好的成像效果。

（3）建立了机动目标回波信号矩阵模型，将机动目标短孔径 ISAR 成像问题转化成稀疏矩阵重构问题。将 GP - SOONE 算法扩展到二维矩阵形式，提出了一种 2D - GP - SOONE 矩阵重构算法，然后将该算法应用于机动目标成像。实验结果表明，该算法重构精度较高，计算复杂度较低，在不同信噪比下均有良好的成像效果。

参考文献

[1] Ruan H, Wu Y, Jia X, et al. Novel ISAR imaging algorithm for maneuvering targets based on a modified keystone transform[J]. IEEE Geoscience and Remote Sensing Letters, 2014, 11(1): 128 - 132.

[2] Li G, Zhang H, Wang X, et al. ISAR imaging of maneuvering targets via matching pursuit [C]. 2010 IEEE International Geoscience and Remote Sensing Symposium, HI, US, 2010: 1625 - 1628.

[3] Du L, Su G. Adaptive invese synthetic aperture radar imaging for nonuniformly moving targets [J]. IEEE Geoscience and Remote Sensing Letters, 2005, 2(3): 247 - 249.

[4] Zhang L, Xing M, Qiu C, et al. Achieving higher resolution ISAR imaging with limited pulses via compressed sampling[J]. IEEE Geoscience and Remote Sensing Letters, 2009, 6(3): 567 - 571.

[5] Liu Z, You P, Wei X, et al. Dynamic ISAR imaging of maneuvering targets based on sequential SL0[J]. IEEE Geoscience and Remote Sensing Letters, 2013, 10(5): 1041 - 1045.

[6] Liu Y, Song M, Wu K, et al. High - quality 3 - D InISAR imaging of maneuvering target based on a combined processing approach[J]. IEEE Geoscience and Remote Sensing Letters, 2013, 10(5): 1036 - 1040.

[7] Liu Z, You P, Wei X, et al. Dynamic ISAR imaging of maneuvering targets based on sequential SL0[J]. IEEE Geoscience and Remote Sensing Letters, 2013, 10(5): 1041 - 1045.

[8] Babaie - Zadeh M, Jutten C. On the stable recovery of the sparsest overcomplete representations in presence of noise[J]. IEEE Transactions on Signal Processing, 2010, 58(10): 5396 - 5400.

[9] Gorodnistsky I F, Rao B D. Sparse signal reconstruction from limited data using FOCUSS: a re-weighted minimum norm algorithm[J]. IEEE Transactions on Signal Processing, 1997, 45(3): 600-616.

[10] Mohimani H, Babaie-Zadeh M, Jutten C. A fast approach for overcomplete sparse decomposition based on smoothed L0 norm[J]. IEEE Transactions on Signal Processing, 2009, 57(1): 289-301.

[11] Chartrand R. Exact reconstruction of sparse signals via nonconvex minimization[J]. IEEE Signal Processing Letters, 2007, 14(10): 707-710.

[12] Ma C, Yeo T S, Zhao Y, et al. MIMO radar 3D imaging based on combined amplitude and total variation cost function with sequential order one negative exponential form[J]. IEEE Transactions on Image Processing, 2014, 23(5): 2168-2183.

[13] Jahromi M J, Kahaei M H. Two-dimensional iterative adaptive approach for sparse matrix solution[J]. Electronics Letters, 2014, 50(1): 45-47.

[14] Liu Z, Wei X, Li X. Decoupled ISAR imaging using RSFW based on twice compressed sensing [J]. IEEE Transactions on Aerospace and Electronic Systems, 2014, 50(4): 3195-3211.

[15] Zhang L, Xing M, Qiu C, et al. Achieving higher resolution ISAR imaging with limited pulses via compressed sampling[J]. IEEE Geoscience and Remote Sensing Letters, 2009, 6(3): 567-571.

第5章　联合稀疏贝叶斯学习 ISAR 成像

5.1 引　言

在利用稀疏重构算法对运动目标的 ISAR 成像时,能够求得最稀疏解的算法的成像效果一般较好。Tipping 提出基于相关向量机(Relevance Vector Machine,RVM),通过基于稀疏贝叶斯学习(Sparse Bayesian Learning,SBL)的样本学习方法,迭代优化重构出原始稀疏信号。该方法基于稀疏概率学习,不需要信号的额外先验信息且容易得到信号的最稀疏解,因此 SBL 算法广泛应用于信号及图像处理、模式识别等领域。Wipf 和 Rao 进一步研究了 SBL 算法,并将其扩展到基于基选择的信号稀疏分解问题中,证明了 SBL 算法可有效地实现稀疏信号的重构,得到全局最优解,且避免了 BP 算法中的一类结构性问题。文献[3]对基于 SBL 的超分辨 ISAR 成像进行了研究,利用少量的脉冲获取到目标的 ISAR 图像,并且证明了基于 SBL 成像方法比其他基于 CS 成像方法在参数估计与选取、图像重构效果等方面具有明显优势。

大多数稀疏信号重构方法针对的是一维稀疏信号,这些方法可认为是单观测向量(Single Measurement Vector,SMV)重构方法。采用这些方法进行图像等二维信号处理时,需先将二维信号向量化为一维信号再进行重构,这种处理会降低算法效率,且二维稀疏信号的重构效果一般。基于 MMV 模型的重构算法表明,若二维稀疏信号的每一列有相同的稀疏结构,即非零元的位置相同,则可通过相应的 MMV 重构算法直接实现二维稀疏信号的准确重构,基于 MMV 的重构算法比一维重构算法重构精度更高且速度更快。

将 MMV 思想与 SBL 算法结合,文献[6]提出了 M-SBL 算法,并与其他 MMV 重构算法进行了重构效果对比,证明了其在 MMV 重构问题中的优势。本节提出了一种模式耦合多观测向量稀疏贝叶斯学习算法,并将该算法应用到 ISAR 成像中,可获得比传统方法更好的成像效果。为解决基于稀疏贝叶斯重构方法的运算量较高的问题,进一步提出了一种快速联合免逆 SBL 算法。

5.2 MMV 模式耦合 SBL 的高分辨 ISAR 成像

5.2.1 信号模型

假设雷达发射线性调频信号，接收到的信号可表示为

$$\begin{aligned} y(\tau,t) &= \mathrm{rect}\left(\frac{t}{T_{\mathrm{a}}}\right)\sum_{k=1}^{K} A_k \cdot \mathrm{rect}\left(\frac{\tau - 2R_k(t)/c}{T_{\mathrm{p}}}\right)\cdot \\ &\quad \exp\left\{\mathrm{j}2\pi\left(f_{\mathrm{c}}\left(\tau - \frac{2R_k(t)}{c}\right) + \frac{\mu}{2}\left(\tau - \frac{2R_k(t)}{c}\right)^2\right)\right\} + \nu(t) \end{aligned} \tag{5.1}$$

距离压缩后的信号为

$$\begin{aligned} x(\tau,t) &= \mathrm{rect}\left(\frac{t}{T_{\mathrm{a}}}\right)\sum_{k=1}^{K} A_k T_{\mathrm{p}} \cdot \mathrm{sinc}\left[T_{\mathrm{p}}\mu\left(\tau - \frac{2(R_0 + x_k\omega_0 t + y_k)}{c}\right)\right]\cdot \\ &\quad \exp\left(-\mathrm{j}4\pi f_{\mathrm{c}}\frac{R_0 + y_k}{c}\right)\cdot \exp\left(-\mathrm{j}4\pi f_{\mathrm{c}}\frac{\omega_0 x_k}{c}t\right) \end{aligned} \tag{5.2}$$

假设相干积累时间内的脉冲数为 M，将脉冲重复频率划分为 N 个多普勒单元，将式(5.2)中 $x(\tau,t)$ 表示为矩阵形式 $\boldsymbol{X} = [x_{nm}]_{N\times M}$，将稀疏表示理论应用于回波信号距离向，式(5.1)的矩阵形式可表示为

$$\boldsymbol{Y} = \boldsymbol{\Phi}\boldsymbol{X} + \boldsymbol{V} \tag{5.3}$$

式中：$\boldsymbol{Y} \in \mathbb{C}^{N\times M}$ 为式(5.1)中 $y(\tau,t)$ 的矩阵形式；$\boldsymbol{V} \in \mathbb{C}^{N\times M}$ 表示噪声矩阵；稀疏字典 $\boldsymbol{\Phi}^{N\times N}$ 可表示为

$$\boldsymbol{\Phi} = \begin{bmatrix} 1 & 1 & \cdots & 1 \\ 1 & z_1 & & z_1^{(N-1)} \\ \vdots & \vdots & & \vdots \\ 1 & z_1^{(N-1)} & \cdots & z_1^{(N-1)(N-1)} \end{bmatrix} \tag{5.4}$$

式中：$z_1 = \exp\left(-\mathrm{j}\dfrac{2\pi}{N}\right)$。

如果 $\boldsymbol{\Phi} \in \mathbb{C}^{N\times \bar{N}}(\bar{N} > N)$，则 $\boldsymbol{X} \in \mathbb{C}^{\bar{N}\times M}$ 表示超分辨距离像。矩阵 $\boldsymbol{X}^{\mathrm{T}}$ 可表示为

$$\boldsymbol{X}^{\mathrm{T}} = \boldsymbol{F}\boldsymbol{A} \tag{5.5}$$

式中：$\boldsymbol{A} = [a_{mn}]$ 表示 $\bar{M}\times\bar{N}(\bar{M} > M)$ 的矩阵，为目标的二维超分辨 ISAR 图像，矩阵中元素值表示散射点的散射幅度。参数 $\bar{N}$ 和 $\bar{N}/N$ 表示了距离像的超分辨倍数，参数 $\bar{M}$ 和 $\bar{M}/M$ 表示了方位向的超分辨倍数。$\boldsymbol{F} \in \mathbb{C}^{M\times\bar{M}}$ 表示部分傅里叶矩阵，即

$$\boldsymbol{F} = \begin{bmatrix} 1 & 1 & \cdots & 1 \\ 1 & z_2 & & z_2^{(\bar{M}-1)} \\ \vdots & \vdots & & \vdots \\ 1 & z_2^{(M-1)} & \cdots & z_2^{(M-1)(\bar{M}-1)} \end{bmatrix} \tag{5.6}$$

式中：$z_2 = \exp\left(-\mathrm{j}\dfrac{2\pi}{M}\right)$。

完成对距离像的联合重构后，通过传统的 CS 重构方法解决式(5.5)的重构问题，来获取目标的 ISAR 图像。本节中，假设噪声 $\boldsymbol{V}$ 服从均值为 0、方差为 $\boldsymbol{\sigma}^2\boldsymbol{I}$ 的多元高斯分布。

5.2.2　分层先验模型与 PC－MSBL 算法

1）M－SBL 算法的分层模型

考虑从噪声观测中恢复原稀疏信号，观测信号可表示为

$$\boldsymbol{y}_m = \boldsymbol{\Phi}\boldsymbol{x}_m + \boldsymbol{v}_m \tag{5.7}$$

可以看出，重构式(5.7)所示的稀疏信号可看作是重构式(5.3)中信号矩阵 $\boldsymbol{X}$ 的第 m 列。为便于后续分析，将信号 $\boldsymbol{X}$ 的第 i 行记为 $\boldsymbol{x}^{(i)}$，将信号 $\boldsymbol{X}$ 的第 j 列记为 $\boldsymbol{x}_j$，$\boldsymbol{x}_{ij}$ 表示信号 $\boldsymbol{X}$ 的第 j 列中的第 i 个元素。在传统的 SBL 框架下，通常假设信号 $\boldsymbol{x}_m$ 服从给定的高斯先验分布，即

$$p(\boldsymbol{x}_m \mid \boldsymbol{\gamma}) = \prod_{i=1}^{N} (2\pi\gamma_i)^{-\frac{1}{2}} \exp\left(-\frac{|x_{im}|^2}{2\gamma_i}\right) \tag{5.8}$$

式中：$\boldsymbol{\gamma} \triangleq \{\gamma_i\}$ 为控制信号 $\boldsymbol{x}_m$ 稀疏度的参数。可以看出，当参数 γ_i 趋于无穷时，其对应的系数 x_{im} 趋于零。传统的 SBL 算法通常赋予参数 $\{\gamma_i\}$ 超先验分布，超参数 $\{\gamma_i\}$ 进而可通过最大化其后验概率来求得。Wipf 和 Rao 将 SBL 算法扩展到 MMV 模型，进而提出了 M－SBL 算法。对于第 j 列信号 $\boldsymbol{y}_j$ 和 $\boldsymbol{x}_j$，满足高斯似然模型，即

$$p(\boldsymbol{y}_j \mid \boldsymbol{x}_j) = (\pi\sigma^2)^{-N} \exp\left(-\frac{1}{\sigma^2}\|\boldsymbol{y}_j - \boldsymbol{\Phi}\boldsymbol{x}_j\|_2^2\right) \tag{5.9}$$

在传统的 SBL 框架下，每一个超参数独立地对应于一个元素；在 M－SBL 框架下，拥有相同稀疏结构的各向量中的相同位置的系数，对应于同一个超参数。假设信号 $\boldsymbol{X}$ 被赋予高斯先验分布，即

$$p(\boldsymbol{X} \mid \boldsymbol{\alpha}) = \prod_{i=1}^{N} p(\boldsymbol{x}^{(i)} \mid \alpha_i) \tag{5.10}$$

式中：$p(\boldsymbol{x}^{(i)} \mid \alpha_i) = \mathcal{N}(0, \alpha_i^{-1}\boldsymbol{I})$，$\boldsymbol{\alpha} \triangleq \{\alpha_i\}$ 为控制 $\boldsymbol{x}^{(i)}$ 稀疏度的非负超参数。

可以看出，在 SBL 算法或 M－SBL 算法中，每一个超参数独立地对应于某一个系数或某一行的系数。然而，通常情况下，如在图像处理问题中，信号中相邻的系数是统计相关的，而利用传统的 SBL 不能反映信号的这一特征。文献[7]据此提出了模式耦合 SBL(Pattern－Coupled SBL，PC－SBL)算法，在该算法构造的模型中，各系数不仅与其对应的超参数相关联，且与其相邻的超参数相关联。通过这种关联关系，相邻系数间的联系就被建立起来。由于 ISAR 图像通常是连续的，各向量系数满足统计相关特性，因此可将模式耦合的思想应用于 ISAR 图像重构。

2）基于 MMV 的模式耦合分层先验模型

对于快速旋转类目标，利用传统的成像方法通常存在越距离单元徙动，而相邻距离单元的散射点的散射特性是相关的。本章基于距离向序列的联合稀疏特性，将 MMV 模型与 PC－SBL 算法结合，提出一种新的稀疏重构算法用来实现 ISAR 图像的重构。具体来说，每一距离单元的高斯似然函数模型不仅与其对应的超参数相关，也与其对应的超参数的相邻参数相关。因此，信号 $\boldsymbol{X}$ 的先验可表示为

$$p(\boldsymbol{X} \mid \boldsymbol{\alpha}) = \prod_{i=1}^{N} p(\boldsymbol{x}^{(i)} \mid \alpha_i, \alpha_{i+1}, \alpha_{i-1}) \tag{5.11}$$

$$p(\boldsymbol{x}^{(i)} \mid \alpha_i, \alpha_{i+1}, \alpha_{i-1}) = \prod_{j=1}^{M} p(x_{ij} \mid \alpha_i, \alpha_{i+1}, \alpha_{i-1}) \tag{5.12}$$

$$p(x_{ij} \mid \alpha_i, \alpha_{i+1}, \alpha_{i-1}) = \mathcal{N}(x_{ij} \mid 0, (\alpha_i + \beta\alpha_{i+1} + \beta\alpha_{i-1})^{-1}) \tag{5.13}$$

式(5.13)中，参数 $0 \leqslant \beta \leqslant 1$ 表示距离单元信号 $\boldsymbol{x}^{(i)}$ 与其相邻距离单元信号 $\{\boldsymbol{x}^{(i+1)}, \boldsymbol{x}^{(i-1)}\}$ 的关联系数。对于初始距离单元 $\boldsymbol{x}^{(1)}$ 和末尾距离单元 $\boldsymbol{x}^{(N)}$，假设 $\alpha_0 = 0$ 且 $\alpha_{N+1} = 0$。当 $\beta = 0$ 时，式(5.11)的高斯先验模型与传统的 M－SBL 的高斯先验模型一致。从式(5.13)可以看出，相邻距离单元的系数通过它们共同的超参数进行耦合关联，并且在迭代学习过程中，这种耦合关联关系一直通过其共同的超参数保持。

与 M－SBL 方法类似，假设超参数 α_i 的超先验服从伽马分布，即

$$p(\boldsymbol{\alpha}) = \prod_{i=1}^{N} \mathrm{Gamma}(\alpha_i \mid a, b) = \prod_{i=1}^{N} \Gamma(a)^{-1} b^a \alpha_i^a \mathrm{e}^{-b\alpha_i} \tag{5.14}$$

式中：$\Gamma(a) = \int_0^{\infty} t^{a-1} \mathrm{e}^{-t} \mathrm{d}t$ 表示伽马函数。参数 b 通常选择为一个非常小的值，例如10^{-4}；而相比之下，参数 a 通常选择为一个较大的值，一般选择 $a \in [0,1]$。

3）模型分析

考虑模型的似然函数和先验分布，信号 $\boldsymbol{X}$ 第 j 列的概率密度函数满足

$$\boldsymbol{p}(\boldsymbol{x}_j \mid \boldsymbol{y}_j; \boldsymbol{\alpha}) = \frac{p(\boldsymbol{x}_j, \boldsymbol{y}_j; \boldsymbol{\alpha})}{\int p(\boldsymbol{x}_j, \boldsymbol{y}_j; \boldsymbol{\alpha}) \mathrm{d}\boldsymbol{x}_j} = \mathcal{N}(\boldsymbol{\mu}_j, \boldsymbol{\Sigma}) \tag{5.15}$$

其均值和方差分别为

$$\begin{cases} \boldsymbol{\mathcal{M}} = [\boldsymbol{\mu}_1, \cdots, \boldsymbol{\mu}_M] = \sigma^{-2} \boldsymbol{\Sigma} \boldsymbol{\Phi}^{\mathrm{H}} \boldsymbol{Y} \\ \boldsymbol{\Sigma} = (\sigma^{-2} \boldsymbol{\Phi}^{\mathrm{H}} \boldsymbol{\Phi} + \boldsymbol{D})^{-1} \end{cases} \tag{5.16}$$

式中：$\boldsymbol{D}$ 表示对角矩阵，且其第 i 个对角元素的值为 $\alpha_i + \beta\alpha_{i+1} + \beta\alpha_{i-1}$，因此，矩阵 $\boldsymbol{D}$ 可表示为

$$\boldsymbol{D} \triangleq \mathrm{diag}(\alpha_1 + \beta\alpha_2 + \beta\alpha_0, \cdots, \alpha_N + \beta\alpha_{N+1} + \beta\alpha_{N-1}) \tag{5.17}$$

其中，假设参数 $\alpha_0 = \alpha_{N+1} = 0$。

下面，利用期望最大化算法来寻求后验概率密度函数 $p(\boldsymbol{\alpha} \mid \boldsymbol{Y})$ 的最大后验概

率(Maximum A Posterior, MAP)估计,即计算 $E_{X|Y,\boldsymbol{\alpha}}[\log p(\boldsymbol{\alpha}|X)]$,其中 $E_{X|Y,\boldsymbol{\alpha}}[\cdot]$表示关于 $p(\boldsymbol{x}_j|\boldsymbol{y}_j;\boldsymbol{\alpha})$的分布函数的期望。

信号 $\boldsymbol{X}$ 的 MAP 估计与其后验概率分布函数的均值一致,即

$$\hat{\boldsymbol{X}} = \boldsymbol{\mathcal{M}} = (\boldsymbol{\Phi}^{\mathrm{H}}\boldsymbol{\Phi} + \sigma^2\boldsymbol{D})^{-1}\boldsymbol{\Phi}^{\mathrm{H}}\boldsymbol{Y} \tag{5.18}$$

通过交替迭代地执行期望(E－step)和最大化(M－step)步骤,得到参数 $\boldsymbol{\alpha}$ 在第 g 次迭代中的估计为 $\boldsymbol{\alpha}^{(g)}$, $g=1,2,3,\cdots,G$,其中,G 表示最大迭代次数。

E－step 和 M－step 的过程可表示如下。

(1) E－step。假设超参数在第 g 次迭代中的估计为 $\boldsymbol{\alpha}^{(g)}$,且已知观测信号为 $\boldsymbol{Y}$,在这个步骤中,需要计算 $\boldsymbol{\alpha}$ 的对数似然估计的期望值,即 $\boldsymbol{\alpha}$ 的 Q 函数。Q 函数的计算可表示为

$$\begin{aligned} Q(\boldsymbol{\alpha}|\boldsymbol{\alpha}^{(g)}) &= E_{X|Y,\boldsymbol{\alpha}^{(g)}}[\log p(\boldsymbol{\alpha}|\boldsymbol{X})] \\ &= \int p(\boldsymbol{X}|\boldsymbol{Y};\boldsymbol{\alpha}^{(g)})\log p(\boldsymbol{\alpha}|\boldsymbol{X})\mathrm{d}\boldsymbol{X} \\ &= \log p(\boldsymbol{\alpha}) + \int p(\boldsymbol{X}|\boldsymbol{Y};\boldsymbol{\alpha}^{(g)})\log p(\boldsymbol{X}|\boldsymbol{\alpha})\mathrm{d}\boldsymbol{X} + r \end{aligned} \tag{5.19}$$

将式(5.11)代入式(5.19),并忽略与 $\boldsymbol{\alpha}$ 无关的常数项 r,式(5.19)的 Q 函数可近似改写为

$$\begin{aligned} Q(\boldsymbol{\alpha}|\boldsymbol{\alpha}^{(g)}) = \log p(\boldsymbol{\alpha}) + \frac{1}{2}\sum_{i=1}^{N}(\log(\alpha_i + \beta\alpha_{i+1} + \beta\alpha_{i-1}) - \\ (\alpha_i + \beta\alpha_{i+1} + \beta\alpha_{i-1})\cdot E\left(\int p(\boldsymbol{X}|\boldsymbol{Y};\boldsymbol{\alpha}^{(g)})\boldsymbol{x}^{(i)}\mathrm{d}\boldsymbol{X}\right) \end{aligned} \tag{5.20}$$

考虑到 $p(\boldsymbol{X}|\boldsymbol{Y};\boldsymbol{\alpha}^{(g)})$的后验概率分布是一个多元高斯分布,且其均值方差由式(5.16)给出,因此,式(5.20)中有

$$E\left(\int p(\boldsymbol{X}|\boldsymbol{Y};\boldsymbol{\alpha}^{(g)})\boldsymbol{x}^{(i)}\mathrm{d}\boldsymbol{X}\right) = \frac{\sum_{j=1}^{M}\mu_{i,j}^2}{M} + \Sigma_{i,i} \tag{5.21}$$

式(5.20)可重写为

$$\begin{aligned} Q(\boldsymbol{\alpha}|\boldsymbol{\alpha}^{(g)}) = \log p(\boldsymbol{\alpha}) + \frac{1}{2}\sum_{i=1}^{N}\Bigg(\log(\alpha_i + \beta\alpha_{i+1} + \beta\alpha_{i-1}) - \\ (\alpha_i + \beta\alpha_{i+1} + \beta\alpha_{i-1})\cdot\sum_{j=1}^{M}\mu_{i,j}^2/M + \Sigma_{i,i}\Bigg) \end{aligned} \tag{5.22}$$

(2) M－step。通过最大化 Q 函数可得到 $\boldsymbol{\alpha}$ 的新的估计,即

$$\boldsymbol{\alpha}^{(g+1)} = \underset{\alpha}{\operatorname{argmax}}\, Q(\boldsymbol{\alpha}|\boldsymbol{\alpha}^{(g)}) \tag{5.23}$$

通常,式(5.23)的优化问题的解析解难以求得,可通过梯度下降法来寻求最优解。另外,为降低梯度下降法的计算复杂度,可寻求式(5.23)优化问题的次优解析解。基于这种思想,要求 Q 函数关于 $\boldsymbol{\alpha}$ 在最优解处的一阶导数应为零。若

$\boldsymbol{\alpha}^*$为式(5.23)的最优解,则满足

$$\left.\frac{\partial Q(\boldsymbol{\alpha}|\boldsymbol{\alpha}^{(g)})}{\partial \boldsymbol{\alpha}}\right|_{\boldsymbol{\alpha}=\boldsymbol{\alpha}^*}=0 \tag{5.24}$$

将式(5.20)代入式(5.24),得

$$\frac{\partial Q(\boldsymbol{\alpha}|\boldsymbol{\alpha}^{(g)})}{\partial \alpha_i}=\frac{a}{\alpha_i}-b-\frac{1}{2}u_i+\frac{1}{2}(v_i+\beta v_{i+1}+\beta v_{i-1})=0,\ \forall i=1,2,\cdots,N \tag{5.25}$$

$$u_i \triangleq \left(\sum_{j=1}^{M}\mu_{i,j}^2/M+\Sigma_{i,i}\right)+\beta\left(\sum_{j=1}^{M}\mu_{i+1,j}^2/M+\Sigma_{i+1,i+1}\right)+\beta\left(\sum_{j=1}^{M}\mu_{i-1,j}^2/M+\Sigma_{i-1,i-1}\right)$$
$$v_i \triangleq \frac{1}{\alpha_i+\beta\alpha_{i+1}+\beta\alpha_{i-1}} \tag{5.26}$$

这里假设$v_0=0, v_{N+1}=0$。

考虑到$\{\alpha_i\}$和β均是非负的,可得

$$\frac{a+c_0}{\alpha_i^*}\geqslant\frac{a}{\alpha_i^*}+\frac{1}{2}(\nu_i^*+\beta\nu_{i+1}^*+\beta\nu_{i-1}^*)>\frac{a}{\alpha_i^*} \tag{5.27}$$

其中,当$i=2,\cdots,N-1$时,$c_0=1.5$;当$i\in\{1,N\}$时,$c_0=1$。

联合式(5.26)与式(5.27),可得

$$\alpha_i=\frac{a}{0.5u_i+b},\ \forall i=1,2,\cdots,N \tag{5.28}$$

式中:$a=0.5, b=10^{-4}$。

上述推导过程均适用于实数和复数情况。ISAR成像通常处理的是复数数据,除σ^2外的变量均为复数,且$\|\boldsymbol{x}\|_2^2$表示$\boldsymbol{x}^{\mathrm{H}}\boldsymbol{x}$。对于实数情况,其推导过程类似,只是将共轭转置变为转置,且式(5.9)变为实高斯分布。

本章提出的MMV模式耦合SBL算法(Pattern - Coupled Sparse Bayesian Learning algorithm for MMV),简记为PC - MSBL算法,其实现步骤如图5.1所示。

初始化:

令$\boldsymbol{\alpha}^0\in\mathbb{R}^{N\times 1}$,且$\boldsymbol{\alpha}^{(0)}$中每一元素值均为1。假设算法的最大迭代次数为$G$。

对$g=0,1,2,\cdots,G$,执行以下步骤:

(1)对第g次迭代中的超参数$\boldsymbol{\alpha}^{(g)}$,根据式(5.16)计算其后验概率密度函数的均值$\boldsymbol{\mathcal{M}}$和协方差$\boldsymbol{\Sigma}$,然后根据式(5.18)计算其最大后验概率估计$\hat{\boldsymbol{X}}^{(g)}$。

(2)根据式(5.26)计算参数u_i,然后根据式(5.28)更新超参数,得到新的超参数估计$\boldsymbol{\alpha}^{(g+1)}$。

(3)如果$\|\hat{\boldsymbol{X}}^{(g+1)}-\hat{\boldsymbol{X}}^{(g)}\|_{\mathrm{F}}>\varepsilon$,进行下一次循环迭代;如果$\|\hat{\boldsymbol{X}}^{(g+1)}-\hat{\boldsymbol{X}}^{(g)}\|_{\mathrm{F}}\leqslant\varepsilon$,停止迭代,参数$\varepsilon$表示由噪声能量确定的门限值。在无噪声条件下,$\varepsilon$设置为$10^{-4}$。

最终重构结果为$\hat{\boldsymbol{X}}=\hat{\boldsymbol{X}}^{(g)}$;如果$\|\hat{\boldsymbol{X}}^{(G+1)}-\hat{\boldsymbol{X}}^{(G)}\|_{\mathrm{F}}\geqslant\varepsilon$,最终重构结果为$\hat{\boldsymbol{X}}=\hat{\boldsymbol{X}}^{(G)}$。

图5.1　PC - MSBL算法实现步骤

综上所述,PC - MSBL 算法,由于利用了信号各距离单元间的耦合特性及信号的联合稀疏性,对快速旋转目标成像可获得更好的成像效果。

5.2.3　仿真实验及分析

1)PC - MSBL 算法重构性能分析实验

本节对比所提算法与 PC - SBL、M - FOCUSS、M - SBL 等算法在仿真产生信号中的重构效果。假设原始稀疏信号 $\boldsymbol{X}_0$ 的维数为 100 × 20,且 $\boldsymbol{X}_0$ 中每一列均包含 K 个非零元,且各列非零元的位置相同。矩阵 $\boldsymbol{\Phi}$ 的维数为 40 × 100。假设各列中非零元集中分布在 5 个密集块中,即信号 $\boldsymbol{X}_0$ 满足模式耦合模型。

对于 PC - SBL 和 PC - MSBL 算法,参数 $\beta = 1$。对于 M - FOCUSS 和 M - SBL 算法,各参数均选取为默认值。考虑到向量化操作带来的大计算量,当利用 PC - SBL 算法重构原信号时,通过序列地重构原始信号的每一列,可实现二维稀疏信号的重构。

原始信号每一列的稀疏度为 $K = 15$。定义信噪比为 $\mathrm{SNR} \triangleq 20\log(\|\boldsymbol{\Phi X}\|_F / \|\boldsymbol{V}\|_F)$,且设置信噪比为 30dB。由于原始信号 $\boldsymbol{X}_0$ 为多通道信号,难以用信号幅度图将完整信号表示出来,这里只通过图示给出原始信号和重构信号的部分信号来进行对比。图 5.2(a)表示原始信号的前两列向量化后的信号幅度图。图 5.2(b)表示不同算法重构结果中对应部分的重构误差图。从图 5.2(b)可以看出,对比于其他算法,所提 PC - MSBL 算法的重构误差最小,重构结果最好。

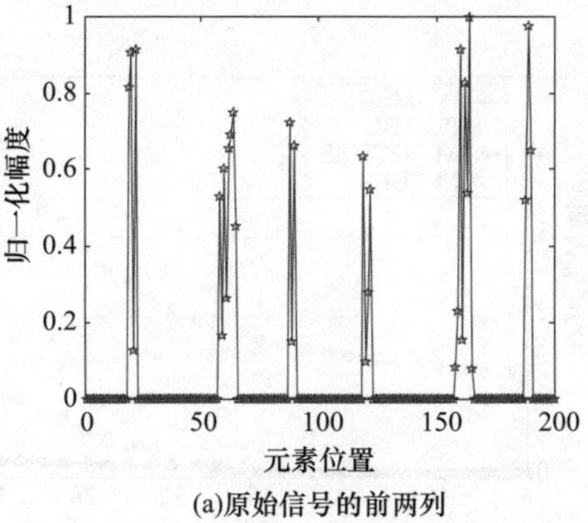

(a)原始信号的前两列

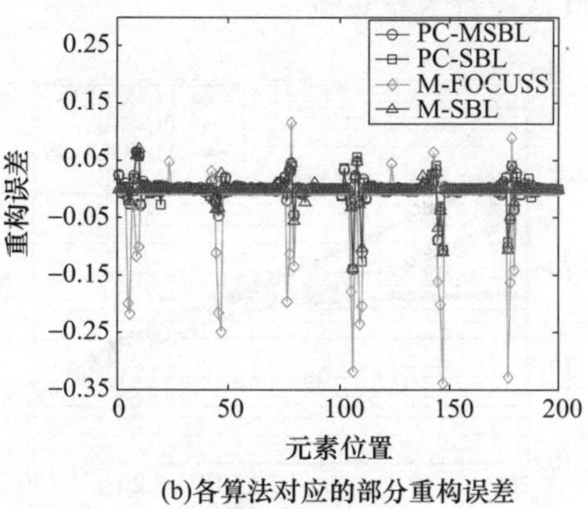

(b)各算法对应的部分重构误差

图 5.2　原始信号和重构误差的前两列向量化表示

为进一步定量分析各算法的重构效果,这里引入 MSE 这个参数,MSE 定义与 2.5.3 节一致。在下一个仿真实验中,假设参数 K 以 1 为间隔从 6 变换到 30。对于不同的 K 值,均进行 100 次蒙特卡罗实验。当 SNR = 30dB 时,各算法在不同参数 K 下的重构 MSE 如图 5.3 所示。

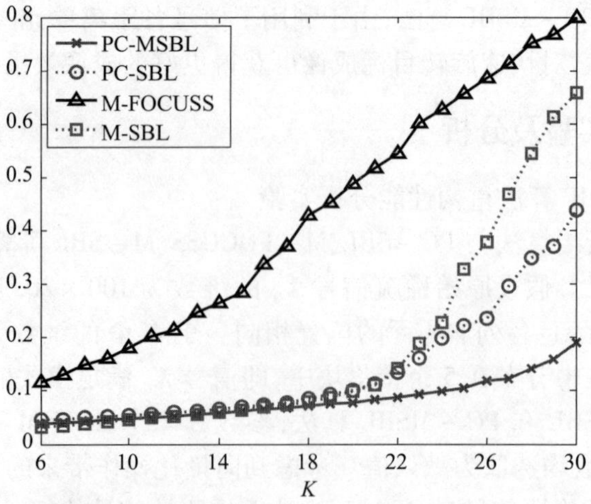

图 5.3　不同算法在不同稀疏度 K 时的重构 MSE(SNR = 30dB)

从图 5.3 可以看出,相比于其他算法,所提算法的重构 MSE 最低,尤其是当 $K>18$ 时,所提算法的重构优势更为明显。

考察各算法在不同信噪比下的重构性能。设置稀疏度为 $K=15$,各算法关于参数 SNR 的重构 MSE 如图 5.4(a)所示。假设 SNR 以 2dB 为间隔,从 −20dB 变换到 30dB。与第 4 章类似,这里同样利用平均 CPU 计算时间来衡量各算法的计算复杂度,如图 5.4(b)所示。对于各个不同的 SNR 值和 K 值,同样各进行了 100 次蒙特卡罗实验。

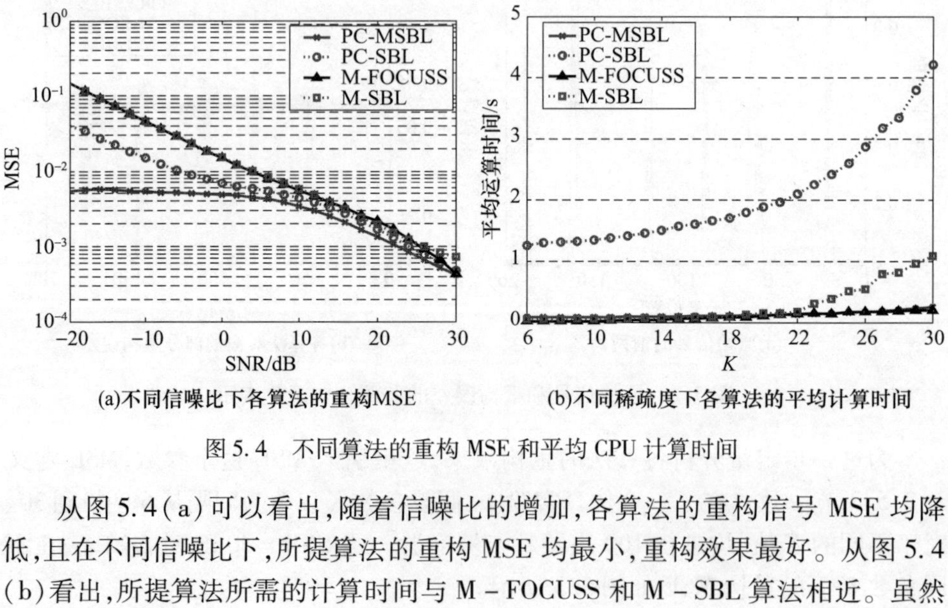

(a)不同信噪比下各算法的重构MSE　　(b)不同稀疏度下各算法的平均计算时间

图 5.4　不同算法的重构 MSE 和平均 CPU 计算时间

从图 5.4(a)可以看出,随着信噪比的增加,各算法的重构信号 MSE 均降低,且在不同信噪比下,所提算法的重构 MSE 均最小,重构效果最好。从图 5.4(b)看出,所提算法所需的计算时间与 M − FOCUSS 和 M − SBL 算法相近。虽然

PC－SBL 算法在某些条件下的重构效果与所提 PC－MSBL 算法类似，但其所需的运算时间是各算法中最长的。

2）快速旋转目标 ISAR 成像实验

建立扩展的波音 747 散射点模型，如图 5.5 所示。发射的线性调频信号载频为 6GHz，带宽为 600MHz，脉冲宽度为 20μs，脉冲重复频率为 1500Hz。假设共接收 300 个脉冲信号进行相干处理并且已完成平动补偿，等效转台旋转角速度为 0.5rad/s，这比一般目标的等效转台目标旋转角速度大很多。

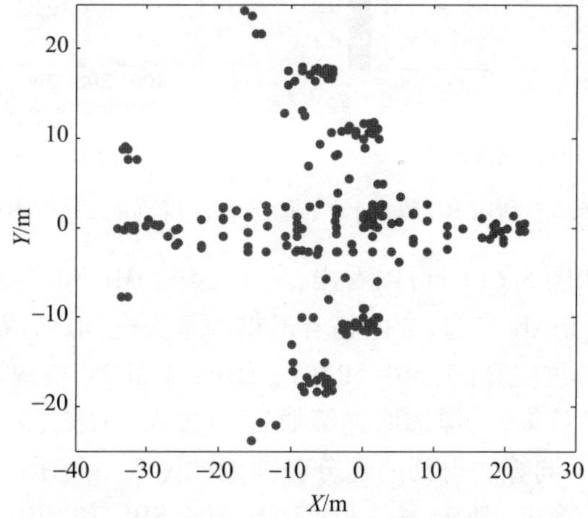

图 5.5 目标散射点模型

利用 RD 算法得到的目标二维 ISAR 图像如图 5.6(a)所示，图 5.6(b)为图 5.6(a)的局部放大图。可以看出，模型中的很多散射点都存在散焦问题，这主要是由越距离单元徙动问题引起的。利用二维 CS 方法（这里采用二维 OMP 和二维 SBL）得到的二维超分辨图像如图 5.6(c)和图 5.6(d)所示。此时，选取连续脉冲个数为 16，式(5.6)中 $\boldsymbol{F}$ 函数的维数设为 16×256。

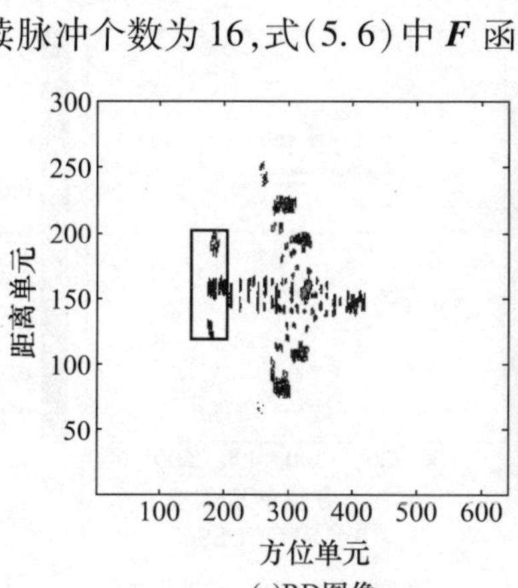

(a)RD图像

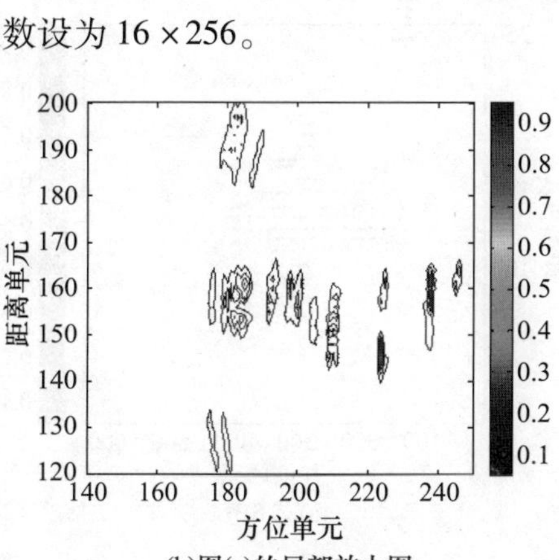

(b)图(a)的局部放大图

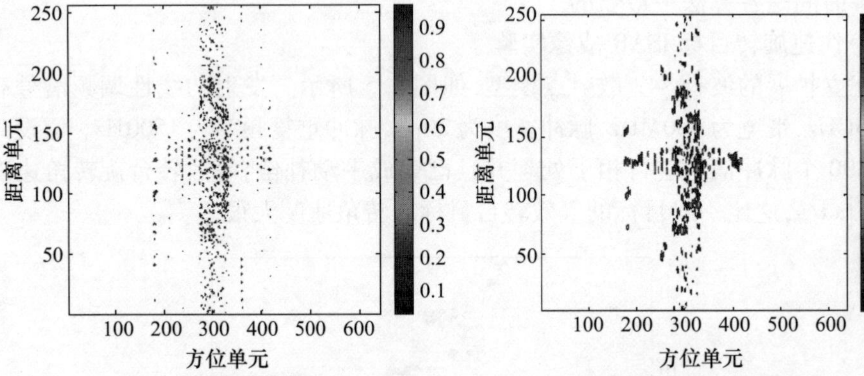

(c)二维OMP算法成像结果　　(d)二维SBL算法成像结果

图 5.6　利用 RD 算法和二维 CS 方法得到的 ISAR 图像

从图 5.6(c)和图 5.6(d)可以看出,利用二维 OMP 和二维 SBL 算法进行短孔径快速旋转目标 ISAR 成像,会面临着严重的基失配问题,成像质量不高。

下面考察 SMV 重构算法(SBL 和 PC－SBL)及 MMV 重构算法(M－FOCUSS 和 M－SBL)的成像效果,同样选取连续脉冲个数为 16,式(5.6)中 $\boldsymbol{F}$ 函数的维数设为 16×256。不同算法得到的超分辨图像如图 5.7 所示。

从图 5.7 可以看出,基于 M－FOCUSS、M－SBL 和 SBL 算法得到的目标 ISAR 图像的主要问题在于,散射点并不刚好位于这些算法构造的稀疏基所划分的网格上,即图 5.7(a)～图 5.7(c)面临着基失配问题。虽然 PC－SBL 算法可更好地利用目标 ISAR 图像特性,得到分辨率更好的目标图像,然而由于没有利用各次回波信号的联合稀疏特性,往往得不到最稀疏解,其成像效果有待进一步提高。

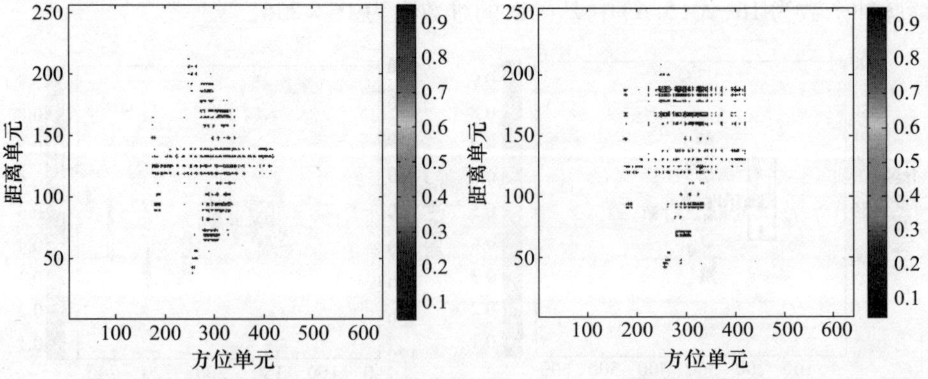

(a)M-SBL　　(b)M-FOCUSS

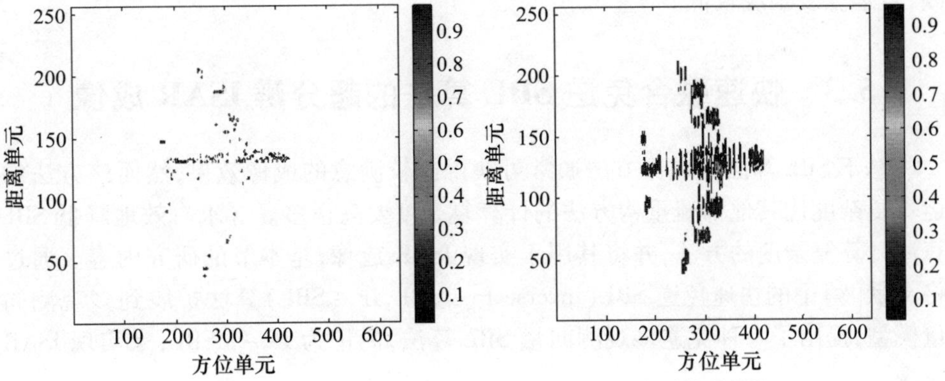

(c)SBL (d)PC-SBL

图 5.7 不同算法重构得到的 ISAR 图像

利用本节所提 PC－MSBL 算法得到的目标图像如图 5.8(a)所示,图 5.8(b)为图 5.8(a)的局部放大图。其中,参数 $\beta=1$。

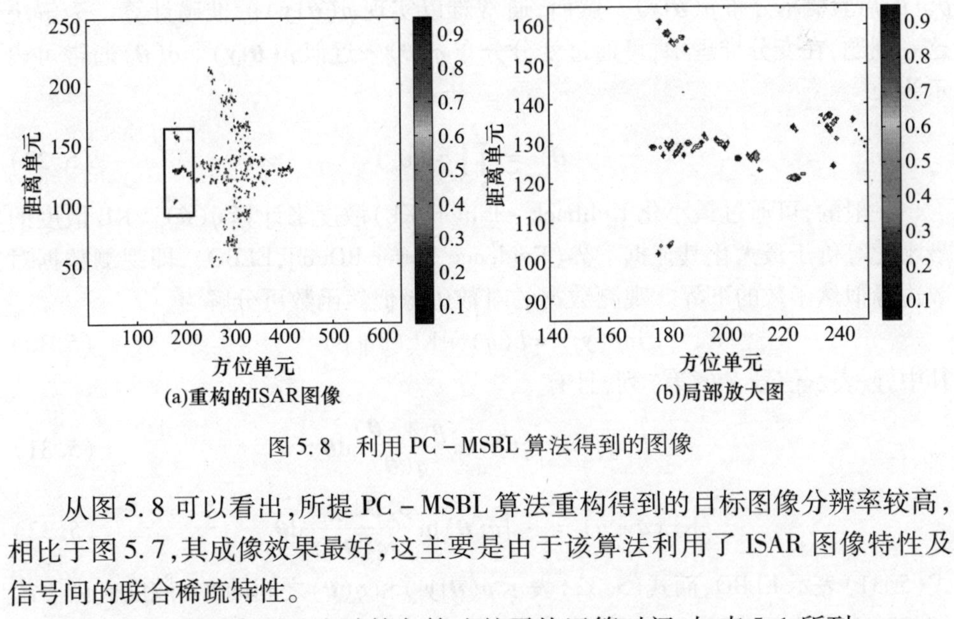

(a)重构的ISAR图像 (b)局部放大图

图 5.8 利用 PC－MSBL 算法得到的图像

从图 5.8 可以看出,所提 PC－MSBL 算法重构得到的目标图像分辨率较高,相比于图 5.7,其成像效果最好,这主要是由于该算法利用了 ISAR 图像特性及信号间的联合稀疏特性。

通过 100 次仿真实验来计算各算法的平均运算时间,如表 5.1 所列。

表 5.1 不同算法的平均计算时间

算法	M－FOCUSS	M－SBL	SBL	PC－SBL	2D OMP	2D SBL	PC－MSBL
运算时间/s	0.65	30.03	281.31	17.71	3.75	4.68	8.03

以上仿真实验表明，所提 PC－MSBL 算法重构效果最好，得到的成像质量最高，且运算复杂度较低。

5.3 快速联合免逆 SBL 算法的超分辨 ISAR 成像

基于 SBL 算法的成像方法通常可获得比较满意的成像效果，然而该方法的运算复杂度比其他稀疏重构方法的计算复杂度要高很多。寻求有效地降低 SBL 算法计算复杂度的方法，并将其用于实现 ISAR 成像，是本节的研究内容。通过将文献[8]中的快速免逆 SBL（inverse free SBL，IF－SBL）算法扩展到多观测向量模型，提出了一种免逆多观测向量 SBL 算法，简记为 IF－MSBL，来实现 ISAR 成像。

5.3.1 快速联合免逆 SBL 算法

1）变分贝叶斯推理

变分贝叶斯推理方法目标是计算观测数据对分层模型中隐变量 $\boldsymbol{\theta} \triangleq \{\theta_1, \cdots, \theta_N\}$ 的后验概率分布 $p(\boldsymbol{\theta}|\boldsymbol{y})$。然而，通常难以实现 $p(\boldsymbol{\theta}|\boldsymbol{y})$ 的准确计算。为解决这一问题，在变分推理中，可通过变分分布 $q(\boldsymbol{\theta})$ 来近似 $p(\boldsymbol{\theta}|\boldsymbol{y})$。$q(\boldsymbol{\theta})$ 通常可表示为

$$q(\boldsymbol{\theta}) = \prod_{n=1}^{N} q_n(\theta_n) \tag{5.29}$$

一般的，可通过最小化 Kullback－Libler（KL）散度来计算 $q(\boldsymbol{\theta})$。KL 散度的最小化等价于最大化其证据下界（Evidence Lower BOund，ELBO），即观测数据对数边缘似然函数的下界。观测数据的对数边缘似然函数可分解为

$$\ln p(\boldsymbol{y}_j) = L(q) + \mathrm{KL}(q \parallel p) \tag{5.30}$$

其中，$\boldsymbol{y}_j$ 表示信号 $\boldsymbol{Y}$ 的第 j 列，且有

$$L(q) = \int q(\theta) \ln \frac{p(\boldsymbol{y}_j, \boldsymbol{\theta})}{q(\boldsymbol{\theta})} \mathrm{d}\boldsymbol{\theta} \tag{5.31}$$

$$\mathrm{KL}(q \parallel p) = -\int q(\boldsymbol{\theta}) \ln \frac{p(\boldsymbol{\theta} \mid \boldsymbol{y}_j)}{q(\boldsymbol{\theta})} \mathrm{d}\boldsymbol{\theta} \tag{5.32}$$

式（5.31）表示 ELBO，而式（5.32）表示 $p(\boldsymbol{\theta}|\boldsymbol{y}_j)$ 和 $q(\boldsymbol{\theta})$ 之间的 KL 散度。由于式（5.30）中左侧部分与 $q(\boldsymbol{\theta})$ 无关，因此，最大化 $L(q)$ 等同于最小化 $\mathrm{KL}(q \parallel p)$。后验分布 $p(\boldsymbol{\theta}|\boldsymbol{y}_j)$ 可通过最大化 $L(q)$ 由 $q(\boldsymbol{\theta})$ 近似。

2）IF－MSBL 算法

为利用贝叶斯方法从式（5.3）中重构信号 $\boldsymbol{X}$，需要设置部分先验信息。在 M－SBL 框架下，赋予 $\boldsymbol{X}$ 两层先验。在第一层中，$\boldsymbol{X}$ 被表示为由参数 $\boldsymbol{\alpha}$ 表征的高

斯先验分布,即

$$p(\boldsymbol{X} \mid \boldsymbol{\alpha}) = \prod_{n=1}^{N} p(\boldsymbol{x}^{(n)} \mid \alpha_n) = \prod_{n=1}^{N} \mathcal{N}(\boldsymbol{x}^{(n)} \mid 0, \alpha_n^{-1}) \tag{5.33}$$

其中,$\boldsymbol{\alpha} \triangleq \{\alpha_n\}$ 为控制 $\boldsymbol{X}$ 每一行先验方差的非负超参数,$\boldsymbol{x}^{(n)}$ 表示 $\boldsymbol{X}$ 的第 n 行。

在第二层中,假设超参数 $\boldsymbol{\alpha}$ 服从伽马分布,即

$$p(\boldsymbol{\alpha}) = \prod_{n=1}^{N} \mathrm{Gamma}(\alpha_n \mid a, b) = \prod_{n=1}^{N} \Gamma^{-1}(a) b^a \alpha_n^{a-1} \mathrm{e}^{-b\alpha_n} \tag{5.34}$$

其中,$\Gamma(a)$ 的含义与式(5.14)中的一致。

另外,假设式(5.3)中噪声 $\boldsymbol{V}$ 的均值为零,协方差矩阵为 $(1/\gamma)\boldsymbol{I}$。为通过迭代学习实现 γ 的估计,同样假设 $\boldsymbol{V}$ 服从伽马分布,即

$$p(\gamma) = \mathrm{Gamma}(\gamma \mid c, d) = \Gamma(c)^{-1} d^c \gamma^{c-1} \mathrm{e}^{-d\gamma} \tag{5.35}$$

令 $\boldsymbol{\theta} \triangleq \{\boldsymbol{X}, \boldsymbol{\alpha}, \gamma\}$ 表示分层模型的隐变量,变分分布可表示为 $q(\boldsymbol{\theta}) = q_X(\boldsymbol{X}) q_\alpha(\boldsymbol{\alpha}) q_\gamma(\gamma)$。假设 $q_X(\boldsymbol{X})$ 的迭代更新服从高斯分布函数,联合似然函数和先验分布,$\boldsymbol{X}$ 的第 j 列后验概率密度函数可表示为

$$p(\boldsymbol{x}_j \mid \boldsymbol{y}_j; \boldsymbol{\alpha}) = \frac{p(\boldsymbol{x}_j, \boldsymbol{y}_j; \boldsymbol{\alpha})}{\int p(\boldsymbol{x}_j, \boldsymbol{y}_j; \boldsymbol{\alpha}) \mathrm{d}\boldsymbol{x}_j} = \mathcal{N}(\bar{\boldsymbol{\mu}}_j, \bar{\boldsymbol{\Sigma}}) \tag{5.36}$$

其中,均值和方差可分别表示为

$$\overline{\mathcal{M}} = [\bar{\boldsymbol{\mu}}_1, \cdots, \bar{\boldsymbol{\mu}}_L] = \boldsymbol{D}\boldsymbol{\Phi}^{\mathrm{T}} \boldsymbol{\Sigma}_t^{-1} \boldsymbol{Y} \tag{5.37}$$

$$\bar{\boldsymbol{\Sigma}} = \boldsymbol{D} - \boldsymbol{D}\boldsymbol{\Phi}^{\mathrm{T}} \boldsymbol{\Sigma}_t^{-1} \boldsymbol{\Phi}\boldsymbol{D} \tag{5.38}$$

式中:$\boldsymbol{D} \triangleq \mathrm{diag}(\boldsymbol{\alpha})$,$\boldsymbol{\Sigma}_t = \gamma \boldsymbol{I} + \boldsymbol{\Phi}\boldsymbol{D}\boldsymbol{\Phi}^{\mathrm{T}}$。

由式(5.37)和式(5.38)可以看出,基于 M - SBL 算法的后验分布的迭代过程中,每次都需要计算一个 $M \times M$ 矩阵的逆。因此,变分 M - SBL 算法的计算复杂度近似为 $\mathcal{O}(M^3)$。如此高的计算复杂度会限制其在很多需要处理大数据量问题中的应用。

为解决这一问题,可通过最大化无约束 ELBO 来实现求解。M - SBL 算法的 ELBO 形式为

$$\begin{aligned} L(q) &= \int q(\boldsymbol{\theta}) \ln \frac{p(\boldsymbol{Y}, \boldsymbol{\theta})}{q(\boldsymbol{\theta})} \mathrm{d}\boldsymbol{\theta} \\ &= \int q(\boldsymbol{\theta}) \ln \frac{p(\boldsymbol{Y} \mid \boldsymbol{X}, \gamma) p(\boldsymbol{X} \mid \boldsymbol{\alpha}) p(\gamma)}{q(\boldsymbol{\theta})} \mathrm{d}\boldsymbol{\theta} \end{aligned} \tag{5.39}$$

为得到无约束 ELBO,引入如下定理。

定理 1: 令 $f: \mathbb{R}^n \to \mathbb{R}$ 表示连续可微函数,且存在 Lipschitz 常数和 Lipschitz 连续梯度,对于任意的 $\boldsymbol{u}, \boldsymbol{v} \in \mathbb{R}^n$ 和 $T \geqslant T(f)$,有如下不等式成立,即

$$f(\boldsymbol{u}) \leqslant f(\boldsymbol{v}) + (\boldsymbol{u} - \boldsymbol{v})^{\mathrm{T}} \nabla f(\boldsymbol{v}) + \frac{T}{2} \| \boldsymbol{u} - \boldsymbol{v} \|_2^2 \tag{5.40}$$

根据定理 1，$p(\boldsymbol{Y}|\boldsymbol{X},\gamma)$ 可表示为

$$p(\boldsymbol{Y}|\boldsymbol{X},\gamma)=\frac{\gamma^{N/2}}{\sqrt{2\pi}}\exp\left(-\frac{\gamma}{2}\|\boldsymbol{Y}-\boldsymbol{\Phi}\boldsymbol{X}\|_{\mathrm{F}}^{2}\right)\geqslant$$
$$\frac{\gamma^{N/2}}{\sqrt{2\pi}}\exp\left(-\frac{\gamma}{2}g(\boldsymbol{X},\boldsymbol{Z})\right)\triangleq F(\boldsymbol{Y},\boldsymbol{X},\boldsymbol{Z},\gamma) \tag{5.41}$$

$$g(\boldsymbol{X},\boldsymbol{Z})=\frac{1}{L}\|\mathrm{diag}((\boldsymbol{Y}-\boldsymbol{\Phi}\boldsymbol{Z})^{\mathrm{T}}(\boldsymbol{Y}-\boldsymbol{\Phi}\boldsymbol{Z}))\|_{2}^{2}+$$
$$\frac{1}{L}\cdot\mathrm{Tr}((\boldsymbol{X}-\boldsymbol{Z})^{\mathrm{T}}\boldsymbol{\Phi}^{\mathrm{T}}(\boldsymbol{\Phi}\boldsymbol{Z}-\boldsymbol{Y}))+\frac{T}{2L}\|\boldsymbol{X}-\boldsymbol{Z}\|_{\mathrm{F}}^{2} \tag{5.42}$$

式(5.41)中的不等式关系对于任意的 $\boldsymbol{Z}$ 均成立，且当 $\boldsymbol{Z}=\boldsymbol{X}$ 时，式(5.41)中的不等式变为等式。

联合式(5.39)和式(5.41)，得到无约束 ELBO，即

$$L(q)\geqslant\hat{L}(q,\boldsymbol{Z})=\int q(\boldsymbol{\theta})\ln\frac{G(\boldsymbol{Y},\boldsymbol{\theta},\boldsymbol{Z})}{q(\boldsymbol{\theta})}\mathrm{d}\boldsymbol{\theta} \tag{5.43}$$
$$G(\boldsymbol{Y},\boldsymbol{\theta},\boldsymbol{Z})\triangleq F(\boldsymbol{Y},\boldsymbol{X},\boldsymbol{Z},\gamma)p(\boldsymbol{X}|\boldsymbol{\alpha})p(\boldsymbol{\alpha})p(\gamma)$$

式(5.43)中的无约束 ELBO 可进一步表示为

$$\begin{aligned}\tilde{L}(q,\boldsymbol{Z})&=\int q(\boldsymbol{\theta})\ln\frac{G(\boldsymbol{Y},\boldsymbol{\theta},\boldsymbol{Z})}{q(\boldsymbol{\theta})}\mathrm{d}\boldsymbol{\theta}\\&=\int q(\boldsymbol{\theta})\ln\frac{G(\boldsymbol{Y},\boldsymbol{\theta},\boldsymbol{Z})h(\boldsymbol{Z})}{q(\boldsymbol{\theta})h(\boldsymbol{Z})}\mathrm{d}\boldsymbol{\theta}\\&=\int q(\boldsymbol{\theta})\ln\frac{\tilde{G}(\boldsymbol{Y},\boldsymbol{\theta},\boldsymbol{Z})}{q(\boldsymbol{\theta})}\mathrm{d}\boldsymbol{\theta}-\ln h(\boldsymbol{Z})\end{aligned} \tag{5.44}$$

$$\tilde{G}(\boldsymbol{Y},\boldsymbol{\theta},\boldsymbol{Z})\triangleq G(\boldsymbol{Y},\boldsymbol{\theta},\boldsymbol{Z})h(\boldsymbol{Z}) \tag{5.45}$$

式中：
$$h(\boldsymbol{Z})\triangleq\frac{1}{\int G(\boldsymbol{Y},\boldsymbol{\theta},\boldsymbol{Z})\mathrm{d}\boldsymbol{\theta}\mathrm{d}\boldsymbol{Y}}$$

本节中，利用变分期望最大化（Expectation Maximization，EM）算法，最大化无约束 ELBO$\tilde{L}(q,\boldsymbol{Z})$。在 E－step 中，假设其他变量为常数，计算对每一个隐变量的后验分布函数。在 M－step 中，令 $q(\boldsymbol{\theta})$ 固定不变，最大化 $\tilde{L}(q,\boldsymbol{Z})$ 关于 $\boldsymbol{Z}$ 的函数。具体过程可表述如下。

（1）E－step。基于本节上述分析，后验概率分布 $q_{\boldsymbol{X}}(\boldsymbol{X})$ 可表示为

$$\begin{aligned}\ln q_{\boldsymbol{X}}(\boldsymbol{X})&\propto\langle\ln\tilde{G}(\boldsymbol{Y},\boldsymbol{\theta},\boldsymbol{Z})\rangle_{q_{\boldsymbol{\alpha}}(\boldsymbol{\alpha}),q_{\gamma}(\gamma)}\\&\propto\langle\ln F(\boldsymbol{Y},\boldsymbol{X},\boldsymbol{Z},\gamma)+\ln p(\boldsymbol{X}|\boldsymbol{\alpha})\rangle_{q_{\boldsymbol{\alpha}}(\boldsymbol{\alpha}),q_{\gamma}(\gamma)}\\&\propto-\boldsymbol{X}^{\mathrm{T}}\left(\frac{T\langle\gamma\rangle}{2}+\boldsymbol{\Lambda}\right)\boldsymbol{X}+\langle\gamma\rangle\boldsymbol{X}^{\mathrm{T}}(2\boldsymbol{\Phi}^{\mathrm{T}}(\boldsymbol{\Phi}\boldsymbol{Z}-\boldsymbol{Y})-T\boldsymbol{Z})\end{aligned} \tag{5.46}$$

其中，$\boldsymbol{\Lambda}\triangleq\mathrm{diag}(\langle\alpha_1\rangle,\cdots,\langle\alpha_N\rangle)$，$\langle\alpha_n\rangle$ 表示 α_n 关于 $q_{\boldsymbol{\alpha}}(\boldsymbol{\alpha})$ 的期望，$\langle\gamma\rangle$ 表示 γ 的

期望。从式(5.46)可以看出,$q_{\boldsymbol{X}}(\boldsymbol{X})$服从高斯分布,该高斯分布的均值和方差分别为

$$\overline{\boldsymbol{\mathcal{M}}}=[\overline{\boldsymbol{\mu}}_1,\cdots,\overline{\boldsymbol{\mu}}_L]=\boldsymbol{D}\boldsymbol{\Phi}^{\mathrm{T}}\boldsymbol{\Sigma}_t^{-1}\boldsymbol{Y} \tag{5.47}$$

$$\overline{\boldsymbol{\Sigma}}=\boldsymbol{D}-\boldsymbol{D}\boldsymbol{\Phi}^{\mathrm{T}}\boldsymbol{\Sigma}_t^{-1}\boldsymbol{\Phi}\boldsymbol{D} \tag{5.48}$$

基于上述分析,后验分布 $q_{\boldsymbol{\alpha}}(\boldsymbol{\alpha})$可表示为

$$\begin{aligned}\ln q_{\boldsymbol{\alpha}}(\boldsymbol{\alpha}) &\propto \langle \ln\widetilde{G}(\boldsymbol{Y},\boldsymbol{\theta},\boldsymbol{Z})\rangle_{q_{\boldsymbol{X}}(\boldsymbol{X})}\\ &\propto \langle \ln p(\boldsymbol{X}\mid\boldsymbol{\alpha})+\ln p(\boldsymbol{\alpha})\rangle_{q_{\boldsymbol{X}}(\boldsymbol{X})}\\ &\propto \sum_{n=1}^{N}\left\{\left(a-\frac{1}{2}\right)\ln\alpha_n-\left(\sum_{l=1}^{L}\langle x_{nl}^2\rangle/2+b\right)\alpha_n\right\}\end{aligned} \tag{5.49}$$

式中:$\langle x_{nl}^2\rangle$为 x_{nl}^2关于 $q_{\boldsymbol{X}}(\boldsymbol{X})$的期望,$x_{nl}$为 $\boldsymbol{X}$ 中第 n 行的第 l 个元素。因此,$\boldsymbol{\alpha}$ 满足伽马分布,即

$$q_{\alpha}(\boldsymbol{\alpha})=\prod_{n=1}^{N}\mathrm{Gamma}(\alpha_n;\tilde{a},\tilde{b}_n) \tag{5.50}$$

式中:

$$\tilde{a}=a+\frac{1}{2} \tag{5.51}$$

$$\tilde{b}_n=b+\frac{1}{2}\sum_{l=1}^{L}\langle x_{nl}^2\rangle \tag{5.52}$$

对 $q_{\gamma}(\gamma)$的变分优化可得

$$\begin{aligned}\ln q_{\gamma}(\gamma) &\propto \langle \ln\widetilde{G}(\boldsymbol{Y},\boldsymbol{\theta},\boldsymbol{Z})\rangle_{q_{\boldsymbol{X}}(\boldsymbol{X})}\\ &\propto \langle \ln F(\boldsymbol{Y},\boldsymbol{X},\boldsymbol{Z},\gamma)+\ln p(\gamma)\rangle_{q_{\boldsymbol{X}}(\boldsymbol{X})}\\ &\propto \left(u-1+\frac{M}{2}\right)\ln\gamma-\left(\frac{1}{2}\langle g(\boldsymbol{X},\boldsymbol{Z})\rangle+v\right)\gamma\end{aligned} \tag{5.53}$$

因此,γ 同样满足伽马分布,即

$$q_{\gamma}(\gamma)=\mathrm{Gamma}(\gamma;\tilde{u},\tilde{v}) \tag{5.54}$$

式中:

$$\tilde{u}=u+\frac{M}{2} \tag{5.55}$$

$$\tilde{v}=v+\frac{1}{2}\langle g(\boldsymbol{X},\boldsymbol{Z})\rangle \tag{5.56}$$

综上所述,E-step 主要实现对隐变量 $\boldsymbol{X}$,$\boldsymbol{\alpha}$ 和 γ 的后验概率分布的迭代更新。在迭代更新过程中,部分参数为

$$\langle\alpha_n\rangle=\frac{\tilde{a}}{\tilde{b}_n},\langle\gamma\rangle=\frac{\tilde{u}}{\tilde{v}},\langle x_{nl}^2\rangle=\mu_{nl}^2+\boldsymbol{\Sigma}_{n,n}$$

$$\begin{aligned}\langle g(\boldsymbol{X},\boldsymbol{Z})\rangle=&\frac{1}{L}\|\mathrm{diag}((\boldsymbol{Y}-\boldsymbol{\Phi}\boldsymbol{Z})^{\mathrm{T}}(\boldsymbol{Y}-\boldsymbol{\Phi}\boldsymbol{Z}))\|_2^2+\\ &\frac{1}{L}\cdot\mathrm{Tr}((\boldsymbol{\mathcal{M}}-\boldsymbol{Z})^{\mathrm{T}}\boldsymbol{\Phi}^{\mathrm{T}}(\boldsymbol{\Phi}\boldsymbol{Z}-\boldsymbol{Y}))+\end{aligned}$$

$$\frac{T}{2L}(\| \mathcal{M} - \boldsymbol{Z} \|_F^2 + \mathrm{Tr}(\boldsymbol{\Sigma})) \tag{5.57}$$

其中，$\mathrm{Tr}(\boldsymbol{A})$表示方阵$\boldsymbol{A}$的迹，$\boldsymbol{\Sigma}_{n,n}$表示矩阵$\boldsymbol{\Sigma}$的第$n$个对角元素。

(2) M - step。

将$q(\boldsymbol{\theta};\boldsymbol{Z}^{\mathrm{old}})$代入$\tilde{L}(q,\boldsymbol{Z})$，可通过解如下优化问题来估计$\boldsymbol{Z}$，即

$$\boldsymbol{Z}^{\mathrm{new}} = \arg\min_{Z} \langle \ln G(\boldsymbol{Y},\boldsymbol{\theta},\boldsymbol{Z}) \rangle_{q(\boldsymbol{\theta};\boldsymbol{Z}^{\mathrm{old}})} \triangleq Q(\boldsymbol{Z}|\boldsymbol{Z}^{\mathrm{old}}) \tag{5.58}$$

令式(5.58)关于$\boldsymbol{Z}$的梯度为零，可得

$$\frac{\partial Q(\boldsymbol{Z}|\boldsymbol{Z}^{\mathrm{old}})}{\partial \boldsymbol{Z}} = \langle (T\boldsymbol{I} - 2\boldsymbol{\Phi}^{\mathrm{T}}\boldsymbol{\Phi})(\boldsymbol{Z} - \boldsymbol{X}) \rangle_{q(\boldsymbol{\theta};\boldsymbol{Z}^{\mathrm{old}})} = 0 \Leftrightarrow \boldsymbol{Z} = \mathcal{M} \tag{5.59}$$

式(5.59)中推导成立，是因为$T\boldsymbol{I} - 2\boldsymbol{\Phi}^{\mathrm{T}}\boldsymbol{\Phi}$为正定矩阵，且满足$T > T(f) = 2\lambda_{\max}(\boldsymbol{\Phi}^{\mathrm{T}}\boldsymbol{\Phi})$，其中$\lambda_{\max}(\boldsymbol{\Phi}^{\mathrm{T}}\boldsymbol{\Phi})$表示$\boldsymbol{\Phi}^{\mathrm{T}}\boldsymbol{\Phi}$的最大特征值。

综上所示，假设观测数据为$\boldsymbol{Y}$，构造的稀疏字典为$\boldsymbol{\Phi}$，那么所提 IF - MSBL 算法实现步骤如图 5.9 所示。

> (1) 初始化参数$\boldsymbol{\gamma}$，如$\boldsymbol{\gamma} = 1$或另外的非负随机初始值。
>
> (2) 初始化$\boldsymbol{Z}$，有$\boldsymbol{Z} = \boldsymbol{\Phi}^{\dagger}\boldsymbol{Y}$。
>
> (3) 根据式(5.47)和式(5.48)计算后验概率分布的均值$\mathcal{M}$和方差$\boldsymbol{\Sigma}$，通过式(5.50)和式(5.54)计算$q_{\boldsymbol{\alpha}}(\boldsymbol{\alpha})$和$q_{\gamma}(\gamma)$。
>
> (4) 根据式(5.58)迭代更新参数$\boldsymbol{Z}$。
>
> (5) 循环进行步骤(3)和步骤(4)，直至$\| \mathcal{M}^{(t)} - \mathcal{M}^{(t-1)} \|_F \le \delta$，其中$\delta$为预设门限值。

图 5.9　IF - MSBL 算法实现步骤

通过上述分析及式(5.48)看出，迭代更新方差$\boldsymbol{\Sigma}$的过程中虽然仍需计算$N \times N$矩阵的逆，但是，此时的矩阵求逆操作是作用于对角矩阵的，其逆可快速求得。因此，所提 IF - MSBL 算法可避免高计算复杂度的矩阵求逆操作，从而大大降低算法计算量。

5.3.2　仿真及实测数据分析

1) 仿真信号重构实验

利用仿真信号来验证所提 IF - MSBL 算法的有效性。参数a, b, u，和v均被设置为10^{-6}。设置参数T为一个比 Lipschitz 常数稍大一点的值，这里，令$T = \lambda_{\max}(2\boldsymbol{\Phi}^{\mathrm{T}}\boldsymbol{\Phi}) + 10^{-6}$。本次仿真信号实验中，对比了所提算法与 PC - SBL 算法、连续块原始对偶有效集算法(Group Primal Dual Active Set with Continuation, GP-DASC)、M - FOCUSS 算法、M - SBL 算法及 T - MSBL 算法的重构性能。仿真中，原始数据的L个稀疏向量均包含K个非零元，且各向量的非零元位置相同。同时，非零元位置是随机的，其幅度服从标准正态分布。矩阵$\boldsymbol{\Phi} \in \mathbb{R}^{M \times N}$为高斯

随机矩阵,且矩阵中各向量元素服从独立同分布的标准高斯分布。以下实验均为 100 次蒙特卡罗仿真结果。为定量分析各算法的重构效果,这里引入 MSE 这个参数,MSE 定义与 2.5.3 节一致。图 5.10(a)为各算法在不同稀疏度 K 下的重构 MSE,其他参数设置如下:$M=250, N=500, L=20$。图 5.10(b)为各算法在不同的参数 M 时的重构 MSE,其他参数设置如下:$N=500, L=20, K=120$。图 5.10(c)为不同信噪比下各算法的重构 MSE。从图 5.10(a)~图 5.10(c)可以看出,PC-SBL 算法和 GPDASC 算法重构效果相对较差,这主要是因为这两种算法要求信号的各向量均为块稀疏的,且需要知道部分先验信息。其他算法的重构效果近似,均能较好地重构原信号。这里,同样利用 CPU 平均计算时间来衡量各算法的计算复杂度。图 5.10(d)为各算法在不同的参数 N 下的平均运算时间,其他参数设置如下:$M=N/2, K=N/10, L=20$, SNR = 20dB。从图 5.10(d)中可以看出,由于所提 IF-MSBL 算法避免了矩阵求逆操作,其计算复杂度最低,运算时间最短。所以,综合考虑算法重构效果和运算复杂度,所提算法性能最好。

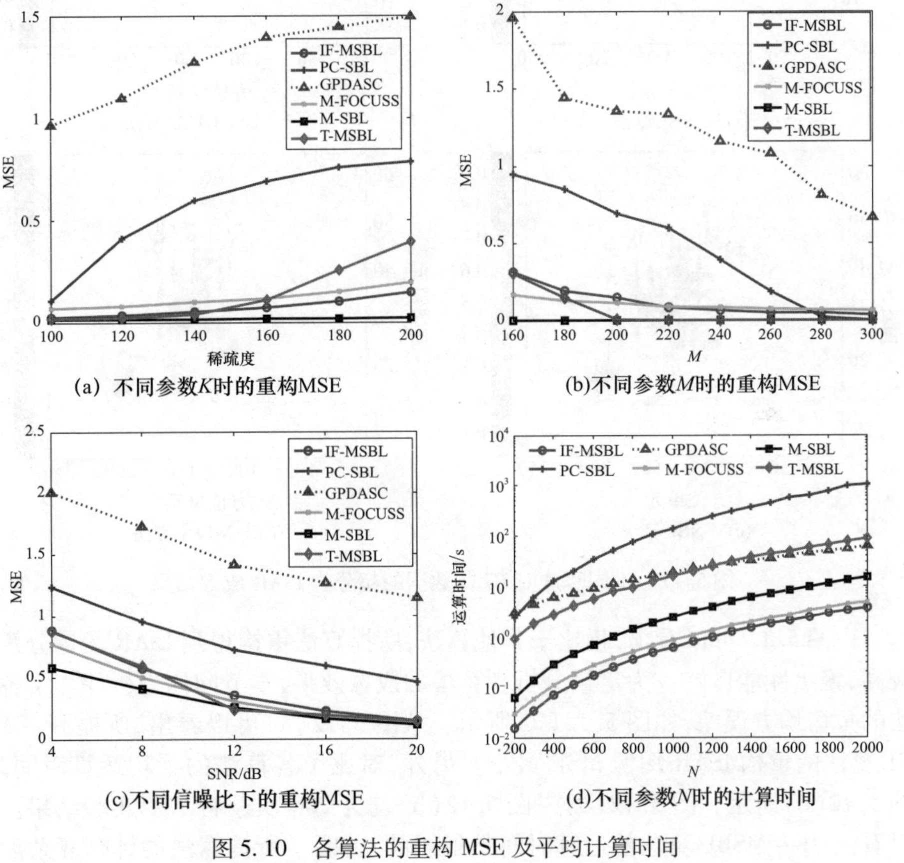

(a) 不同参数K时的重构MSE　(b)不同参数M时的重构MSE

(c)不同信噪比下的重构MSE　(d)不同参数N时的计算时间

图 5.10　各算法的重构 MSE 及平均计算时间

2）仿真数据 ISAR 成像实验

这里利用 2.5.3 节中的波音 727 仿真数据进行 ISAR 成像实验来验证所提算法的有效性，雷达信号参数与 2.5.3 节一致。设置参数 a,b,u,v 和 T 的值与前述实验中的一致。$\boldsymbol{\Phi}\in\mathbb{R}^{M\times N}$ 为部分傅里叶矩阵。利用 128 个脉冲实现 ISAR 超分辨成像，如图 5.11 所示。由于 T－MSBL 算法在重构复信号时重构误差较大，且 GPDASC 算法主要针对的是块稀疏信号的重构问题，这里没有继续给出这两种算法的重构 ISAR 图像结果，只与前述试验中的其他三种算法进行了对比。

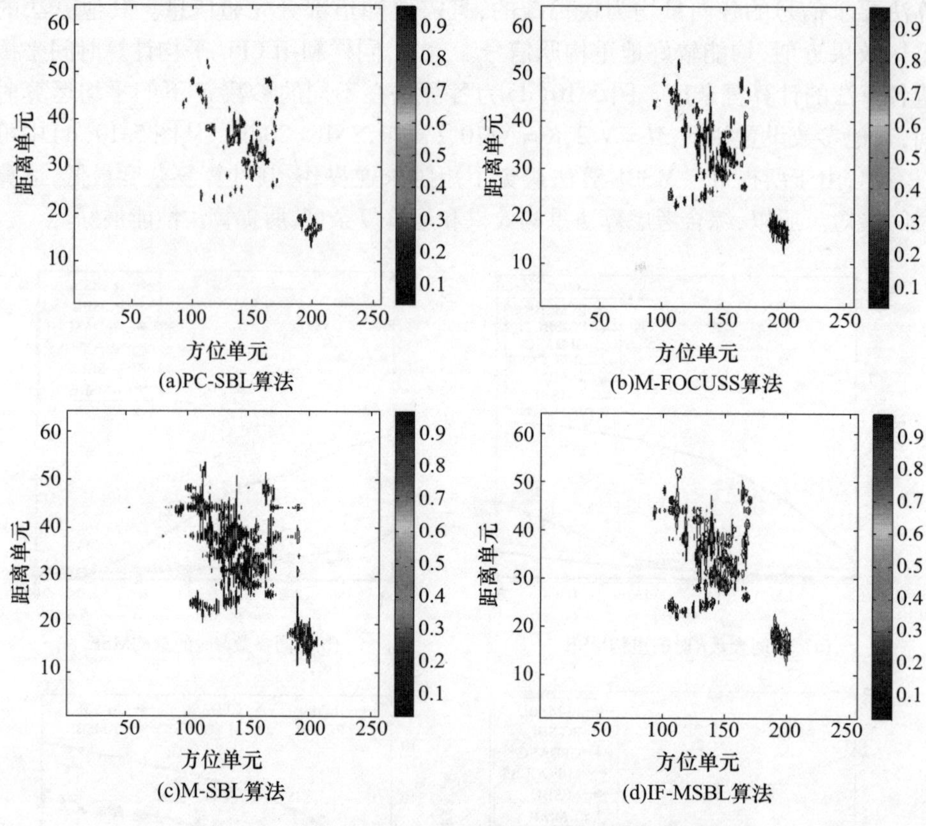

图 5.11　不同算法对 B727 数据的超分辨 ISAR 成像结果

由图 5.11 可以看出，相比于其他算法，所提算法重构得到 ISAR 图像分辨率较高，聚焦性能良好。为定量分析各算法的成像效果，本节同样分析计算了各算法的重构均方误差，如图 5.12(a)所示。从图 5.12(a)可以看出，所提 IF－MSBL 算法的重构 ISAR 图像 MSE 最小。另外，对比了各算法的平均运算时间，如图 5.12(b)所示。图 5.12(a)～图 5.12(b)均为 200 次蒙特卡罗实验结果。可以看出，IF－MSBL 算法的运算时间是最短的，证明了所提算法的计算复杂度小于其他算法。

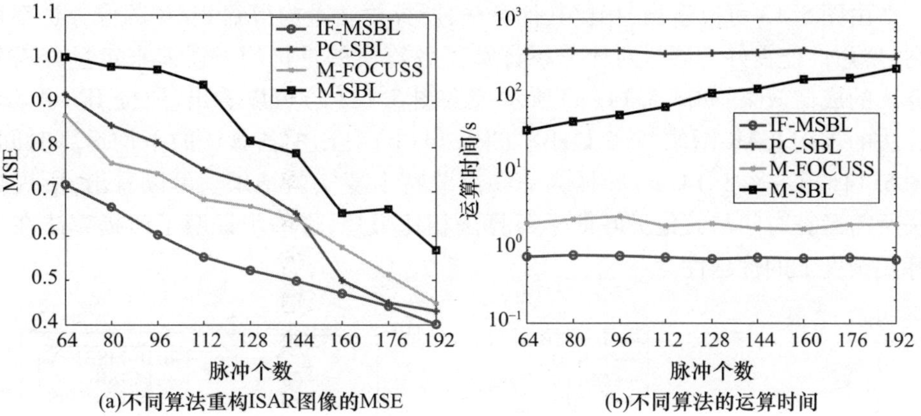

图 5.12　不同算法对 B727 的超分辨 ISAR 成像的 MSE 和计算时间对比

3）实测数据 ISAR 成像实验

利用 Yak－42 实测数据来验证算法的有效性，雷达信号参数与 2.5.3 节一致。在 2.56s 的相干积累时间内，获取 256 个脉冲。参数 a,b,u,v 和 T 的值与前述实验中的参数的设置一致。$\boldsymbol{\Phi}\in\mathbb{R}^{M\times N}$ 为部分傅里叶矩阵。利用 128 个脉冲实现 ISAR 高分辨成像，如图 5.13 所示。

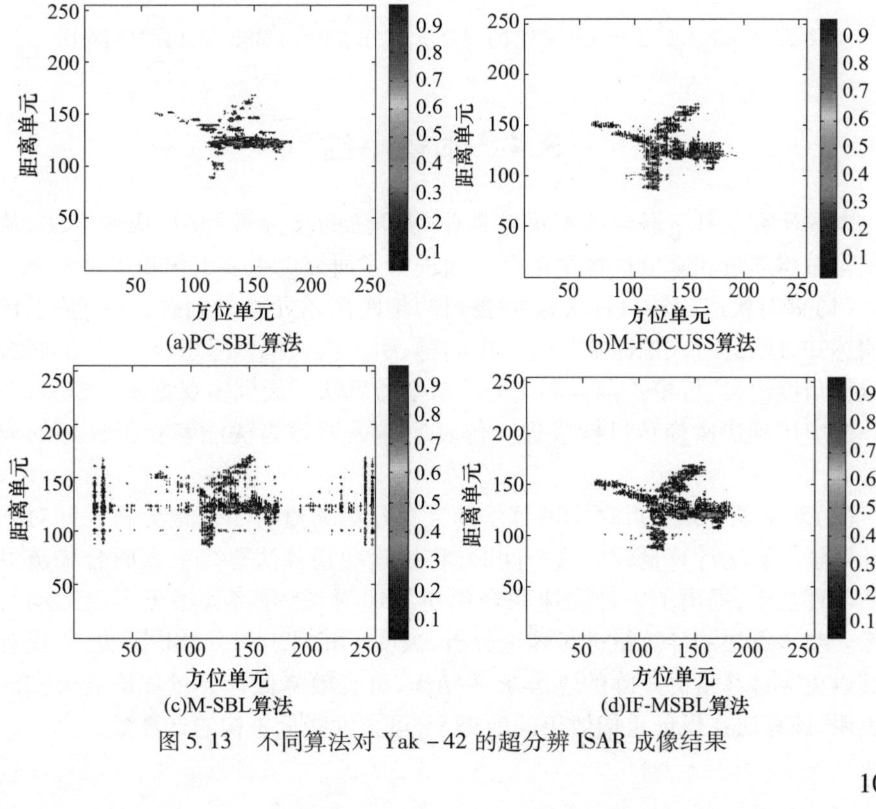

图 5.13　不同算法对 Yak－42 的超分辨 ISAR 成像结果

由图 5.13 可以看出,相比其他算法,所提算法重构得到 ISAR 图像分辨率较高,聚焦性能良好。同样对比分析计算了各算法的重构均方误差来定量分析各算法的成像效果,如图 5.14(a)所示。从图 5.14(a)可以看出,所提 IF－MSBL 算法的重构 ISAR 图像 MSE 最小。图 5.14(b)对比了各算法的平均运算时间。图 5.14(a)~图 5.14(b)同样为 200 次蒙特卡罗实验结果。可以看出,所提算法所需运算时间与其他贝叶斯学习算法相比最短,进一步证明了所提算法在计算复杂度上的优越性。

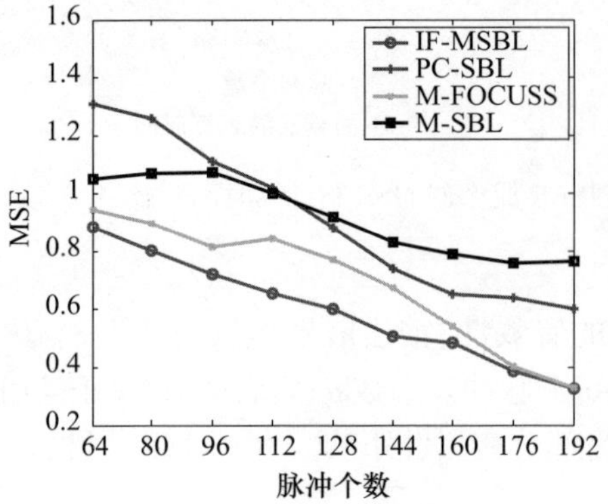

(a)不同算法重构ISAR图像的MSE

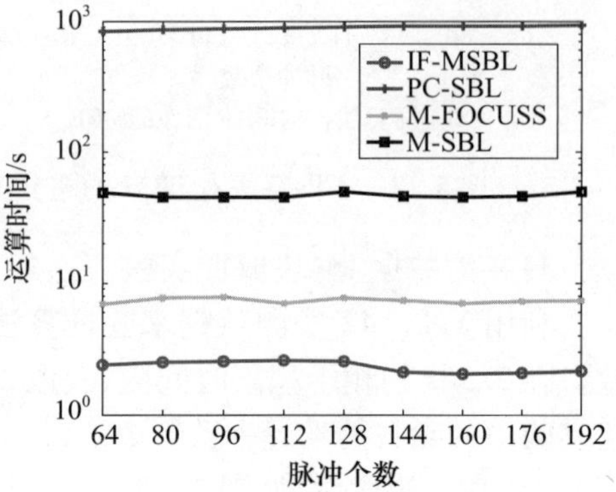

(b)不同算法的运算时间

图 5.14　不同算法对 Yak－42 的超分辨 ISAR 成像的 MSE 和计算时间对比

5.4　本章小结

本章研究了基于联合稀疏贝叶斯学习算法的高分辨 ISAR 成像方法,从提高图像重构质量和降低计算量两个方面进行了研究。主要工作和成果如下:

(1)针对快速旋转目标成像中遇到的越距离单元徙动问题,以及基于传统压缩感知方法进行成像面临的基失配问题,引入模式耦合思想,从信号的联合稀疏重构角度出发,将模式耦合稀疏贝叶斯学习算法扩展到多观测向量模型,并将该算法应用到快速旋转目标成像。仿真实验表明该算法能够获得良好的成像效果。

(2)对影响稀疏贝叶斯学习算法的计算量因素进行了理论分析。针对稀疏贝叶斯学习算法计算量较大这一问题,将快速免逆算法思想引入联合稀疏贝叶斯学习算法中,提出了一种快速联合免逆 SBL 算法,并将其用于实现运动目标成像。对该算法的计算量进行理论分析,表明了相对于 M－SBL 算法,所提算法能够避免大计算量的矩阵的连续求逆操作,可有效降低计算量。仿真及实测数据表明,该算法在保证重构效果的前提下,可大大降低重构的计算量。

参考文献

[1] Tipping M E. Sparse Bayesian learning and the relevance vector machine[J]. The journal of machine learning research,2001,1:211 - 244.

[2] Wipf D P,Rao B D. Sparse Bayesian learning for basis selection[J]. IEEE Transactions on Signal Processing,2004,52(8):2153 - 2164.

[3] Liu H,Jiu B,Liu H,et al. Superresolution ISAR imaging based on sparse bayesian learning [J]. IEEE Transactions on Geoscience and Remote Sensing,2014,52(8):5005 - 5013.

[4] Chen J,Huo X. Theoretical results on sparse representations of multiple - measurement vectors [J]. IEEE Transactions on Signal Processing,2006,54(12):4634 - 4643.

[5] Berg E,Friedlander M P Friedlander. Theoretical and empirical results for recovery from multiple measurements[J]. IEEE Transactions on Information Theory,2010,56(5):2516 - 2527.

[6] Wipf D P,Rao B D. An empirical Bayesian strategy for solving the simultaneous sparse approximation problem[J]. IEEE Transactions on Signal Processing,2007,55(7):3704 - 3716.

[7] Fang J,Shen Y,Li H,et al. Pattern - coupled sparse Bayesian learning for recovery of block - sparse signals[J]. IEEE Transactions on Signal Processing,2015,63(2):360 - 372.

[8] Duan H,Yang L,Fang J,et al. Fast inver - free sparse Bayesian learning via relaxed evidence lower maximization[J]. IEEE Signal Processing Letters,2017,24(6):774 - 778.

[9] Jiao Y,Jin B,Lu X. Group sparse recovery via the L0L2 penalty:theory and algorithm[J]. IEEE Transactions on Signal Processing,2017,65(4):998 - 1012.

[10] Beck A,Teboulle M. A fast iterative shrinkage - thresholding algorithm for linear inverse problems[J]. SIAM Journal on Imaging Sciences,2009,2(1):183 - 202.

第 6 章　基于二维块稀疏重构的 ISAR 成像

6.1 引　言

前面章节的分析主要基于雷达目标的点散射模型，利用雷达目标在雷达观测场景内是稀疏的这一特点，采用新的重构方法重构目标 ISAR 图像。然而，实际中，ISAR 面对的目标通常是由连续的散射点组成，即各散射中心均不是独立存在的，而是以块状或区域形式存在。在这种情况下，利用传统的稀疏重构方法在重构目标图像过程中并不能利用目标的这一特性，一般也难以得到最优稀疏解。文献[1 - 2]利用目标图像的连续和分段平滑特性，在重构目标图像时，有更好地对斑点噪声的鲁棒性，且 SAR/ISAR 图像重构性能得到大幅提高。文献[3]提出了块稀疏贝叶斯学习（Block - Saprse Bayesian Learning，BSBL）方法，用于实现块稀疏信号的重构。BSBL 算法假设稀疏信号被分割为若干块，块内元素有相同的稀疏模式和分布，并假设块内的元素有相同的稀疏控制参数，且用协方差矩阵来表征块内元素的相关性。文献[4 - 5]为表征块内平滑特性，假设稀疏信号的每一块结构均服从特定协方差矩阵的高斯先验。文献[5]基于 L0 和 L2 范数罚函数提出了 GPDASC 算法，来实现块稀疏信号的重构，其中 L0 和 L2 范数罚函数的目标是最小化稀疏块个数。该算法可在有限次迭代中实现全局收敛，其主要特点是可实现有较强块内相关性信号的重构。文献[7]通过将连续的稀疏信号元素划分为若干个 2 × 2 的矩阵，利用对数行列式函数来求取这些矩阵的秩最小解。基于对数行列式函数的求解方法可同时实现块稀疏和局部平滑求解，通过利用迭代重加权方法来迭代地最小化原目标函数的替代函数，提出了一种局部秩最小化方法（Localized Low - rank Promoting method，LLP）。文献[8]基于目标 ISAR 图像的块稀疏特性，将文献[27]提出的模式耦合 SBL 算法拓展到二维，然后应用到 ISAR 目标图像重构，实测数据实验证明了其相对于传统重构算法在 ISAR 图像重构中的优越性。

本章首先基于目标距离压缩信号的联合稀疏特性及目标图像的块稀疏特性，将文献[5]中的方法扩展，提出了一种二维块稀疏重构方法，即 2DGPDASC 方法，用于实现高分辨 ISAR 成像。然后，将 LLP 方法改进到复数域，并分别应用到距离向和方位向,记为2D LLP方法,来实现ISAR高分辨成像。最后,对ISAR图像的定标方法进行了研究。

6.2 基于2DGPDASC的高分辨ISAR成像

忽略噪声项,式(5.1)和式(5.2)可表示为

$$y(\tau,t_m)=A_k\cdot\mathrm{rect}\left(\frac{t_m}{T_a}\right)\cdot\mathrm{rect}\left(\frac{\tau-2R_k(t_m)/c}{T_p}\right)\cdot \exp\left\{\mathrm{j}2\pi\left(f_c\left(\tau-\frac{2R_k(t_m)}{c}\right)+\frac{\mu}{2}\left(\tau-\frac{2R_k(t_m)}{c}\right)^2\right)\right\} \tag{6.1}$$

$$x(\tau,t_m)=\mathrm{rect}\left(\frac{t_m}{T_a}\right)\sum_{k=1}^{K}A_kT_p\cdot \mathrm{sinc}\left[T_p\mu\left(\tau-\frac{2(R_0+x_k\omega_0t_m+y_k)}{c}\right)\right]\cdot \exp\left(-\mathrm{j}4\pi f_c\frac{R_0+y_k}{c}\right)\cdot\exp\left(-\mathrm{j}4\pi f_c\frac{\omega_0x_k}{c}t_m\right) \tag{6.2}$$

将式(6.2)中距离压缩信号矩阵化表示为$\boldsymbol{X}=[x_{nm}]_{N\times M}$,其中:$M$表示积累脉冲数;$N$表示多普勒单元个数。在距离向采用稀疏表示,有

$$\boldsymbol{Y}'=\boldsymbol{\Phi X} \tag{6.3}$$

其中,$\boldsymbol{Y}'\in\mathbb{C}^{N\times M}$为式(6.1)中$y(\tau,t_m)$的矩阵形式;$\boldsymbol{\Phi}^{N\times N}$表示稀疏字典,有

$$\boldsymbol{\Phi}=\begin{bmatrix}1&1&\cdots&1\\1&z&\cdots&z^{(N-1)}\\\vdots&\vdots&\ddots&\vdots\\1&z^{(N-1)}&\cdots&z^{(N-1)(N-1)}\end{bmatrix}_{N\times N} \tag{6.4}$$

式中:$z=\exp\left(-\mathrm{j}\frac{2\pi}{N}\right)$;字典$\boldsymbol{\Phi}^{N\times N}$为部分傅里叶基。式(6.3)表明,信号$y(\tau,t_m)$或$\boldsymbol{Y}'$在傅里叶基下的稀疏表示结果,等价于对接收信号进行距离向压缩的结果。

考虑观测模型为

$$\boldsymbol{Y}=\boldsymbol{\Psi}'\boldsymbol{Y}'+\boldsymbol{V} \tag{6.5}$$

式中:$\boldsymbol{\Psi}'$表示$N'\times N$维的观测矩阵;$\boldsymbol{Y}\in\mathbb{C}^{N'\times M}$表示测量信号;$\boldsymbol{V}\in\mathbb{C}^{N'\times M}$表示噪声矩阵。将式(6.3)代入式(6.5),得

$$\boldsymbol{Y}=\boldsymbol{\Psi X}+\boldsymbol{V} \tag{6.6}$$

式中:$\boldsymbol{\Psi}=\boldsymbol{\Psi}'\boldsymbol{\Phi}$表示感知矩阵。

6.2.1 2DGPDASC算法

由于目标ISAR图像在场景中是二维稀疏的,本章将GPDASC算法扩展到

二维场景，提出一种2DGPDASC算法。GPDASC算法可建立相邻非零元之间的相关性，而2DGPDASC算法引入了距离单元信号的联合稀疏特性，即各脉冲间散射点分布在相同的距离单元，因此该算法可刻画目标信号和ISAR图像的二维稀疏特性，得到更为准确的重构结果。

假设矩阵 $\boldsymbol{\Psi} \in \mathbb{R}^{N' \times N}(N' < N)$ 的各列已完成标准化，即 $\|\boldsymbol{\psi}_i\| = 1, i = 1,2,\cdots,N$。信号矩阵 $\boldsymbol{X}$ 的行序号 $\boldsymbol{S} = \{1,2,\cdots,N\}$ 被分割为 n 个不重叠的块 $\{\boldsymbol{G}_j\}_{j=1}^{n}$，$1 \leqslant \boldsymbol{s}_j = |\boldsymbol{G}_j| \leqslant \boldsymbol{s}$ 且 $\sum_{j=1}^{n} |\boldsymbol{G}_j| = N$。用符号 $\boldsymbol{x}_{\boldsymbol{\Omega}}$ 和 $\boldsymbol{\Psi}_{\boldsymbol{\Omega}}$ 分别表示由 $\boldsymbol{\Omega} \subseteq \boldsymbol{S}$ 标记的 $\boldsymbol{x}$ 的特定元素或 $\boldsymbol{\Psi}$ 的特定列构成的子矩阵。假设所有的子矩阵 $\boldsymbol{\Psi}_{\boldsymbol{G}_j}(j = 1,2,\cdots,n)$ 均是满秩的。信号矩阵 $\boldsymbol{X}$ 的每一列均是块稀疏的，且各列均可被分割为 n 个不重叠块 $\{\boldsymbol{G}_j\}_{j=1}^{n}$，即 $\boldsymbol{x} = (x_{G_1}, x_{G_2}, \cdots, x_{G_n})$。假设 n 个分割块中共有 T 个非零块。

文献[5]中的块稀疏重构算法需求解如下的优化问题，即

$$\min_{\boldsymbol{x} \in \mathbb{R}^N} \left\{ J_\lambda(\boldsymbol{x}) = \frac{1}{2} \|\boldsymbol{\Psi x} - \boldsymbol{y}\|^2 + \lambda \|\boldsymbol{x}\|_{\ell^0(\ell^2)} \right\} \tag{6.7}$$

式中：$\boldsymbol{x}$ 和 $\boldsymbol{y}$ 分别表示矩阵 $\boldsymbol{X}$ 和 $\boldsymbol{Y}$ 的某一列，$\lambda > 0$ 表示正则化参数，$\|\cdot\|$ 表示求取向量的2范数。对于向量 $\boldsymbol{x}$，定义基于分割块 $\{\boldsymbol{G}_j\}_{j=1}^{n}$ 的 $\|\cdot\|_{\ell^r(\ell^q)}(r \geqslant 0, q > 0)$ 罚函数范数，有

$$\|\boldsymbol{x}\|_{\ell^r(\ell^q)} = \begin{cases} \left(\sum_{j=1}^{n} \|\boldsymbol{x}_{\boldsymbol{G}_j}\|_{\ell^q}^{r}\right)^{1/r}, & r > 0 \\ \#\{j: \|\boldsymbol{x}_{\boldsymbol{G}_j}\|_{\ell^q} \neq 0\}, & r = 0 \\ \max_j\{\|\boldsymbol{x}_{\boldsymbol{G}_j}\|_{\ell^q}\}, & r = \infty \end{cases} \tag{6.8}$$

其中，#{·}表示求取满足给定条件的 j 的个数。当 $r = q > 0$ 时，$\ell^r(\ell^q)$ 罚函数范数变为传统的 ℓ^r 范数。

对于 $r, q \geqslant 1$，$\ell^r(\ell^q)$ 罚函数定义了一个合适的范数。对于 $r, q > 0$，$\ell^r(\ell^q)$ 罚函数是连续的。本章重点研究的 $\ell^0(\ell^2)$ 范数罚函数是不连续的，但却是下半连续的，这在文献[5]中已得到证明。

对于某个长度为 s 一维稀疏向量 $\boldsymbol{g} \in \mathbb{R}^s$ 的某一稀疏块，引入硬阈值算子，即

$$\begin{cases} \boldsymbol{x}^* \in H_\lambda(\boldsymbol{g}) \\ \boldsymbol{x}^* \in \operatorname{argmin} \dfrac{1}{2} \|\boldsymbol{x} - \boldsymbol{g}\|^2 + \lambda \|\boldsymbol{x}\|_{\ell^0(\ell^2)} \end{cases} \tag{6.9}$$

式(6.9)中，当 $\boldsymbol{x} \neq \boldsymbol{0}$ 时，$\|\boldsymbol{x}\|_{\ell^0(\ell^2)} = 1$；当 $\boldsymbol{x} = \boldsymbol{0}$ 时，$\|\boldsymbol{x}\|_{\ell^0(\ell^2)} = 0$。因此，式(6.9)计算结果为

$$\boldsymbol{x}^* = \begin{cases} \boldsymbol{g}, & \|\mathrm{g}\| > \sqrt{2\lambda} \\ \boldsymbol{0}, & \|\mathrm{g}\| < \sqrt{2\lambda} \\ \boldsymbol{0} \text{ 或 } \boldsymbol{g}, & \|\mathrm{g}\| = \sqrt{2\lambda} \end{cases} \tag{6.10}$$

文献[5]指出，式(6.7)的问题存在全局最小解。考虑到问题式(6.7)是严重非凸的，难以得到全局最小解合适的特征表述，这里引入关于分割块$\{G_j\}_{j=1}^{n}$的块坐标态最小化(Block Coordinate Wise Minimizer，BCWM)，即最小化每个分割块x_{G_j}的坐标。

假设距离压缩信号不存在越距离单元徙动问题，因此，完成距离压缩后的每次回波脉冲信号的散射点分布在相同的距离单元，即矩阵 X 的每一列向量的非零元位置相同。因此，每一个脉冲回波的全局最小解均可通过式(6.7)求得。据此，可引入 MMV 模型，将 GPDASC 算法进行扩展，提出了 2DGPDASC 方法，来实现多维块稀疏信号的联合稀疏重构。

所求解 $X^* \in \mathbb{R}^{N\times M}$满足 BCWM 的充分必要条件是

$$\overline{X}_{G_j}^* \in H_\lambda(\overline{X}_{G_j}^* + \overline{D}_{G_j}^*),j=1,2,\cdots,n \tag{6.11}$$

式中：$\overline{X}_{G_j}^* = \overline{\Psi}_{G_j} X_{G_j}^*$，$\overline{\Psi}_{G_j} = (\Psi_{G_j}^{\mathrm{T}}\Psi_{G_j})^{\frac{1}{2}}$，对偶变量$D^* = \Psi^{\mathrm{T}}(Y-\Psi X^*)$，$\overline{D}_{G_j}^* = \overline{\Psi}_{G_j}^{-1} D_{G_j}^*$。式(6.11)中 H_λ 表示硬阈值算子，对于特定的 l 维的块稀疏信号 $g\in\mathbb{R}^l$，$x^* \in H_\lambda(g)$的条件是

$$x^* \in \arg\min_{x\in\mathbb{R}^l} \frac{1}{2}\|x-g\|^2 + \lambda\|x\|_{\ell^0(\ell^2)} \tag{6.12}$$

该条件已在式(6.9)中已经给出。基于式(6.11)中的块硬阈值算子 H_λ，可得

$$\begin{gathered}\|\overline{X}_{G_j}^* + \overline{D}_{G_j}^*\|_{\mathrm{F}} < M\sqrt{2\lambda} \Rightarrow \overline{X}_{G_j}^* = \mathbf{0}(\Leftrightarrow X_{G_j}^* = \mathbf{0})\\ \|\overline{X}_{G_j}^* + \overline{D}_{G_j}^*\|_{\mathrm{F}} > M\sqrt{2\lambda} \Rightarrow \overline{D}_{G_j}^* = \mathbf{0}(\Leftrightarrow D_{G_j}^* = \mathbf{0})\end{gathered} \tag{6.13}$$

对于某个给定的 BCWMX^*，可确定有效集为

$$\mathcal{A}^* = \{j: \|\overline{X}_{G_j}^* + \overline{D}_{G_j}^*\|_{\mathrm{F}} > M\sqrt{2\lambda}\} \tag{6.14}$$

其中，有效集定义为非零稀疏块序号的集合。

当集合$\{j: \|\overline{X}_{G_j}^* + \overline{D}_{G_j}^*\|_{\mathrm{F}} = M\sqrt{2\lambda}\}$为空集时，可进一步确定无效集，即有效集的补集 $\mathcal{I}^*$。原始变量及对偶变量可表示为

$$\begin{cases} X_{G_j}^* = 0 \quad \forall j\in\mathcal{I}^*, \quad \Psi_B^{\mathrm{T}}\Psi_B X_B^* = \Psi_B^{\mathrm{T}} Y \\ \overline{D}_{G_p}^* = 0 \quad \forall p\in\mathcal{A}^*, \quad D_{G_j}^* = \Psi_{G_j}^{\mathrm{T}}(Y-\Psi X^*), \quad \forall j\in\mathcal{I}^* \end{cases} \tag{6.15}$$

其中，$B = \cup_{j\in\mathcal{A}^*} G_j$。通过式(6.15)两步的循环迭代，即可求解得到式(6.7)问题的最优解。上述过程为 2DGPDASC 算法，该算法的实现步骤如图 6.1 所示。

与 GPDASC 算法类似，所提 2DGPDASC 算法同样包括内部循环过程和外部循环过程。内部循环过程中，参数 λ 固定；外部循环中参数 λ 的值逐渐降低。通常情况下，少量次数的内部循环即可得到满意解，通常设置 $K_{\max}\leqslant 5$，本节选择 $K_{\max}=5$。所提算法的收敛性与 GPDASC 算法类似，而 GPDASC 算法的收敛性分析与证明已在文献[5]给出，这里不再赘述。

输入：$\boldsymbol{\Psi}\in\mathbb{R}^{N'\times N}$，分割块$\{\boldsymbol{G}_j\}_{j=1}^{n}$，最大内部循环迭代次数$K_{\max}$，$\lambda_0=\frac{1}{2}\|\boldsymbol{Y}\|_{\mathrm{F}}^{2}$，$\rho\in(0,1)$。

初始化：$\boldsymbol{X}(\lambda_0)=0$，$\boldsymbol{D}(\lambda_0)=\boldsymbol{\Psi}^{\mathrm{T}}\boldsymbol{Y}$，$\mathcal{A}(\lambda_0)=\varnothing$。

for $l=1,2,\cdots$

令$\lambda_l=\rho\lambda_{l-1}$，$\boldsymbol{X}^0=\boldsymbol{X}(\lambda_{l-1})$，$\boldsymbol{D}^0=\boldsymbol{D}(\lambda_{l-1})$。

for $k=0,1,\cdots,K_{\max}$

令$\overline{\boldsymbol{X}}_{\boldsymbol{G}_j}^{k}=\overline{\boldsymbol{\Psi}}_{\boldsymbol{G}_j}\boldsymbol{X}_{\boldsymbol{G}_j}^{k}$，$\overline{\boldsymbol{D}}_{\boldsymbol{G}_j}^{k}=\overline{\boldsymbol{\Psi}}_{\boldsymbol{G}_j}^{-1}\boldsymbol{D}_{\boldsymbol{G}_j}^{k}$，并定义

$$\mathcal{A}_k=\{j:\|\overline{\boldsymbol{X}}_{\boldsymbol{G}_j}^{k}+\overline{\boldsymbol{D}}_{\boldsymbol{G}_j}^{k}\|_{\mathrm{F}}>M\sqrt{2\lambda_l}\}$$

当$\mathcal{A}_k=\mathcal{A}_{k-1}$时，停止迭代。

更新原始变量$\boldsymbol{X}^{k+1}$和对偶变量$\boldsymbol{D}^{k+1}$，有

$$\boldsymbol{X}^{k+1}=\underset{\mathrm{supp}(\boldsymbol{X})\subseteq\cup_{j\in\mathcal{A}_k}\boldsymbol{G}_j}{\arg\min}\|\boldsymbol{\Psi}\boldsymbol{X}-\boldsymbol{Y}\|_{\mathrm{F}}$$

$$\boldsymbol{D}^{k+1}=\boldsymbol{\Psi}^{\mathrm{T}}(\boldsymbol{Y}-\boldsymbol{\Psi}\boldsymbol{X}^{k+1})$$

end for

输出结果$\boldsymbol{X}(\lambda_l)$，$\boldsymbol{D}(\lambda_l)$，$\mathcal{A}(\lambda_l)$。

检查是否满足循环停止条件，即

$$\|\boldsymbol{\Psi}\boldsymbol{X}(\lambda_l)-\boldsymbol{Y}\|_{\mathrm{F}}\leqslant\varepsilon$$

end for

图 6.1　2DGPDASC 算法实现步骤

完成距离压缩信号$\boldsymbol{X}$的重构后，即可通过方位向压缩得到目标像。方位向压缩可通过傅里叶变换或传统压缩感知的方法实现。

6.2.2　实验结果及分析

1）2DGPDASC 算法仿真信号重构实验

通过仿真信号的重构实验来验证所提算法在二维块稀疏信号重构中的有效性。假设感知矩阵的维数设置为$\boldsymbol{\Psi}\in\mathbb{R}^{800\times2000}$，初始信号维数设置为$\boldsymbol{X}\in\mathbb{R}^{2000\times8}$，信号各向量的元素被分割为$n=500$块，因此，每个分割块长度为$s=4$。假设噪声服从高斯分布$\mathcal{N}(0,\sigma^2)$，方差$\sigma=10^{-3}$。实验中考察当非零分割块的个数以10为间隔，从10变化到100时，各算法的重构效果。这里对比了所提算法与三种现有的块稀疏重构算法的性能，包括 Group Coordinate Decent（GCD）算法、Group OMP（GOMP）算法及 SPGl1 算法。当利用这三种对比算法重构原始二维块稀疏信号时，需要序列地重构信号的各向量，而利用本章所提算法可同时实现二维块稀疏信号各向量的重构。下面利用信号的 MSE 来定量分析各算法的重构性能，如图 6.2 所示，其中，MSE 定义与 2.5.3 节一致。图 6.2 为进行 50 次蒙特卡罗实验的计算结果。从图 6.2 可以看出，相比于其他算法，所提 2DGPDASC 算法的重构 MSE 最低，重构效果最好。

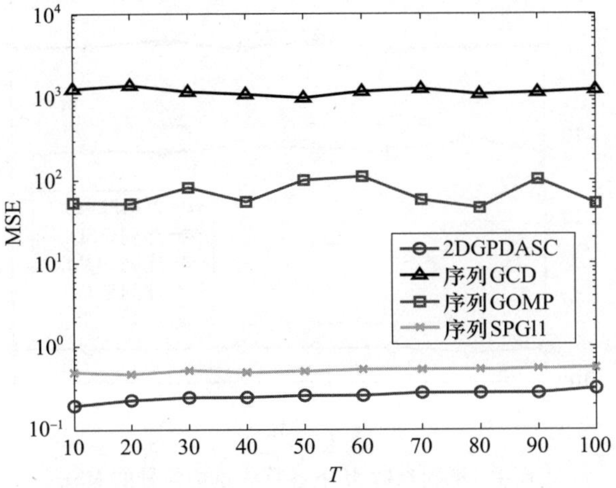

图6.2　不同参数 T 下各算法重构信号的MSE

下面考察了各算法在上述仿真条件下的平均计算时间，如图6.3所示，同样为50次蒙特卡罗实验结果。从图6.3可以看出，所提2DGPDASC算法的平均运算时间最短，这主要是由于该算法可实现 M 个信号的联合稀疏重构，而其他算法均是通过序列重构信号各列来实现原始信号的重构。

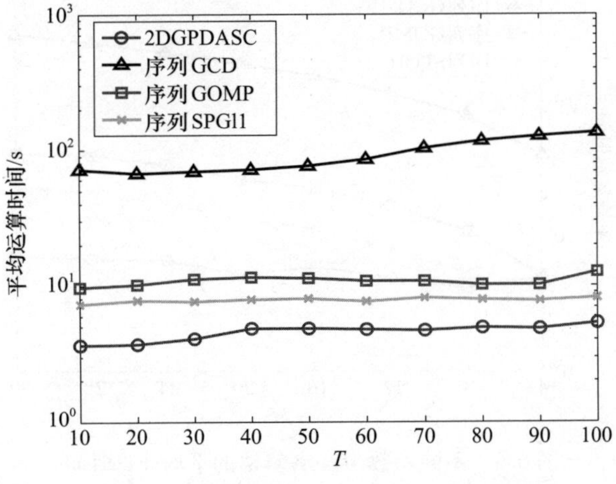

图6.3　不同参数 T 下各算法的平均计算时间

设置参数 $\boldsymbol{\Psi}, n, s$ 与 σ 的值与上述仿真试验中的一致。矩阵 $\boldsymbol{X} \in \mathbb{R}^{N \times M}$，$N=2000$，设置 M 以4为间隔，从4变到32。各向量中非零分割块的个数为 $T=50$。图6.4为各算法在参数 M 变化时的重构信号MSE。

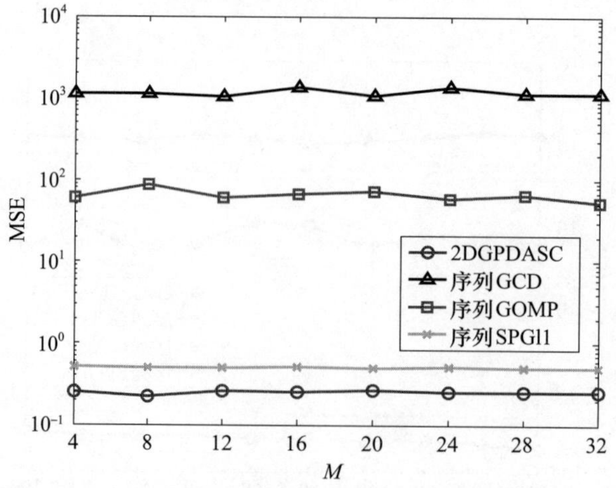

图 6.4　不同参数 M 下各算法重构信号的 MSE

同样，对比了该条件下各算法的平均计算时间，如图 6.5 所示。可以看出，所提算法的平均计算时间最短，并且随着参数 M 的增加，其计算时间变化不大。以上两个仿真实验表明，所提 2DGPDASC 算法不仅重构精度较高，重构误差较小，而且运算时间最短，算法复杂度最低。

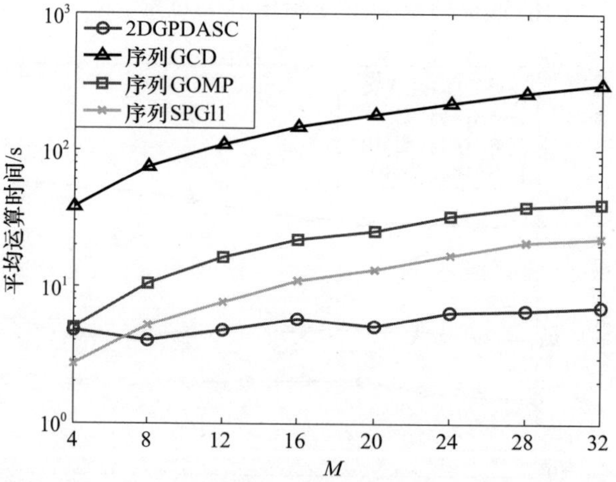

图 6.5　不同参数 M 下各算法的平均计算时间

2）实测数据实验验证实验

这里利用实测的 Yak－42 数据来验证算法的有效性，雷达信号参数已在 2.5.3 节给出，这里不再赘述。感知矩阵的维数设置为 $\boldsymbol{\Psi}\in\mathbb{R}^{64\times256}$。向量中的元素位置集被分割为 $n=64$ 块，因此每个分割块的长度为 $s=4$。利用上述三种对比算法得到的 ISAR 图像如图 6.6(a)~图 6.6(c)所示，基于本节所提算法得到的目标 ISAR 图像如图 6.6(d)所示。

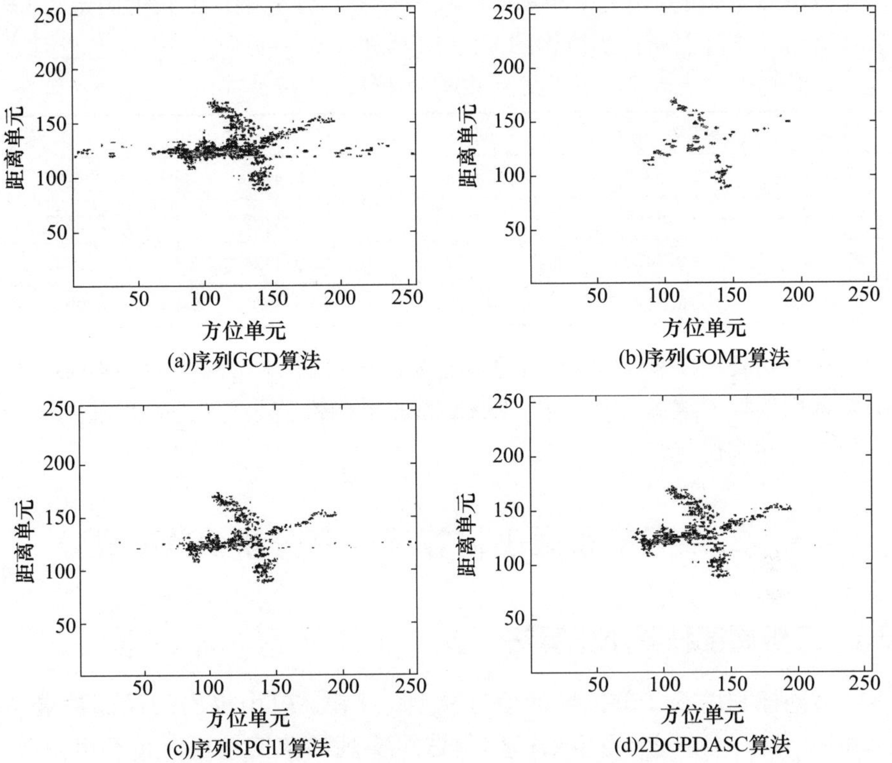

图 6.6　不同算法重构得到的 ISAR 图像

从图 6.6(a)和图 6.6(c)可以看出，基于 GCD 和 SPGl1 算法得到的目标 ISAR 图像旁瓣较高，出现了很多虚假散射点。基于 GOMP 算法得到 ISAR 图像聚焦性能较差。对比各图可看出，所提算法的 ISAR 图像重构效果最好，图像质量最佳。

为定量分析各算法重构图像的质量，同样引入参数 MSE，其定义与 2.5.3 节中一致。假设感知矩阵维数为 $\boldsymbol{\Psi} \in \mathbb{R}^{64 \times 256}$，分割块的长度 s 分别为 2、4、8。当参数 s 变化时，不同算法重构图像的 MSE 如表 6.1 所列。

表 6.1　不同算法重构的 ISAR 图像的 MSE

算法	序列 GCD	序列 GOMP	序列 SPGl1	2DGPDASC
$s=2$	0.2612	0.8022	0.3005	0.2403
$s=4$	0.3420	0.7592	0.3423	0.2991
$s=8$	0.4677	0.7115	0.3797	0.3365

仿真实验研究了不同参数 N' 时各算法的重构图形的 MSE。感知矩阵 $\boldsymbol{\Psi}\in\mathbb{R}^{N'\times N}$ 的维数为 $N=256$，参数 N' 从 48 变化到 72，间隔为 8。参数 N' 不仅表征了测量矩阵的维数，而且确定了距离向的降采样率。各分割块的长度固定为 $s=4$。当参数 N' 变化时，不同算法重构图像的 MSE 如表 6.2 所列。

表 6.2　不同算法重构的 ISAR 图像的 MSE

算法	序列 GCD	序列 GOMP	序列 SPGl1	2DGPDASC
$N'=48$	0.5815	0.7788	0.4200	0.4185
$N'=56$	0.4549	0.7618	0.3767	0.3553
$N'=64$	0.3420	0.7592	0.3423	0.2991
$N'=72$	0.3191	0.7490	0.3002	0.2930

表 6.1 和表 6.2 表明，在不同的参数设置条件下，本节提出的 2DGPDASC 算法图像重构的均方误差最小，表明 ISAR 图像重构性能最好，进一步证明了所提算法的有效性和优越性。

6.3　二维局部秩最小化算法的高分辨 ISAR 成像

6.3.1　二维局部秩最小化算法

本节同样利用 6.2 节推导的信号模型。文献[7]中提出的局部秩最小化(Localized Low - rank Promoting, LLP)算法可实现稀疏信号块内元素相关，并且块划分先验未知情况下的实值块稀疏信号的重构。为了在信号重构中加入块稀疏特性，LLP 算法首先将稀疏信号的元素划分为存在元素重叠的长度为 4 的分割块，然后将每个分割块矩阵化为 2×2 的矩阵，最后通过对数行列式函数(Log - Determinant Function)来求取最小化这些 2×2 矩阵的秩的解。本节将该算法扩展到复数情况下，并分别应用于距离向和方位向，这里称为二维局部秩最小化(2D LLP)算法，用于实现运动目标 ISAR 高分辨成像。

考虑从欠定方程中重构块稀疏信号 $\boldsymbol{x}\in\mathbb{C}^{N\times1}$，有

$$\boldsymbol{y}=\boldsymbol{A}\boldsymbol{x}+\boldsymbol{\varepsilon}\tag{6.16}$$

式中：$\boldsymbol{y}\in\mathbb{C}^{N'\times1}$ 表示观测信号；$\boldsymbol{A}\in\mathbb{C}^{N'\times N}$ 表示测量矩阵；$\boldsymbol{\varepsilon}\in\mathbb{C}^{N'\times1}$ 表示观测噪声。假设信号 $\boldsymbol{x}$ 为块稀疏的，且块内系数具有相关性。

为实现式(6.16)中信号 $\boldsymbol{x}$ 的重构，构造矩阵 $\boldsymbol{X}\triangleq[0,\boldsymbol{x}^{\mathrm{H}};\boldsymbol{x}^{\mathrm{H}},0]^{\mathrm{H}}\in\mathbb{R}^{(N+1)\times2}$。假设 $\boldsymbol{X}_i$ 表示由 $\boldsymbol{X}$ 的第 i 行和第 $i+1$ 行构成的 2×2 子矩阵，即

$$\boldsymbol{X}_i\triangleq\begin{bmatrix}x_{i-1} & x_i\\ x_i & x_{i+1}\end{bmatrix}\tag{6.17}$$

式中:x_i 表示 $\boldsymbol{x}$ 的第 i 个元素。本节中设置 $x_0 = x_{N+1} = 0$。当式(6.17)中矩阵元素 x_{i-1}, x_i 和 x_{i+1} 均为零时,$\boldsymbol{X}_i$ 的秩为0。当 x_{i-1}, x_i 和 x_{i+1} 为非零元且局部平滑时,$\boldsymbol{X}_i$ 的秩近似为1。基于该分析,可将信号 $\boldsymbol{x}$ 的块稀疏最优解转化为寻求矩阵序列 $\{\boldsymbol{X}_i\}$ 的秩最小解,即

$$\min_{\boldsymbol{x}} \sum_{i=1}^{N} \operatorname{rank}(\boldsymbol{X}_i)$$
$$\text{s. t.}\quad \|\boldsymbol{y} - \boldsymbol{\Psi x}\|_2 \leqslant \varepsilon \tag{6.18}$$

式中:参数 ε 为噪声的2范数阈值。然而,式(6.18)的秩最小化问题是一个NP难问题,难以求得最优解。为解决这一问题,可将矩阵秩的求解转化为对数行列式函数求解,利用 $\log|\boldsymbol{X}_i\boldsymbol{X}_i^{\mathrm{T}}| = 2\sum_j \log\nu_j$,其中 ν_j 表示 $\boldsymbol{X}_i$ 的第 j 个奇异值。将式(6.18)中的 $\operatorname{rank}(\boldsymbol{X}_i)$ 变换为对数行列式函数,可得

$$\min_{\boldsymbol{x}} \sum_{i=1}^{N} \log|\boldsymbol{X}_i\boldsymbol{X}_i^{\mathrm{H}} + \boldsymbol{E}|$$
$$\text{s. t.}\quad \|\boldsymbol{y} - \boldsymbol{\Psi x}\|_2 \leqslant \varepsilon \tag{6.19}$$

式中:$|\cdot|$表示矩阵的行列式;$\boldsymbol{E}$ 为正定矩阵,可表示为

$$\boldsymbol{E} \triangleq \alpha\begin{bmatrix} 1 & \beta \\ \beta & 1 \end{bmatrix} \tag{6.20}$$

其中,选择固定的参数 α 容易导致算法陷入局部极小点,为此,可选择参数 α 为单调递减序列。这里选择下一次迭代时 α 的值为上一次迭代的1/10,即 $\alpha^{(t+1)} = \alpha^{(t)}/10$,$(\cdot)^{(t)}$ 表示变量、向量或矩阵在第 t 次的迭代结果。参数 β 可表示为

$$\beta = H_{1,2}/H_{1,1} \tag{6.21}$$

式中:H_{ij}表示矩阵 $\boldsymbol{H}$ 第 i 行第 j 列元素,且 $\boldsymbol{H} \triangleq \boldsymbol{X}^{\mathrm{H}}\boldsymbol{X}$。通常情况下,有 $-1 < \beta < 1$。

因此,式(6.19)的优化问题可进一步被转换为无约束优化问题,即

$$\min_{\boldsymbol{x}} L(\boldsymbol{x}) = \sum_{i=1}^{N} \log|\boldsymbol{X}_i\boldsymbol{X}_i^{\mathrm{H}} + \boldsymbol{E}| + \gamma\|\boldsymbol{y} - \boldsymbol{\Psi x}\|_2 \tag{6.22}$$

其中,γ 为控制式(6.22)中右侧前后两项权重的参数。

下面利用对数行列式函数,求得块稀疏及局部平滑解。式(6.22)中矩阵 $\boldsymbol{X}_i\boldsymbol{X}_i^{\mathrm{H}}$ 可表示为

$$\boldsymbol{X}_i\boldsymbol{X}_i^{\mathrm{H}} = \begin{bmatrix} x_{i-1}^2 + x_i^2 & x_{i-1}x_i + x_i x_{i+1} \\ x_{i-1}x_i + x_i x_{i+1} & x_i^2 + x_{i+1}^2 \end{bmatrix} \tag{6.23}$$

因此,$\boldsymbol{X}_i\boldsymbol{X}_i^{\mathrm{H}}$ 的对数行列式可表示为

$$\log|\boldsymbol{X}_i\boldsymbol{X}_i^{\mathrm{H}}| = \log((x_{i-1}^2 + x_i^2)(x_i^2 + x_{i+1}^2)) + \log\left(1 - \frac{(x_{i-1}x_i + x_i x_{i+1})^2}{(x_{i-1}^2 + x_i^2)(x_i^2 + x_{i+1}^2)}\right) \tag{6.24}$$

令 θ_i 表示向量$[x_{i-1},x_i]^{\mathrm{T}}$与$[x_i,x_{i+1}]^{\mathrm{T}}$之间的夹角,式(6.24)中右侧第二项可表示为

$$\log\left(1-\frac{(x_{i-1}x_i+x_ix_{i+1})^2}{(x_{i-1}^2+x_i^2)(x_i^2+x_{i+1}^2)}\right)=\log(1-\cos^2\theta_i)=2\log|\sin\theta_i| \tag{6.25}$$

因此可得

$$\sum_{i=1}^{N}\log|\boldsymbol{X}_i\boldsymbol{X}_i^{\mathrm{H}}|=2\sum_{i=2}^{N}\log(x_{i-1}^2+x_i^2)+2\sum_{i=1}^{N}\log|\sin\theta_i|+\log(x_1^2)+\log(x_N^2) \tag{6.26}$$

可以看出,式(6.26)中右侧第一项为包含交叉项信息的对数和项,可促使块稀疏化求解。

本节利用 MM 方法来求解式(6.22)的优化问题。MM 方法并不是直接求取最小化目标函数的解,而是通过迭代最小化目标函数上界来求取最优解。

定义目标函数 $L(\boldsymbol{x})$ 的上界函数为替代函数 $Q(\boldsymbol{x}|\boldsymbol{x}^{(t)})$,因此有

$$Q(\boldsymbol{x}|\boldsymbol{x}^{(t)})-L(\boldsymbol{x})\geqslant 0 \tag{6.27}$$

当 $\boldsymbol{x}=\boldsymbol{x}^{(t)}$ 时,式(6.27)中等式成立。文献[14]证明,通过迭代最小化 $Q(\boldsymbol{x}|\boldsymbol{x}^{(t)})$ 函数,可得到非增的目标函数值,并且收敛于 $L(\boldsymbol{x})$ 的最优解。

下面证明关于新估计的 $\boldsymbol{x}^{(t+1)}$ 的目标函数值不大于关于 $\boldsymbol{x}^{(t)}$ 的目标函数值。通过上述分析可知,利用 MM 方法求解式(6.22),需要求解

$$\boldsymbol{x}^{(t+1)}=\arg\min_{\boldsymbol{x}}Q(\boldsymbol{x}|\boldsymbol{x}^{(t)}) \tag{6.28}$$

因此,有

$$\begin{aligned}L(\boldsymbol{x}^{(t+1)})&=L(\boldsymbol{x}^{(t+1)})-Q(\boldsymbol{x}^{(t+1)}|\boldsymbol{x}^{(t)})+Q(\boldsymbol{x}^{(t+1)}|\boldsymbol{x}^{(t)})\leqslant\\&Q(\boldsymbol{x}^{(t+1)}|\boldsymbol{x}^{(t)})\leqslant Q(\boldsymbol{x}^{(t)}|\boldsymbol{x}^{(t)})=L(\boldsymbol{x}^{(t)})\end{aligned} \tag{6.29}$$

式(6.29)中第一个不等式可由式(6.27)推导出;第二个不等式成立主要是因为函数 $Q(\boldsymbol{x}|\boldsymbol{x}^{(t)})$ 在 $\boldsymbol{x}=\boldsymbol{x}^{(t+1)}$ 得到其最小值,如式(6.28)所示。

式(6.22)中对数行列式函数满足

$$\log|\boldsymbol{X}_i\boldsymbol{X}_i^{\mathrm{H}}+\boldsymbol{E}|\leqslant\frac{1}{2}\mathrm{Tr}((\boldsymbol{X}_i\boldsymbol{X}_i^{\mathrm{H}}+\boldsymbol{E})\boldsymbol{\Phi}_i^{(t)})+\log|(\boldsymbol{\Phi}_i^{(t)})^{-1}|-1 \tag{6.30}$$

式中:$\boldsymbol{\Phi}_i^{(t)}\triangleq(\boldsymbol{X}_i^{(t)}(\boldsymbol{X}_i^{(t)})^{\mathrm{H}}+\boldsymbol{E})^{-1}$。

当 $\boldsymbol{X}_i^{(t)}=\boldsymbol{X}_i$ 时,式(6.30)等式成立。因此,有

$$\begin{aligned}\sum_{i=1}^{N}\log|\boldsymbol{X}_i\boldsymbol{X}_i^{\mathrm{H}}+\boldsymbol{E}|\leqslant&\sum_{i=1}^{N}\left(\frac{1}{2}\mathrm{Tr}((\boldsymbol{X}_i\boldsymbol{X}_i^{\mathrm{H}}+\boldsymbol{E})\boldsymbol{\Phi}_i^{(t)})+\right.\\&\left.\log|(\boldsymbol{\Phi}_i^{(t)})^{-1}|\right)-N\triangleq f(\boldsymbol{x}|\boldsymbol{x}^{(t)})\end{aligned} \tag{6.31}$$

式中:$f(\boldsymbol{x}|\boldsymbol{x}^{(t)})$ 为式(6.22)中对数行列式函数的上界函数。令

$$\boldsymbol{\Phi}_i^{(t)}\triangleq\begin{bmatrix}a^i & b^i\\ c^i & d^i\end{bmatrix} \tag{6.32}$$

则式(6.31)中的函数可进一步表示为

$$f(\boldsymbol{x} \mid \boldsymbol{x}^{(t)}) = \boldsymbol{x}^{\mathrm{H}}\boldsymbol{W}\boldsymbol{x} + \sum_{i=1}^{N}(\log|\boldsymbol{\Phi}_i^{(t)}|) - N \tag{6.33}$$

式中：$\boldsymbol{W} \in \mathbb{R}^{N\times N}$为三对角矩阵，其非零元分布在主对角线、主对角线上一对角线和主对角线下一对角线上。各对角线上元素分别为 $W_{i,i} = \frac{1}{2}(a^i + d^i + d^{i-1} + a^{i+1})$，$W_{i+1,i} = \frac{1}{2}(c^i + c^{i+1})$，$W_{i,i+1} = \frac{1}{2}(b^i + b^{i+1})$。其中，$d^0 = a^{N+1} = 0$。

构造替代函数为

$$Q(\boldsymbol{x} \mid \boldsymbol{x}^{(t)}) = \boldsymbol{x}^{\mathrm{H}}\boldsymbol{W}\boldsymbol{x} + \sum_{i=1}^{N}(\log|\boldsymbol{\Phi}_i^{(t)}|) + \gamma \|\boldsymbol{y} - \boldsymbol{\Psi}\boldsymbol{x}\|_2 - N \tag{6.34}$$

式(6.22)中的优化问题可通过迭代最小化式(6.34)来求解。其最优解可表示为

$$\boldsymbol{x} = (\boldsymbol{\Psi}^{\mathrm{H}}\boldsymbol{\Psi} + \gamma^{-1}\boldsymbol{W})^{-1}\boldsymbol{\Psi}^{\mathrm{H}}\boldsymbol{y} \tag{6.35}$$

因此，当迭代最小化式(6.22)的优化问题时，在每次迭代中，函数$L(\boldsymbol{x})$是非递增的。利用 LLP 算法完成距离向压缩信号的重构后，可以利用 LLP 算法重构目标 ISAR 图像。

综上所述，本章的 2D LLP 方法的实现步骤如图 6.7 所示。

输入：矩阵 $\boldsymbol{\Psi} \in \mathbb{R}^{M\times N}$，观测信号 $\boldsymbol{y} \in \mathbb{R}^{M\times 1}$，参数 γ 和 β，以及最小迭代次数 T。
输出：距离压缩信号 $\hat{\boldsymbol{x}}$，重构图像数据 $\hat{\boldsymbol{I}}$。
　初始化信号 $\boldsymbol{x}^{(0)} = \boldsymbol{\Psi}^{\dagger}\boldsymbol{y}$，初始化迭代次数 $t=0$。
　while 求解结果不收敛，且 $t \leq T$ 时，进行如下迭代求解过程：
　　计算$\{\boldsymbol{\Phi}_i^{(t)}\}$，并得到矩阵 $\boldsymbol{W}$。
　　通过式(6.35)计算得到新的块稀疏信号，记为 $\boldsymbol{x}^{(t+1)}$。
　　if $\|\boldsymbol{x}^{(t+1)} - \boldsymbol{x}^{(t)}\|_2 \leq \sqrt{\alpha^{(t)}}/10$
　　then $\alpha^{(t+1)} = \alpha^{(t)}/10$
　　end if
　　$t = t+1$。
　end while，得到重构结果 $\hat{\boldsymbol{x}}$。
　令式(6.16)及后续推导公式中 $\boldsymbol{y} = \hat{\boldsymbol{x}}, \boldsymbol{x} = \boldsymbol{I}$。
　继续进行上述迭代过程，得到重构图像 $\hat{\boldsymbol{I}}$。

图 6.7　2D LLP 方法重构 ISAR 图像实现步骤

6.3.2　实验结果及分析

1）利用仿真数据进行试验验证

利用 2.5.3 节的波音 727 数据进行仿真实验，验证本章所提算法的有效性。

其中,数据参数与 2.5.3 节中的一致,这里不再赘述。感知矩阵的维数设置为 $\boldsymbol{\Psi}\in\mathbb{R}^{128\times256}$。信号中各向量的各元素的位置集被划分为 64 个块,因此,各个分割块的长度为 $s=4$。仿真实验中,设置参数 λ 为10^{12}。这里选择一个比较大的参数 λ,其原因在于式(6.22)中的对数行列式项可能为任意的负值,这个值可能非常小,为保证其拟合误差较小,需选择足够大的 λ 值。对于 2D LLP 算法,当相邻两次迭代得到的重构信号之间的差值可忽略不计时,迭代求解过程终止。本节中,当 $\|\boldsymbol{x}^{(t+1)}-\boldsymbol{x}^{(t)}\|_2<10^{-7}$时,迭代停止。

将本章所提算法与其他三个已有算法,包括 GPDASC 算法、SPGl1 算法以及 BSBL 算法进行了对比。本章所提算法及上述三种对比算法重构得到的目标 ISAR 图像如图 6.8 所示。

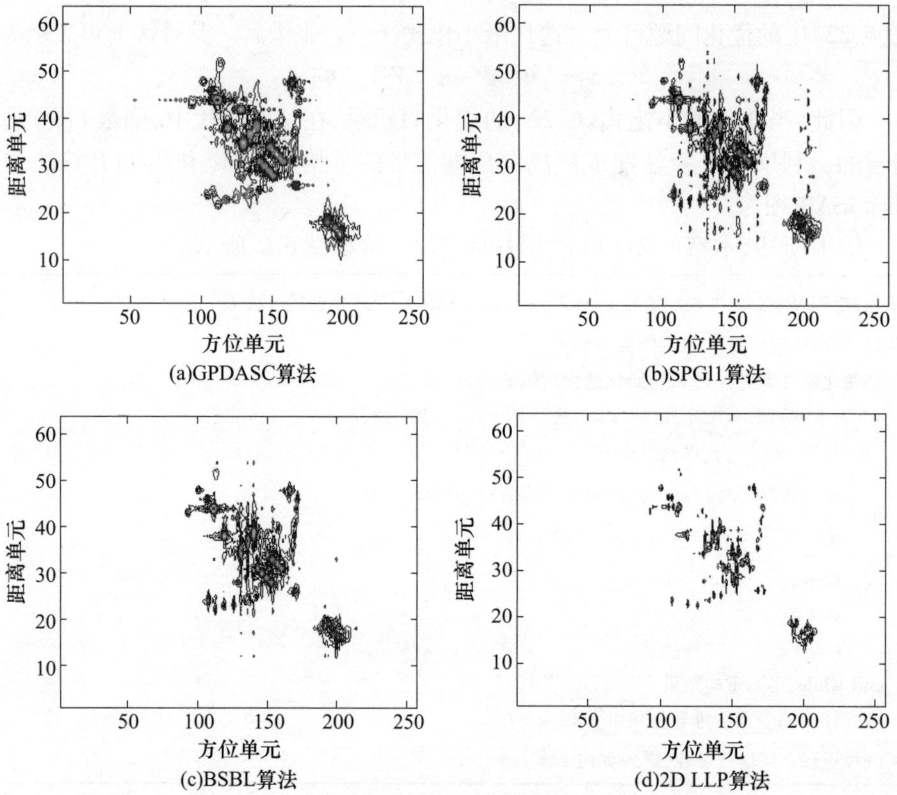

图 6.8 不同算法基于 B727 数据重构的 ISAR 图像

从图 6.8 中各算法重构的 ISAR 图像结果可以看出,图 6.8(a)中由 GP-DASC 算法重构得到的目标图像聚焦性能较好,只是部分散射点分辨率较差。图 6.8(b)表明,由 SPGl1 算法得到的目标图像面临着图像模糊问题,且分辨率较低。图 6.8(d)表明,由本章提出的 2D LLP 算法重构得到 ISAR 图像分辨率较高,聚焦性能良好。需要指出的是,虽然GPDASC及BSBL算法可得到聚焦性能良好、分辨率较高的目标ISAR图像,但是相对于本章所提算法,这两种算法的计算复杂度要高出很多,因此其计算时间也较高。

为定量分析各算法的重构效果,这里同样引入了参数MSE,其定义与6.2.2节一致。4种不同算法重构图像的MSE如表6.3所列。

表6.3　不同算法重构图像的MSE

算法	GPDASC	SPGl1	BSBL	2D LLP
MSE	0.1061	0.1819	0.1583	0.0886

从表6.3可以看出,基于2D LLP算法得到的目标图像的MSE是最低的,进一步证明了所提算法的有效性和优越性。

2)实测数据实验分析

这里进一步利用实测的Yak-42数据验证本章所提算法的有效性,其参数如2.5.3中所给出。数据中包含的积累脉冲数为256,利用4种不同算法重构目标ISAR图像时,只利用前一半的脉冲数据。在迭代重构$\boldsymbol{x}$和$\boldsymbol{I}$的过程中,感知矩阵的维数设置为$\boldsymbol{\Psi} \in \mathbb{R}^{128 \times 256}$。信号中各向量的元素位置集被划分为64个分割块,每个分割块的长度为$s=4$。同样设置参数γ的值为10^{12}。

这里对比了所提2D LLP算法与GPDASC算法、SPGl1算法以及BSBL算法的性能。利用不同算法重构的ISAR图像如图6.9所示。

从图6.9可以看出,4种不同算法均可重构得到聚集性能良好的目标ISAR图像,主要原因是利用了足够的脉冲进行的重构。从图6.9(a)还可以看出,有部分散射点没有精确重构,主要是因为利用GPDASC算法时,距离压缩后的很多低幅度的散射点散射幅度值没有置零,导致不严格满足块稀疏结构,重构效果较差。图6.9(c)和图6.9(d)表明,2D LLP算法和BSBL算法均可重构得到高分辨的目标图像。然而,BSBL算法的计算复杂度比2D LLP算法要高出很多。

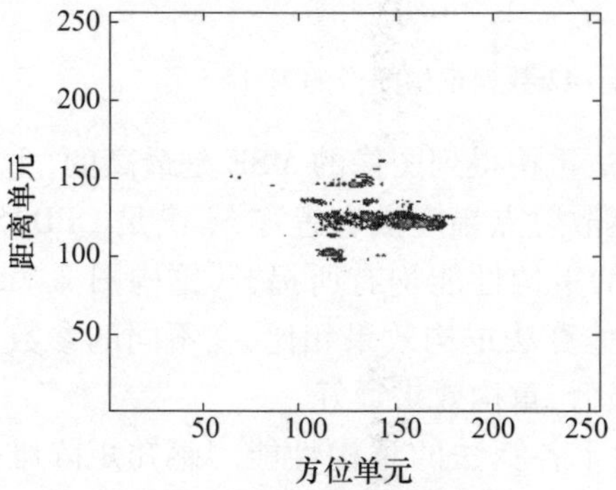

(a)GPDASC算法

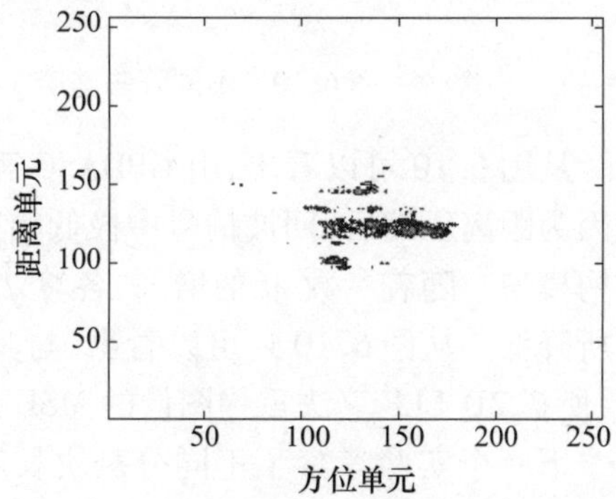

(b)SPGl1算法

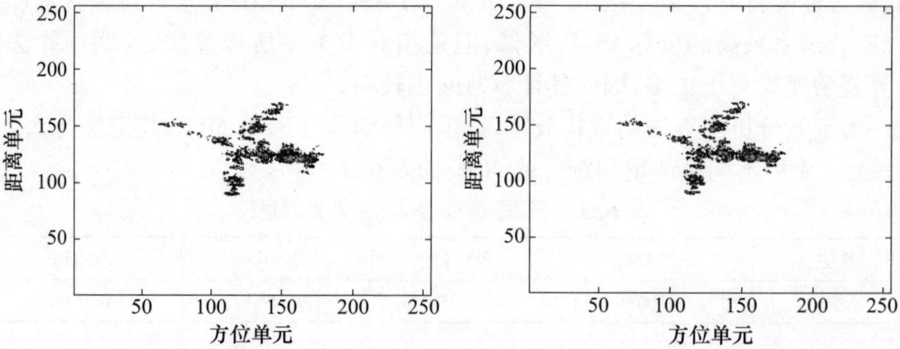

(c)BSBL算法　　　　　　　　(d)2D LLP算法

图 6.9　不同算法基于 Yak－42 数据重构的 ISAR 图像

同样的，进一步考察各算法重构图像的 MSE。假设感知矩阵 $\boldsymbol{\Psi}\in\mathbb{R}^{M\times N}$ 的维数为 $N=256$，参数 M 以 8 为间隔，从 120 变换到 184。不同算法重构图像的 MSE 如图 6.10 所示。

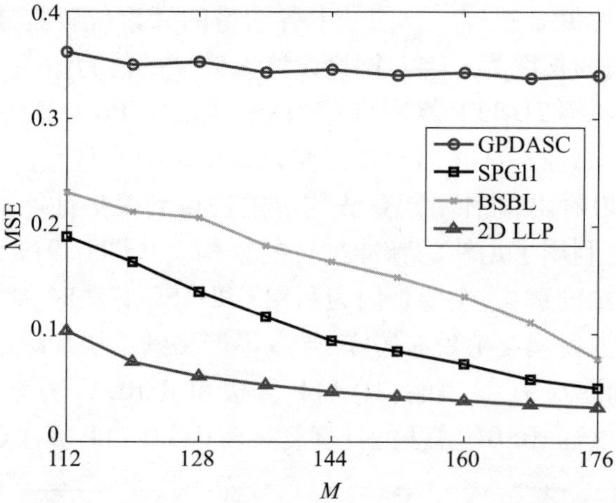

图 6.10　不同算法基于 Yak－42 数据重构图像的 MSE

从图 6.10 可以看出，由 GPDASC 算法重构得到图像的 MSE 是最高的，主要是因为距离压缩后，回波信号中极低幅度散射点幅度没有置零，不满足 GPDASC 重构模型。随着参数 M 的增加，各算法的重构性能均有所提升，重构图像 MSE 有所降低。从图 6.10 还可以看出，与其他算法重构效果相比，在不同的参数 M 下，所提 2D LLP 算法重构图像的 MSE 最低，重构效果最好。

下一个实验考察了不同分割块长度下各算法的重构性能。感知矩阵维数为 $\boldsymbol{\Psi}\in\mathbb{R}^{128\times 256}$。考察分割块长度分别为 2、4、8 时，各算法的重构图像 MSE 如

表6.4所列。

表6.4 各算法在不同分割块长度下重构图像的MSE

算法	GPDASC	SPGl1	BSBL	2D LLP
$s=2$	0.3165	0.1488	0.1375	0.0626
$s=4$	0.3533	0.1441	0.1292	0.0627
$s=8$	0.3707	0.1314	0.1728	0.0571

表6.4表明，本章所提2D LLP算法在不同的分割块条件下，均有比较好的图像重构效果。表6.4和图6.10同时表明，相比于其他算法，本章所提算法在不同的实验条件下均有良好的重构效果，证明了本章所提算法可有效实现ISAR图像的重构。

6.4 本章小结

本章研究了基于二维块稀疏重构的ISAR成像以及ISAR图像横向定标问题，主要工作及成果如下：

（1）建立了二维块稀疏重构模型，针对$\ell^0(\ell^2)$范数罚函数特点，提出了一种基于正则化最小二乘方法的2DGPDASC算法。$\ell^0(\ell^2)$范数罚函数主要用来求解最小化非零块个数的解。该算法可实现块内强相关性信号的重构。仿真及实测数据验证了所提算法的有效性。

（2）将ISAR图像的重构问题转化为块稀疏信号重构问题，再将稀疏求解问题进行变换，提出将局部秩最小化算法扩展到复数，并分别用于距离向和方位向，提出了一种2D LLP算法，用来实现ISAR图像重构。仿真及实测数据证明了所提算法的有效性。

参考文献

[1] Patel V M, Easley G R, Jr D M H, et al. Compressed synthetic aperture radar[J]. IEEE Journal of Selected Topics in Signal Processing, 2010, 2:244 - 254.

[2] Wang L, Zhao L, Bi G, et al. Enhanced ISAR imaging by exploiting the continuity of the target scene[J]. IEEE Transactions on Geoscience and Remote Sensing, 2014, 9:5736 - 5750.

[3] Zhang Z, Rao B D. Sparse signal recovery with temporally correlated source vectors using sparse Bayesian learning[J]. IEEE Journal of Selected Topics in Signal Processing, 2011, 5(5):912 - 926.

[4] Luessi M, Babacan S D, Molina R, et al. Bayesian simultaneous sparse approximation with smooth signals[J]. IEEE Transactions on Signal Processing, 2013, 61(22):5716 - 5729.

[5] Chen Z, Molina R, Katsaggelos A K. Katsaggelos. Robust recovery of temporally smooth signals from under – determined multiple measurements[J]. IEEE Transactions on Signal Processing, 2015, 63(7): 1779 – 1791.

[6] Jiao Y, Jin B, Lu X. Group sparse recovery via the L0L2 penalty: theory and algorithm[J]. IEEE Transactions on Signal Processing, 2017, 65(4): 998 – 1012.

[7] Yang L, Fang J, Li H, et al. Localized low – rank promoting for recovery of block – sparse signals with intrablock correlation[J]. IEEE Signal Processing Letters, 2016, 23(10): 1399 – 1403.

[8] Duan H, Zhang L, Fang J, et al. Pattern – coupled sparse Bayesian learning for inverse synthetic aperture radar imaging[J]. IEEE Signal Processing Letters, 2015, 22(11): 1995 – 1999.

[9] Chen J, Huo X. Theoretical results on sparse representations of multiple – measurement vectors [J]. IEEE Transactions on Signal Processing, 2006, 54(12): 4634 – 4643.

[10] BrehenyP, Huang J. Group descent algorithms for nonconvex penalized linear and logistic regression models with grouped predictors[J]. Statistics and Computing, 2015, 25(2): 173 – 187.

[11] Chi Y, Rao B D. Support recovery of sparse signals in the presence of multiple measurement vectors[J]. IEEE Transactions on Information Theory, 2013, 59(5): 3139 – 3157.

[12] Berg E V D, Friedlander M P. Probing the pareto frontier for basis pursuit solutions[J]. SIAM Journal on Scientific Computing, 2008, 31(2): 890 – 91.

[13] Hunter D R, Lange K Lange. A tutorial on MM algorithms[J]. The American Statistician, 2004, 58(1): 30 – 37.

[14] Ozdemir C. Inverse synthetic aperture radar imaging with MATLAB algorithms[M]. New York, USA: Wiley, 2012: 22 – 46.

[15] Werness S A S, Carrara W G, Joyce L S, et al. Moving target imaging algorithm for SAR data [J]. IEEE Transactions on Aerospace and Electronic Systems, 1990, 26(11): 57 – 67.

[16] Yeh C M, Xu J, Peng Y N, et al. Cross – range scaling for ISAR based on image rotation correlation[J]. IEEE Geoscience and Remote Sensing Letters, 2009, 6(3): 597 – 601.

[17] Martorella M. Novel approach for ISAR image cross – range scaling[J]. IEEE Transactions on Aerospace and Electronic Systems, 2008, 44(1): 281 – 294.

[18] Kang M S, Kim K T. ISAR cross – range scaling using principal component analysis and exhaustive search algorithm[C]. IEEE International Radar Conference, Arlington, USA, 2015: 356 – 389.

[19] Xu G, Xing M, Xia X, et al. High – resolution inverse synthetic aperture radar imaging and scaling with sparse aperture[J]. IEEE Journal of Selected Topics in Appllied Earth Observations and Remote Sensing, 2018, 8(8): 4010 – 4027.

[20] Jiu B, Liu H, Liu H, et al. Joint ISAR imaging and cross – range scaling method based on compressive sensing with adaptive dictionary[J]. IEEE Transactions on Antennas and Propagation, 2015, 63(5): 2112 – 2121.

[21] Wang X, Zhang M, J Zhao. Efficient cross – range scaling method via two – dimensional unitary ESPRIT scattering center extraction algorithm[J]. IEEE Geoscience and Remote Sensing Let-

ters,2015,12(5):928 – 932.

[22] Sheng J,Xing M,Zhang L,et al. ISAR cross – range scaling by using sharpness maximization [J]. IEEE Geoscience and Remote Sensing Letters,2015,12(1):165 – 169.

[23] Xu Z,Zhang L,Xing M. Precise cross – range scaling for ISAR images using feature registration[J]. IEEE Geoscience and Remote Sensing Letters,2014,11(10):1792 – 1796.

[24] Martorella M. Novel approach for ISAR image cross – range scaling[J]. IEEE Transactions on Aerospace and Electronic Systems,2008,44(1):281 – 294.

[25] Kang M S,Bae J H,Kang B S,et al. ISAR cross – range scaling using iterative processing via principal component analysis and bisection algorithm[J]. IEEE Transactions on Signal Processing,2016,64(15):3909 – 3918.

[26] Fang J,Shen Y,Li H,et al. Pattern – coupled sparse Bayesian learning for recovery of block – sparse signals[J]. IEEE Transactions on Signal Processing,2015,63(2):360 – 372.

[27] Mohan K,Fazel M. Iterative reweighted least squares for matrix rank minimization[C]. IEEE 48th Annual Allerton Conference Communication Control Computation,Illinois,USA,2010:653 – 661.

第 7 章　非合作目标 ISAR 图像横向定标

7.1　引　言

基于不同的算法得到目标的 ISAR 图像后，若要进行下一步的特征提取及识别，需要对 ISAR 图像进行定标。距离向的定标可通过关系式 $\Delta r = c/2B$ 来实现，其中：c 表示电磁波传播速度；B 表示发射信号带宽。当利用传统的 RD 算法及其相应的稀疏重构算法进行成像时，方位向分辨率满足关系式 $\Delta y = \lambda/2T_m\omega$，其中：$\lambda$ 表示发射信号波长；T_m 表示相干积累时间；ω 表示目标在等效转台上的旋转角速度（Rotational Velocity，RV）。假设目标在相干积累时间内的旋转角速度为一定值。因此，方位向的分辨率与目标在相干积累时间内的旋转角度（Rotational Angle，RA）及旋转角速度有关。然而，ISAR 通常面临的是非合作目标，难以实现对旋转角速度的精确估计。

针对非合作目标横向定标问题，本章主要介绍了基于 ISAR 像序列的横向定标方法和迭代主成分分析的横向定标方法。主要内容包括：7.2 节介绍了基于成像序列的弹道目标 ISAR 图像横向定标算法，该算法利用目标在不同成像时刻下散射点的位置关系，估计目标在成像间隔时间内的转角，最终实现横向定标。7.3 节针对 ISAR 图像横向定标问题，研究了基于迭代主成分分析的改进横向定标方法，可在少量的迭代次数下实现转速的准确估计。该方法首先通过利用各图像中主轴间的关系来表征图像间的转角；然后利用二分法完成转角及转速的估计，实现横向定标。

7.2　基于成像序列的弹道目标 ISAR 图像横向定标

7.2.1　ISAR 图像定标原理

逆合成孔径雷达利用发射宽带信号达到距离向的高分辨，依靠长的合成孔径实现方位向的高分辨。假设雷达工作在线性调频体制下，目标到雷达的距离为 R_{i}，参考距离为 R_{ref}。解调后的雷达回波为

$$s_{\mathrm{if}}(\hat{t},t_m)=A\mathrm{rect}\left(\frac{\hat{t}-2R_{\mathrm{i}}/c}{T_{\mathrm{p}}}\right)\exp\left(-\mathrm{j}\frac{4\pi}{c}\gamma\left(\hat{t}-\frac{2R_{\mathrm{ref}}}{c}\right)R_{\Delta}\right)\cdot$$
$$\exp\left(-\mathrm{j}\frac{4\pi}{c}f_{\mathrm{c}}R_{\Delta}\right)\exp\left(\mathrm{j}\frac{4\pi\gamma}{c^2}R_{\Delta}^2\right) \tag{7.1}$$

式中：$R_{\Delta}=R_{\mathrm{i}}-R_{\mathrm{ref}}$；$A$ 为回波信号幅度；$\hat{t}$ 为快时间；t_m 为慢时间；f_{c} 为中心频率；T_{p} 为脉宽；γ 为调频率。

对得到的解调后的回波以采样频率 f_{s} 进行采样，设每次回波可以得到 N 个采样点，做 N_{f} 点离散傅里叶变换，可得目标的一维距离像为

$$s_{\mathrm{if}}(n_{\mathrm{f}},t_m)=\frac{4A}{N}\exp\left(-\mathrm{j}\frac{4\pi f_{\mathrm{c}}}{c}R_{\Delta}\right)\exp\left(-\mathrm{j}\frac{4\pi\gamma}{c^2}R_{\Delta}^2\right)\exp\left(-\mathrm{j}\frac{4\pi\gamma}{c}\left(t-\frac{2R_{\mathrm{ref}}}{c}\right)R_{\Delta}\right)\cdot$$
$$\mathrm{sinc}\left[2\pi N\left(\frac{\gamma}{f_{\mathrm{s}}c}R_{\Delta}+\frac{n_{\mathrm{f}}}{2N_{\mathrm{f}}}\right)\right] \tag{7.2}$$

设目标平动补偿后，转动速度为 ω，则散射点与参考中心的距离为

$$R_{\Delta}=x\sin\theta(t)+y\cos\theta(t) \tag{7.3}$$

式中：$\theta(t)=\omega t_m$。

去斜后，在慢时间域作 M_{f} 点离散傅里叶变换实现横向压缩，得到目标的 ISAR 像表示为

$$s_{\mathrm{if}}(n_{\mathrm{f}},m_{\mathrm{f}})=\frac{4A}{MN}\mathrm{sinc}\left\{2\pi N\left[\frac{\gamma y}{f_{\mathrm{s}}c}+\frac{n_{\mathrm{f}}}{2N_{\mathrm{f}}}\right]\right\}\cdot$$
$$\mathrm{sinc}\left\{2\pi M\left[\frac{f_{\mathrm{c}}\omega x}{f_{\mathrm{p}}c}+\frac{m_{\mathrm{f}}}{2M_{\mathrm{f}}}\right]\right\}\exp\left(-\mathrm{j}2\pi\left(\frac{2f_{\mathrm{c}}y}{c}+\frac{f_{\mathrm{c}}\omega Mx}{cf_{\mathrm{p}}}\right)\right) \tag{7.4}$$

式中：M 为脉冲积累数；f_{p} 为脉冲重复频率；$(n_{\mathrm{f}},m_{\mathrm{f}})$ 为尖峰脉冲位置。

由式(7.4)可以看出，在完成距离向和横向压缩后，在 $(n_{\mathrm{f}},m_{\mathrm{f}})$ 域会出现辛格函数形式的尖峰脉冲，对应了散射点的位置。尖峰脉冲位置可表示为

$$\begin{cases}n_{\mathrm{f}}=-\dfrac{2\gamma N_{\mathrm{f}}}{f_{\mathrm{s}}c}y\\[2ex] m_{\mathrm{f}}=-\dfrac{2f_{\mathrm{c}}\omega M_{\mathrm{f}}}{f_{\mathrm{p}}c}x\end{cases} \tag{7.5}$$

从而可得散射点的纵向以及横向位置为

$$\begin{cases}y=-\dfrac{N}{N_{\mathrm{f}}}\dfrac{c}{2B}n_{\mathrm{f}}\\[2ex] x=-\dfrac{M}{M_{\mathrm{f}}}\dfrac{\lambda}{2T_m\omega}m_{\mathrm{f}}\end{cases} \tag{7.6}$$

式中：$T_m=\dfrac{M}{f_{\mathrm{p}}}$为孔径合成时间。由式(7.6)可以看出，距离向定标参数均为已知，而横向位置 $x=-\dfrac{M}{M_{\mathrm{f}}}\dfrac{\lambda}{2T_m\omega}m_{\mathrm{f}}$ 的确定与目标转动角速度 ω 有关，但由于通常

情况下角速度无法预知,因此 ISAR 像横向定标比较困难。现有定标算法在进行 ISAR 像横向定标时,需要进行回波调频斜率估计或图像配准,计算过程比较复杂,且计算量大。本节针对转台成像特点,利用 ISAR 像散射点相对位置不变,通过 ISAR 像序列提取弹道目标的转动角,实现 ISAR 像的横向定标。

7.2.2 转速估计与定标算法

1)模型建立

设 ISAR 像的纵向分辨率和横向分辨率分别为 ρ_r 和 ρ_a,若不发生越距离单元徙动,则目标的最大径向尺寸和横向尺寸应满足

$$\begin{cases} X \leqslant 4\rho_a\rho_r/\lambda \\ Y \leqslant 4\rho_a^2/\lambda \end{cases} \tag{7.7}$$

若取雷达发射信号波长 $\lambda = 4\text{cm}$,ρ_r 和 ρ_a 均为 0.4m,则目标尺寸应不大于 16m × 16m,弹道目标通常都能满足这一要求,因此本章成像算法中假设散射点不发生越距离单元徙动。

运动目标回波信号经包络对齐和相位补偿,将最终转为转台模型进行成像。假设目标完成平动补偿后,距离变化可以消除。同时,仿真假设识别的弹道目标为锥柱体。

由于 ISAR 成像是小角度成像,加上干扰噪声等因素的影响,依靠单次 ISAR 像进行目标转速估计有较大的不确定性。本节提出利用 ISAR 像序列估计目标转动角速度,对消干扰噪声因素的影响,提高定标精度。ISAR 像序列目标位置及转角如图 7.1 所示。

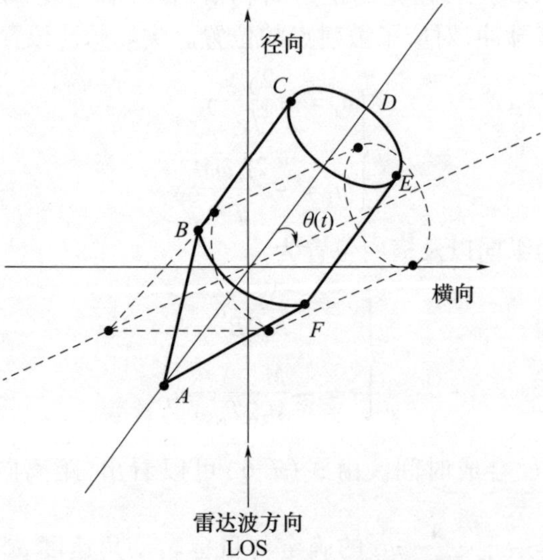

图 7.1　ISAR 像序列目标位置及转角

图7.1中，A、B、C、E、F为目标上的5个散射点，AD为目标的对称轴。由目标ISAR像的散射点构成的向量有多个，考察ISAR像中模最大的向量。由于弹道目标的旋转对称性，通常模值最大的向量有两个，可以通过它们来确定对称轴的方向，进而估计成像序列间目标的转角。

2）算法分析与设计

假设得到的目标ISAR像中散射点坐标分别为(x_i, y_i)，$i \in [A, B, C, E, F]$。于是可以得到散射点构成向量的坐标表示，如$\boldsymbol{AB} = (x_B - x_A, y_B - y_A)$。由此可以看出，该向量的方向与大小只与散射点的相对位置有关。

从图7.1可以看出，散射点构成的模值最大的向量会在$\boldsymbol{AC}$和$\boldsymbol{AE}$中产生。如果图像的聚焦效果不好，那么将影响向量模值及后续目标转角的估计精度，进而影响目标的定标精度。因此，对$\boldsymbol{AC}$和$\boldsymbol{AE}$向量作以下处理，即

$$\begin{aligned} \left| |\boldsymbol{AC}| - |\boldsymbol{AE}| \right| &= \left| |(x_C - x_A, y_C - y_A)| - |(x_E - x_A, y_E - y_A)| \right| \\ &= \sqrt{(x_C - x_A)^2 + (y_C - y_A)^2} - \sqrt{(x_E - x_A)^2 + (y_E - y_A)^2} \leqslant \delta r \end{aligned} \tag{7.8}$$

式中：δr为允许的偏差值。取$\delta r = 1$，即两向量的模值差不大于一个横向（径向）距离单元。

当式(7.8)成立时，判定两向量模值近似相等，通过计算两向量的合成向量在成像序列中的变化来估计目标转动角；但是，在目标的一定姿态角下，式(7.8)并不成立，此时需提取$\boldsymbol{AC}$和$\boldsymbol{AE}$中模值大的向量，考察它在成像序列中的变化来估计转动角。本章后面的分析均假设(7.8)式成立，其他情况目标转角的估计可按下面分析作类似处理。

设初始时刻对称轴AD方向的单位向量为$\boldsymbol{e}_1$，则有

$$\begin{aligned} \boldsymbol{e}_1 &= \frac{\boldsymbol{AC} + \boldsymbol{AE}}{|\boldsymbol{AC} + \boldsymbol{AE}|} \\ &= \frac{(x_C - x_A + x_E - x_A, y_C - y_A + y_E - y_A)}{\sqrt{(x_C - x_A + x_E - x_A)^2 + (y_C - y_A + y_E - y_A)^2}} \end{aligned} \tag{7.9}$$

经历时间t后，在下个成像时刻，对称轴方向的单位向量设为$\boldsymbol{e}_2$，则$\boldsymbol{e}_1$与$\boldsymbol{e}_2$的夹角为在时间t内目标转过的角度$\theta(t)$，即

$$\begin{cases} \theta(t) = \omega t \\ \theta(t) = \arccos \boldsymbol{e}_1 \cdot \boldsymbol{e}_2 \end{cases} \tag{7.10}$$

通过式(7.10)，提取目标的转动角，估计目标转速，进而根据式(7.6)完成目标的横向定标。

7.2.3 仿真实验及分析

仿真假设目标由5个散射点组成，各散射点的相对位置关系如图7.2所示。

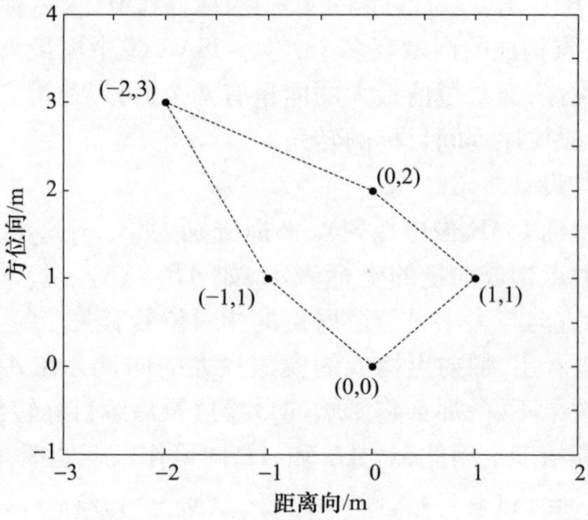

图 7.2　各散射点位置关系

雷达发射的线性调频信号载频 $f_c = 6\text{GHz}$，波长 $\lambda = 0.03\text{m}$，脉冲宽度 $T_p = 40\mu\text{s}$，带宽 $B = 300\text{MHz}$，调频斜率 $k = B/Tp$，采样频率 $F_s = 300\text{MHz}$。设转台模型逆时针方向旋转为正，转速为 $\omega_0 = 0.01\text{rad/s}$。

初始成像时刻为 $t_1 = 0$ 时，根据目标初始时刻的位置，得到目标 ISAR 像如图 7.3 所示。各散射点在 ISAR 像中的坐标如下：$A(207,122)$，$B(205,126)$，$C(203,128)$，$E(201,126)$，$F(203,124)$。模值最大的向量为 $\boldsymbol{AC} = (-4,6)$ 及 $\boldsymbol{AE} = (-6,4)$，且 $|\boldsymbol{AC}| = |\boldsymbol{AE}|$。根据式(7.9)计算得 $\boldsymbol{e}_1 = (-\sqrt{2}/2, \sqrt{2}/2)$。

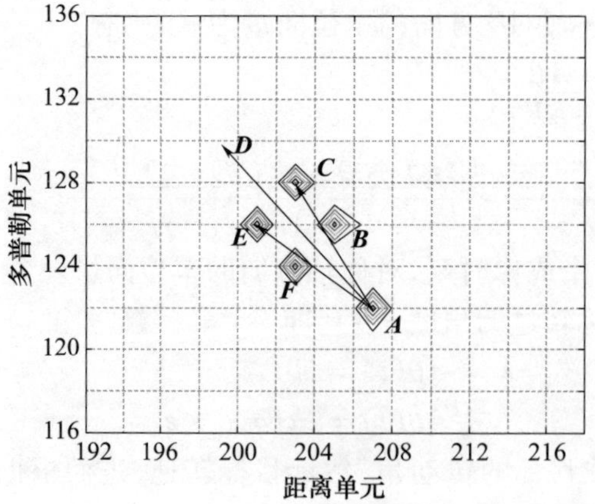

图 7.3　$t_1 = 0\text{s}$ 时目标 ISAR 像

第二次成像时刻为 $t_2 = 40\text{s}$，由于目标转台的转动，各散射点的位置发生了变化，如图 7.4 所示。由 $t_2 = 40\text{s}$ 时的 ISAR 像可得 $\boldsymbol{AC} = (-6,4)$，$\boldsymbol{AE} =$

$(-7,1)$，$||AC|-|AE||=0.14\leqslant 1$，计算可得 $\boldsymbol{e}_2=(-13,5)/\sqrt{(-13)^2+5^2}=(-0.9333,0.3590)$。

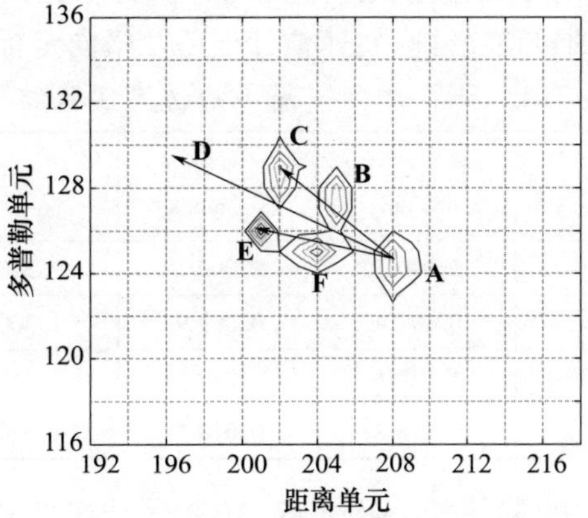

图 7.4　$t_2=40\mathrm{s}$ 时目标 ISAR 像

目标在 40s 内转过的角度为 $\theta(t)=\arccos\boldsymbol{e}_1\cdot\boldsymbol{e}_2=0.4182\mathrm{rad}$，计算可得目标转速为 $\omega=\dfrac{\theta(t)}{t}=0.0105\mathrm{rad/s}$，与仿真设置的目标转速 $\omega_0=0.01\mathrm{rad/s}$ 相当，相对误差 $\delta\omega=\left|\dfrac{\omega-\omega_0}{\omega_0}\right|\times 100\%=4.5561\%$，转速估计误差较小。

将得到的转速估计值代入式(7.6)，对 $t_1=0$ 时的 ISAR 像定标，结果如图 7.5 所示。

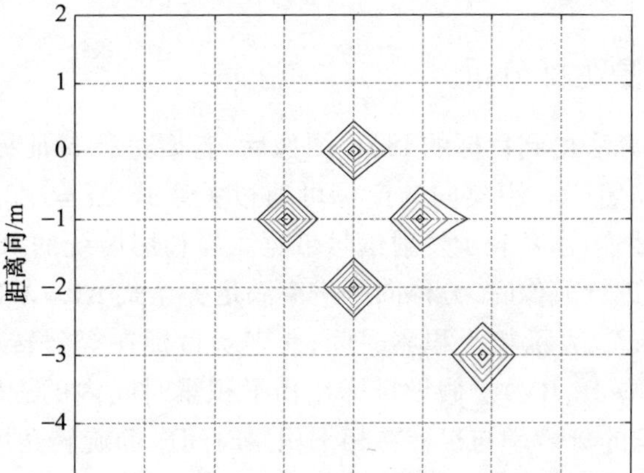

图 7.5　ISAR 定标后图像

从定标结果可以看出,各散射点在定标完成后图像中的相对位置关系与模型中的散射点基本相同,定标效果较好,精度较高。由于多普勒符号的原因,定标得到的散射点位置与原始模型关于原点对称。为了验证算法性能,选取不同的成像序列间隔,得到转角、转速、转速估计误差及横向定标误差如表 7.1 所列。

表 7.1 不同序列间隔下的仿真实验结果

实验序次	时间间隔/s	转角估计值/rad	转速估计值/(rad/s)	转速估计误差/%	横向定标误差/%
1	10	0.090 7	0.009 1	9.340 1	9.253 6
2	20	0.197 4	0.009 9	1.300 2	1.010 1
3	30	0.3059	0.010 2	1.959 6	1.960 8
4	40	0.418 3	0.010 5	4.556 1	4.761 9

从表 7.1 可以看出,除了第一次实验,转速估计误差和横向定标误差均在 5% 以下,估计误差较小,横向定标精度较高。从表 7.1 中还可以看出,在选取的时间间隔较小时,由于目标在此期间转过角度过小,因此其转角及转速估计值误差较高;但是时间间隔的选取也不宜过大,否则会由于 ISAR 像序列中向量相对关系和目标散射特性的变化而导致误差急剧增大。另外,还可以通过选取多个时间间隔来估计目标转速,增加估计和定标精度。

7.3 一种基于迭代主成分分析的改进 ISAR 图像横向定标方法

7.3.1 ISAR 图像定标分析

基于不同的算法得到目标的 ISAR 图像后,若要进行特征提取及识别,需要对 ISAR 图像进行定标。距离向的定标可通过关系式 $\Delta r = c/2B$ 来实现,其中:c 表示电磁波传播速度;B 表示发射信号带宽。当利用传统的 RD 算法及其相应的稀疏重构算法进行成像时,方位向分辨率满足关系式 $\Delta y = \lambda/2T_m\omega$,其中:$\lambda$ 表示发射信号波长;T_m 表示相干积累时间;ω 表示目标在等效转台上的旋转角速度(Rotational Velocity, RV)。假设目标在相干积累时间内的旋转角速度为一定值。因此,方位向的分辨率与目标在相干积累时间内的旋转角度(Rotational Angle, RA)及旋转角速度有关。然而,ISAR 通常面临的是非合作目标,难以实现对旋转角速度的精确估计。

目前,已有文献提出了不同的 ISAR 图像横向定标方法。总体说来,这些方法主要可归为两类:一类是利用假定的旋转角度产生的调频率,在信号域内估计目标的有效旋转角度,该类方法的效果依赖于回波信号的质量;另一类是通过提取相邻图像中的相关特性来估计旋转角度。文献[13]利用相邻两幅 ISAR 图像的旋转关系来估计 RV,实现横向定标。该方法可避开强散射中心和相位系数的提取过程。文献[7]利用相邻两幅 ISAR 图像提取足够的特征和特征描述向量,利用图像中匹配特征点的坐标位置来估计目标的 RA。然而,这些方法计算量通常较大,且需要估计目标的旋转中心,这通常是难以实现的。

文献[14]提出了一种基于特征配准的 ISAR 图像横向定标方法。该方法利用相邻子孔径图像来估计 RA,要求相邻图像中的特征点要准确配准,该配准过程计算量很大且配准效果较差。本节同样利用相邻的图像来估计目标的 RV,进而实现横向定标。本节中的横向定标方法通过利用主成分分析(Principle Component Analysis,PCA)方法提取的图像主轴,来表征图像中目标的 RA。结合二分法,可实现 RV 的准确估计,完成横向定标。由于 RD 图像和定标后(Range and Cross - range,RC)的图像主轴方向不一样,导致相邻 RD 图像和相邻的 RC 图像的 RA 也是不同的,因此,本节将文献[14]中的一些推导公式进行改进,以将该方法应用于比文献[14]中更为复杂目标的 ISAR 图像横向定标。

假设已通过 RD 算法及其相应的稀疏重构算法实现 ISAR 成像,且相邻两幅 ISAR 图像 I_1 和 I_2 中强散射中心在 RD 域的坐标分别为 $\boldsymbol{P}_1$ 和 $\boldsymbol{P}_2$,可表示为

$$\begin{cases}\boldsymbol{P}_1 = [\boldsymbol{p}_{1,1}, \boldsymbol{p}_{1,2}, \cdots, \boldsymbol{p}_{1,L}] \\ \boldsymbol{P}_2 = [\boldsymbol{p}_{2,1}, \boldsymbol{p}_{2,2}, \cdots, \boldsymbol{p}_{2,L}]\end{cases} \tag{7.11}$$

式中:$\boldsymbol{p}_{1,i} = [m_{1,i}, n_{1,i}]^{\mathrm{T}}$,$\boldsymbol{p}_{2,i} = [m_{2,i}, n_{2,i}]^{\mathrm{T}}$ 分别为图像 I_1 和 I_2 中第 i 个强散射中心的坐标位置。

假设已估计得到目标在距离向和横向的分辨率,那么各散射点在 RC 图像域的坐标可表示为

$$\begin{cases}\boldsymbol{P}_1^s = \boldsymbol{S}\boldsymbol{P}_1 \\ \boldsymbol{P}_2^s = \boldsymbol{S}\boldsymbol{P}_2\end{cases} \tag{7.12}$$

式中:$\boldsymbol{S} = \mathrm{diag}[\rho_{\mathrm{r}}, \rho_{\mathrm{a}}]$ 为定标矩阵,$\rho_{\mathrm{r}} = c/2B$ 和 $\rho_{\mathrm{a}} = c/2f_{\mathrm{c}}T_m\omega_0$ 分别为距离向分辨率和横向分辨率。本节假设两幅图像 I_1 和 I_2 的成像时间间隔同样为 T_m。

7.3.2　基于迭代 PCA 和二分法的改进横向定标方法

利用 PCA 方法,可将数据集转换到一个新的坐标系中,且在每个坐标系中均存在最大方差对应的数据向量。基于 PCA 特性,拥有最大方差的第一个主元,对应了数据集的主要特性。目标的 ISAR 图像中最大方差对应了唯一的向量指向。本节中利用 PCA 方法,通过 ISAR 图像中散射点的坐标来找到最大方差对应的向量指向。

对于第一幅图像，给定一个预设的RV，则RD图像$\boldsymbol{P}_1$和RC图像$\boldsymbol{P}_1^s$的均值向量可表示为

$$\begin{cases} \boldsymbol{k}_1 = \dfrac{1}{L}\sum_{i=1}^{L}\boldsymbol{p}_{1,i} = [M_1, N_1]^{\mathrm{T}} \\ \boldsymbol{k}_1^s = \dfrac{1}{L}\sum_{i=1}^{L}\boldsymbol{p}_{1,i}^s = [M_1^s, M_2^s]^{\mathrm{T}} \end{cases} \tag{7.13}$$

令$\boldsymbol{K}_1 = [\overbrace{\boldsymbol{k}_1, \boldsymbol{k}_1, \cdots, \boldsymbol{k}_1}^{L}]$，$\boldsymbol{K}_1^s = [\overbrace{\boldsymbol{k}_1^s, \boldsymbol{k}_1^s, \cdots, \boldsymbol{k}_1^s}^{L}]$。将PCA方法应用到RC图像，可得到第一幅RC图像的协方差矩阵，即

$$\begin{aligned} \boldsymbol{C}_{P_1} &= \frac{1}{L}(\overline{\boldsymbol{P}_1^s})(\overline{\boldsymbol{P}_1^s})^{\mathrm{T}} = \frac{1}{L}(\boldsymbol{P}_1^s - \boldsymbol{K}_1^s)(\boldsymbol{P}_1^s - \boldsymbol{K}_1^s)^{\mathrm{T}} \\ &= \boldsymbol{U}_1\boldsymbol{\Lambda}_1\boldsymbol{U}_1^{\mathrm{T}} = \frac{1}{L}\boldsymbol{S}\boldsymbol{C}_P^{(1)}\boldsymbol{S} \end{aligned} \tag{7.14}$$

$$\begin{aligned} &= \frac{1}{L}(\boldsymbol{S}(\boldsymbol{P}_1 - \boldsymbol{K}_1))(\boldsymbol{S}(\boldsymbol{P}_1 - \boldsymbol{K}_1))^{\mathrm{T}} \\ &= \boldsymbol{S}(\boldsymbol{U}^{(1)}\boldsymbol{\Lambda}^{(1)}\boldsymbol{U}^{(1)\mathrm{T}})\boldsymbol{S}^{\mathrm{T}} = (\boldsymbol{S}\boldsymbol{U}^{(1)})\boldsymbol{\Lambda}^{(1)}(\boldsymbol{S}\boldsymbol{U}^{(1)})^{\mathrm{T}} \end{aligned} \tag{7.15}$$

式中：$\boldsymbol{C}_P^{(1)}$为第一幅RD图像的协方差矩阵。式(7.14)和式(7.15)分别表示$\boldsymbol{C}_{P_1}$和$\boldsymbol{C}_P^{(1)}$的奇异值分解。考虑到$\boldsymbol{U}_1$为正交矩阵但$\boldsymbol{SU}$不是正交矩阵，可得到如下结论：$\boldsymbol{U}_1 \neq \boldsymbol{SU}$，$\boldsymbol{\Lambda}_1 \neq \boldsymbol{\Lambda}$。因此，文献[14]中相关推导需改进。

假设第二幅RC图像的协方差矩阵为$\boldsymbol{C}_{P_2}$，那么有

$$\boldsymbol{C}_{P_2} = \boldsymbol{R}\boldsymbol{C}_{P1} \tag{7.16}$$

式中：$\boldsymbol{R}$为旋转矩阵，可表示为

$$\boldsymbol{R} = \begin{bmatrix} \cos(T_m\omega_0) & -\sin(T_m\omega_0) \\ \sin(T_m\omega_0) & \cos(T_m\omega_0) \end{bmatrix} \tag{7.17}$$

同样的，第二幅RC图像的协方差矩阵满足

$$\begin{aligned} \boldsymbol{C}_{P_2} &= \frac{1}{L}(\overline{\boldsymbol{P}_2^s})(\overline{\boldsymbol{P}_2^s})^{\mathrm{T}} = \frac{1}{L}(\boldsymbol{P}_2^s - \boldsymbol{K}_2^s)(\boldsymbol{P}_2^s - \boldsymbol{K}_2^s)^{\mathrm{T}} \\ &= \boldsymbol{U}_2\boldsymbol{\Lambda}_2\boldsymbol{U}_2^{\mathrm{T}} = \frac{1}{L}\boldsymbol{S}\boldsymbol{C}_P^{(2)}\boldsymbol{S} = (\boldsymbol{R}\boldsymbol{U}_1)\boldsymbol{\Lambda}_1(\boldsymbol{R}\boldsymbol{U}_1)^{\mathrm{T}} \\ &= \frac{1}{L}(\boldsymbol{S}(\boldsymbol{P}_2 - \boldsymbol{K}_2))(\boldsymbol{S}(\boldsymbol{P}_2 - \boldsymbol{K}_2))^{\mathrm{T}} \\ &= \boldsymbol{S}(\boldsymbol{U}^{(2)}\boldsymbol{\Lambda}^{(2)}\boldsymbol{U}^{(2)\mathrm{T}}) = (\boldsymbol{S}\boldsymbol{U}^{(2)})\boldsymbol{\Lambda}^{(2)}(\boldsymbol{S}\boldsymbol{U}^{(2)})^{\mathrm{T}} \end{aligned} \tag{7.18}$$

根据特征值分解的性质，有$\boldsymbol{U}_2 = \boldsymbol{R}\boldsymbol{U}_1$。然而，$\boldsymbol{U}^{(2)} \neq \boldsymbol{R}\boldsymbol{U}^{(1)}$，因此文献[14]中相关推导需要改进。

RC图像中的两个主特征向量$\boldsymbol{e}_1$和$\boldsymbol{e}_2$可通过协方差矩阵$\boldsymbol{C}_{P_1}$和$\boldsymbol{C}_{P_2}$的特征值分解得到，即$\boldsymbol{e}_1 = \boldsymbol{U}_1(:,1)$，$\boldsymbol{e}_2 = \boldsymbol{U}_2(:,1)$，其中，$\boldsymbol{U}(:,i)$表示矩阵$\boldsymbol{U}$的第$i$

列。这两个主特征向量表征了RC图像的主轴，而主轴间的关系反映了图像间的RA。

对于给定的预设RVω，主轴$\boldsymbol{e}_1$和$\boldsymbol{e}_2$可通过PCA求得，RA和RV可估计为

$$\begin{cases}\hat{\theta}=\cos\left(\dfrac{|\boldsymbol{e}_1^{\mathrm{T}}\boldsymbol{e}_2|}{|\boldsymbol{e}_1||\boldsymbol{e}_2|}\right)\\ \hat{\omega}=\dfrac{1}{T_m}\arccos\left(\dfrac{|\boldsymbol{e}_1^{\mathrm{T}}\boldsymbol{e}_2|}{|\boldsymbol{e}_1||\boldsymbol{e}_2|}\right)\end{cases}\tag{7.19}$$

当$\omega<\omega_0$时，根据ω和ρ_{a}的反比关系，方位向坐标将会大于实际值，进而导致RV的估计值大于真实值，即$\hat{\omega}>\omega_0$。相反，当$\omega>\omega_0$时，方位向坐标将会小于实际值，进而导致RV的估计值小于真实值，即$\hat{\omega}<\omega_0$。因此，可通过迭代应用二分法实现RV的估计。以第一次迭代为例，假设真实的RVω_0在区间$[a_0, b_0]$内，那么第一次迭代中，令$\omega_1=(a_0+b_0)/2$。若$\omega_1<\hat{\omega}_1$，则$\omega_1<\omega_0$，RV所在的区间更新为$[a_1,b_1]$，其中$a_1=(a_0+b_0)/2, b_1=b_0$。相反，若$\omega_1\geqslant\hat{\omega}_1$，则$\omega_1\geqslant\omega_0$，RV所在的区间更新为$[a_1,b_1]$，其中$a_1=a_0, b_1=(a_0+b_0)/2$。下次迭代时，令$\omega_2=(a_1+b_1)/2$，RV的区间以相同的方式进行更新。该迭代过程一直持续，直至$|\omega_t-\hat{\omega}_t|\leqslant\varepsilon$，其中$\varepsilon$表示误差门限。

根据以上分析，本章的横向定标方法的实现步骤如图7.6所示。

初始化：

设置初始区间范围$[a_0, b_0]$，误差门限ε，令$t=0$，最大迭代次数T。

for $t=1,\cdots,T$:

(1)令$\omega_t=(a_{t-1}+b_{t-1})/2$，将$\omega_t$代入式(7.12)~式(7.15)，计算$\boldsymbol{P}_1^s$和$\boldsymbol{P}_2^s$，$\boldsymbol{C}_{P1}$和$\boldsymbol{C}_{P2}$，进而计算得到主轴向量$\boldsymbol{e}_1$和$\boldsymbol{e}_2$。

(2)根据式(7.19)计算$\hat{\omega}_t$。

(3)若$|\omega_t-\hat{\omega}_t|\leqslant\varepsilon$，则停止迭代过程，得到最终的RV估计$\hat{\omega}=\omega_t$。若$|\omega_t-\hat{\omega}_t|>\varepsilon$，则以如下方式更新区间范围：

①若$\omega_t<\hat{\omega}_t$，区间范围更新为$[a_t, b_t]$，其中$a_t=(a_{t-1}+b_{t-1})/2, b_t=b_{t-1}$。

②若$\omega_t>\hat{\omega}_t$，区间范围更新为$[a_t, b_t]$，其中$a_t=a_{t-1}, b_t=(a_{t-1}+b_{t-1})/2$。

end for

得到最终估计值$\hat{\omega}=\omega_t$或$\hat{\omega}=\omega_T$。

图7.6 定标算法实现步骤

7.3.3 仿真实验及分析

本节利用包含300个散射中心的波音747散射模型来验证方法的有效性，其散射模型如图7.7所示。

假设雷达发射线性调频信号，带宽为500MHz，载频为6GHz，脉冲重复频率为300Hz。目标在相干积累时间 CPI = 1.28s 内 RV 恒定为0.065rad/s，因此目标的RA为4.767°，距离向和横向分辨率分别为0.3000m 和0.3005m。得到的两幅连续的RD图像如图7.8所示。从图7.8中可以看出，两幅图像非常相似，只是第二幅图像的目标相比于第一幅图像中的目标顺时针旋转了一定的角度。

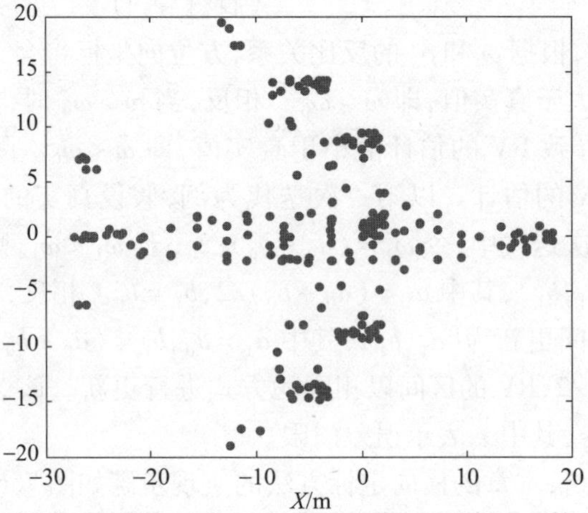

图7.7　目标散射模型

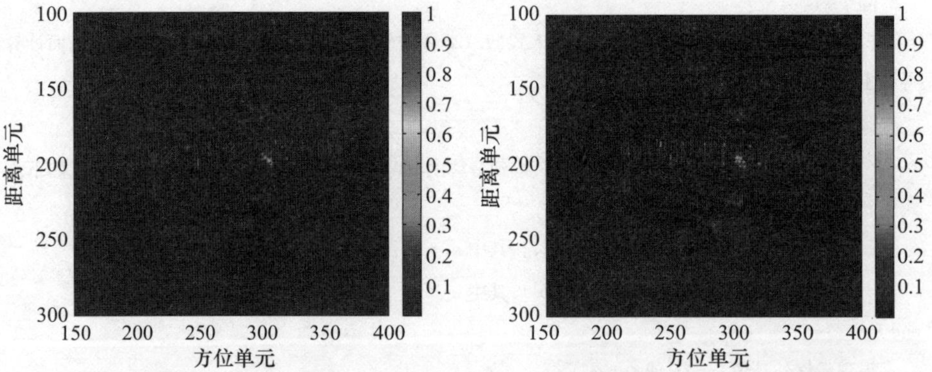

(a)初始时刻目标RD图像　　(b)目标旋转4.767°后的RD图像

图7.8　目标的RD图像

假设粗估计目标的RV在区间[0.02,0.40]中，门限误差 ε 设为0.002rad/s。可通过本节的迭代PCA及二分法估计得到RV。图7.9为各次迭代中的预设RV及估计RV值。真实的RV也在图7.9中表示出来，以与估计值进行对比。

通过本章所提方法，在不到12次迭代中即可得到最终的RV估计，即 $\hat{\omega}$ =

0.0647rad/s。可以看出,通过本章所提方法可估计得到准确的 RV 值。

根据估计得到的 RV,ISAR 图像的横向分辨率约为 0.3019m,进而可得到定标后的目标图像,如图 7.10 所示。

目标模型在横向上的真实长度为 45.4700m。根据目标 ISAR 图像及本节改进的定标方法得到的定标结果,目标模型在横向上的估计长度为 45.5869m,相对误差仅为 0.26%,证明了本节所提方法可有效实现 ISAR 图像的横向定标。

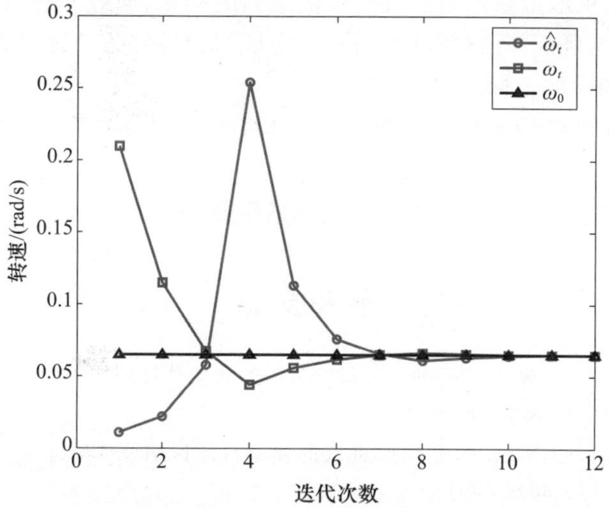

图 7.9　各次迭代中估计 RV、预设 RV 及真实 RV 之间的关系

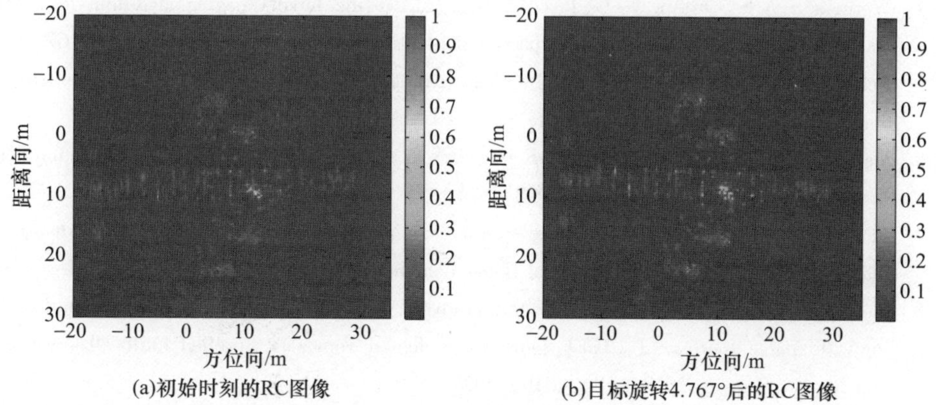

图 7.10　完成定标后的目标图像

7.4 本章小结

本章研究了基于二维块稀疏重构的 ISAR 成像以及 ISAR 图像横向定标问题,主要工作及成果如下:

(1)提出了一种新的 ISAR 图像横向定标算法,利用 ISAR 像序列中各散射点的位置关系,求取散射点所组成的模值最大的向量,通过考察该向量在成像序列间的转角作为目标在该过程中的转角,完成对目标转角及转速的估计,进而实现 ISAR 图像的横向定标。

(2)对目标的图像定标问题进行了分析,提出了一种基于迭代主成分分析和二分法的 ISAR 图像横向定标算法,该算法是对文献中算法推导过程的改进。实验验证了所提算法对 ISAR 图像的定标精度较高。

参考文献

[1] 胡杰民,张军,占荣辉,等. 一种基于相位对消的转角估计新方法[J]. 系统工程与电子技术,2012,34(5):897 -902.

[2] 陈志杰,冯德军,王雪松. 基于 ROC 曲线的弹道目标识别评估及优化[J]. 系统仿真学报,2007,19(17):4028 -4032.

[3] Ozdemir C. Inverse synthetic aperture radar imaging with MATLAB algorithms[M]. New York, USA:Wiley,2012:20 -62

[4] Werness S A S, Carrara W G, Joyce L S, et al. Moving target imaging algorithm for SAR data[J]. IEEE Transactions on Aerospace and Electronic Systems,1990,26(11):57 -67.

[5] Yeh C M,Xu J,Peng Y N,et al. Cross - range scaling for ISAR based on image rotation correlation[J]. IEEE Geoscience and Remote Sensing Letters,2009,6(3):597 -601.

[6] Martorella M. Novel approach for ISAR image cross - range scaling[J]. IEEE Transactions on Aerospace and Electronic Systems,2008,44(1):281 -294.

[7] Kang M S,Kim K T. ISAR cross - range scaling using principal component analysis and exhaustive search algorithm[C]. IEEE International Radar Conference,Arlington,USA,2015:356 -389.

[8] Xu G,Xing M,Xia X,et al. High - resolution inverse synthetic aperture radar imaging and scaling with sparse aperture[J]. IEEE Journal of Selected Topics in Appllied Earth Observations and Remote Sensing,2018,8(8):4010 -4027.

[9] Jiu B,Liu H,Liu H,et al. Joint ISAR imaging and cross - range scaling method based on compressive sensing with adaptive dictionary[J]. IEEE Transactions on Antennas and Propagation, 2015,63(5):2112 -2121.

[10] Wang X,Zhang M,Zhao J. Efficient cross - range scaling method via two - dimensional unitary ESPRIT scattering center extraction algorithm[J]. IEEE Geoscience and Remote Sensing Let-

ters,2015,12(5):928 - 932.

[11] Sheng J,Xing M,Zhang L,et al. ISAR cross - range scaling by using sharpness maximization [J]. IEEE Geoscience and Remote Sensing Letters,2015,12(1):165 - 169.

[12] Xu Z,Zhang L,Xing M. Precise cross - range scaling for ISAR images using feature registration[J]. IEEE Geoscience and Remote Sensing Letters,2014,11(10):1792 - 1796.

[13] Martorella M. Novel approach for ISAR image cross - range scaling[J]. IEEE Transactions on Aerospace and Electronic Systems,2008,44(1):281 - 294.

[14] Kang M S,Bae J H,Kang B S,et al. ISAR cross - range scaling using iterative processing via principal component analysis and bisection algorithm[J]. IEEE Transactions on Signal Processing,2016,64(15):3909 - 3918.

第8章 基于信号及图像融合的 ISAR 图像三维重构

8.1 引 言

前面章节中研究了运动目标 ISAR 二维成像方法,传统的 ISAR 二维成像方法表明,进行二维 ISAR 成像仅能得到目标三维分布在二维成像平面的投影,并不能反映目标全面的特征信息,进而影响目标的特征提取及识别。实际中,由于三维图像能够提供关于目标的更全面可靠的信息,因此对目标三维成像的研究得到越来越广泛的关注。

目前,弹道目标攻防对抗已成为各国的研究热点。弹道目标通常为锥体形状,锥体弹道目标又可分为有翼锥体目标和无翼锥体目标。弹道目标为了提高其突防及打击能力,通常会在其中段飞行过程中释放大量的诱饵及伴飞物。目前,诱饵技术的发展可使得其表面材料、散射特性、几何结构等与真实弹头非常相似,且由于在中段飞行中,诱饵与弹头的飞行速度近似,导致识别目标难度增加。微动是中段目标的典型特性,是由目标的特定结构在一定的受力条件下产生的一种特殊运动形式。不同目标的微动通常是独一无二的,可作为识别的依据。进动作为微动形式的一种,已广泛应用于目标的特征提取及成像等研究中。进动包括目标绕中心轴的自旋运动和绕特定轴的锥旋运动。由于通常的中段弹道目标(本章主要考虑进动这种微动形式,将其称为进动目标)散射特性较为简单,其二维 ISAR 图像提供的目标信息较为有限。相比于二维图像,进动目标的三维图像能提供更为全面的信息,因此,很多研究均是针对进动目标的三维重构展开。现有的三维重构方法主要可分为干涉 ISAR 三维成像技术、天线阵三维成像、三维快拍成像、多基观测三维成像等。在干涉 ISAR 三维成像中,除了二维 ISAR 图像信息外,还需要通过分辨散射点间的相位变化来确定散射点的高度信息,据此可得到目标的三维图像。在三维快拍成像中,主要通过多幅二维 ISAR 图像之间的几何关系来获取目标的三维特征。文献[24]提出利用多基观测估计目标运动特性,并提出了一种利用多幅 ISAR 图像重构目标三维图像的方法。对于进动目标,各散射点的距离和多普勒在成像时间内是时变的,且不充分的积累回波脉冲会导致成像质量下降,使这些方法不再适用。文献[27]提出了基于复数后向投影变换的空间旋转碎片目标三维成像方法，通过相关积累获得目标的三维图像，其分辨率较高且对噪声有很好的鲁棒性。文献[28]提出了基于广义 Radon 变换和 CLEAN 算法的快速自旋目标三维成像方法。然而，对于进动目标，模型更为复杂，上述方法一般不再适用。文献[29]中针对进动锥体目标，充分利用散射点的分布特性，提出了一种三维成像及进动参数估计方法，虽然可避免后续的图像定标过程，但是需要估计锥顶散射点的三维位置，实际中较难以实现。

本章给出了锥体目标三维进动模型，研究了进动锥体目标的三维重构问题。从信号融合的角度出发，提出利用慢时间—距离像的包络曲线来估计目标参数，通过对二维 ISAR 图像进行 Radon 变换，得到幅值位置对应曲线参数的曲线，进而提出了基于多元复数后向投影的算法。从图像融合角度出发，首先给出了稀疏孔径 ISAR 成像模型，提出了一种循环移位 SL0 算法，来实现稀疏孔径 ISAR 成像；然后利用多基 ISAR 图像间及各成像平面的关系，实现进动锥体目标的三维重构。

8.2　基于多元后向投影的进动锥体目标三维重构

8.2.1　进动目标几何模型

本章中，假设目标位于雷达的远场。锥体进动目标三维几何模型如图 8.1 所示。目标的进动可分解为绕中心轴的自旋运动及绕进动轴的锥旋运动。目标的进动轴沿 z 轴方向，自旋轴沿 Z 轴方向。YOZ 平面由进动轴和自旋轴确定，且坐标中心 O 点为自旋轴和进动轴的交点。X 轴通过 Y 轴和 Z 轴的叉积确定，目标在 XYZ 坐标系下的坐标位置表征了目标的形状等相关特性。根据以上分析，y 轴、z 轴、Y 轴、Z 轴 4 个坐标轴在同一平面，因此，x 轴和 X 轴方向一致。z 轴和 Z 轴之间的夹角 φ 表示目标的进动角。xyz 表示进动坐标系，ζ 轴表示雷达视线方向(Line of Sight，LOS)。假设目标的自旋和锥旋角速度分别为 ω_s 和 ω_c。雷达 LOS 在 xyz 坐标系中的方位角和俯仰角分别为 α 和 β，因此，雷达 LOS 方向可表示

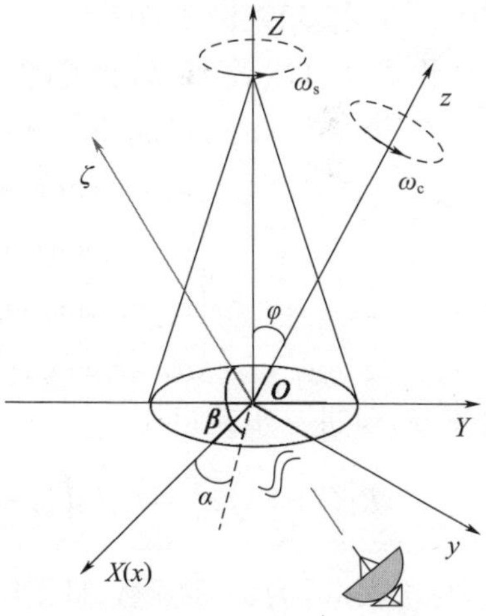

图 8.1　进动目标几何模型

为 $\boldsymbol{l}_\zeta = [\cos(\beta)\cos(\alpha) \quad \cos(\beta)\sin(\alpha) \quad \sin(\beta)]^{\mathrm{T}}$。

在雷达成像中，通常利用散射点模型来描述目标的雷达回波，即目标的总的电磁回波为目标上所有散射点的回波叠加。假设目标共有 K 个散射点，在初始时刻，散射点在 XYZ 坐标系中的坐标可表示为(x_k,y_k,z_k)，$k=1,2,\cdots,K$。那么，第 k 个散射点在某一时刻的坐标位置可表示为

$$
\begin{aligned}
[x_k(t) \quad y_k(t) \quad z_k(t)]^{\mathrm{T}} &= \boldsymbol{R}_{\mathrm{s}}(t)[x_k \quad y_k \quad z_k]^{\mathrm{T}} \\
&= \begin{bmatrix} \cos\omega_{\mathrm{s}}t & -\sin\omega_{\mathrm{s}}t & 0 \\ \sin\omega_{\mathrm{s}}t & \cos\omega_{\mathrm{s}}t & 0 \\ 0 & 0 & 1 \end{bmatrix} \begin{bmatrix} x_k \\ y_k \\ z_k \end{bmatrix} \\
&= [r_k\cos(\omega_{\mathrm{s}}t+\phi_0) \quad r_k\sin(\omega_{\mathrm{s}}t+\phi_0) \quad z_k]^{\mathrm{T}}
\end{aligned} \tag{8.1}
$$

式中：$r_k=\sqrt{x_k^2+y_k^2}$，$\phi_0=\arctan(y_k/x_k)$。

散射点在进动坐标系下的坐标可通过坐标转换得到。根据罗德里格斯(Rodrigues)旋转公式，进动矩阵可表示为

$$
\boldsymbol{R}_{\mathrm{c}}(t) = \begin{bmatrix} \cos\omega_{\mathrm{c}}t & -\cos\varphi\sin\omega_{c}t & \sin\varphi\sin\omega_{\mathrm{c}}t \\ \sin\omega_{\mathrm{c}}t & \cos\varphi\cos\omega_{\mathrm{c}}t & -\sin\varphi\cos\omega_{\mathrm{c}}t \\ 0 & \sin\varphi & \cos\varphi \end{bmatrix} \tag{8.2}
$$

散射点在进动坐标系中的坐标计算公式为

$$
\boldsymbol{s}_k(t) = \boldsymbol{R}_{\mathrm{c}}\boldsymbol{R}_{\mathrm{s}}(t)[x_k \quad y_k \quad z_k]^{\mathrm{T}} \tag{8.3}
$$

第 k 个散射点与成像参考中心 O 间的瞬时平面距离可表示为

$$
R_k(t) = \langle \boldsymbol{s}_k(t), \boldsymbol{l}_\zeta \rangle \tag{8.4}
$$

其中，$\langle \cdot \rangle$表示求内积算子。

将式(8.1)、式(8.2)和式(8.3)代入式(8.4)，可得

$$
R_k(t) = a_1\cos(\omega_{\mathrm{s}}t+\phi_0) + a_2\sin(\omega_{\mathrm{s}}t+\phi_0) + a_3\sin(\omega_{\mathrm{c}}t-\alpha) + a_4 \tag{8.5}
$$

$$
\begin{cases} a_1 = r_k\sin\beta\cos(\omega_{\mathrm{c}}t-\alpha) \\ a_2 = r_k\sin\varphi\cos\beta - r_k\cos\varphi\sin\beta\sin(\omega_{\mathrm{c}}t-\alpha) \\ a_3 = z_k\sin\varphi\sin\beta \\ a_4 = z_k\cos\varphi\cos\beta \end{cases} \tag{8.6}
$$

式(8.5)可进一步改写为

$$
R_k(t) = \sqrt{a_1^2+a_2^2}\sin\left(\omega_{\mathrm{s}}t+\varphi_0+\arctan\frac{a_1}{a_2}\right) + a_3\sin(\omega_{\mathrm{c}}t-\alpha) + a_4 \tag{8.7}
$$

式中：$\sqrt{a_1^2+a_2^2}$为 ω_{c} 的函数，且正比于旋转半径。实际中，通常 ω_{s} 要比 ω_{c} 大得多，因此，式(8.7)中第一项中$\sqrt{a_1^2+a_2^2}$会对快速变化项 $\sin\left(\omega_{\mathrm{s}}t+\varphi_0+\arctan\frac{a_1}{a_2}\right)$产生

幅度调制,且调制周期为 $2\pi/\omega_c$。幅度调制的上包络和下包络可分别表示为

$$S_{up} = \sqrt{a_1^2 + a_2^2} + a_3\sin(\omega_c t - \alpha) + a_4 \tag{8.8}$$

$$S_{down} = -\sqrt{a_1^2 + a_2^2} + a_3\sin(\omega_c t - \alpha) + a_4 \tag{8.9}$$

从式(8.8)和式(8.9)可以看出,这两个包络为正弦函数。式(8.8)和式(8.9)中的前两项决定了包络的幅度和周期。可通过包络位置求取参数 a_4,进而求得散射点在 z 轴方向的位置,即

$$\hat{a}_4 = \frac{1}{2}\left(\frac{1}{2}(\max(S_{up}) + \min(S_{up})) + \frac{1}{2}(\max(S_{down}) + \min(S_{down}))\right) \tag{8.10}$$

$$\hat{z}_k = \frac{\hat{a}_4}{\cos\varphi\cos\beta} \tag{8.11}$$

以固定散射点(3,0,2)为例,图 8.2 为瞬时平面距离随慢时间 t 的变化关系曲线,用调制的正弦曲线表示。

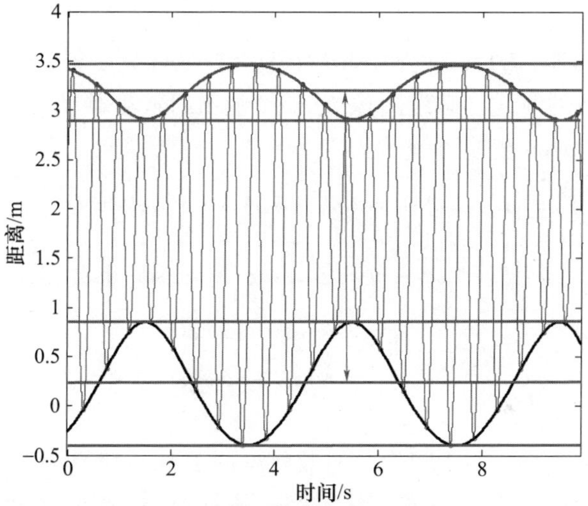

图 8.2　瞬时平面距离变化曲线

自旋角速度设为 4πrad/s,进动角速度设为 0.5πrad/s,进动角为 $\varphi = 10°$。雷达 LOS 方位角为 $\alpha = 45°$,俯仰角为 $\beta = 30°$。上方正弦曲线表示幅度调制的上包络,下方正弦曲线表示幅度调制的下包络。自旋频率和锥旋频率可通过散射点的慢时间距离像来估计。如图 8.2 所示,可通过幅度被调制的正弦曲线(上、下包络之间的曲线)来提取目标的自旋频率,并通过调制包络曲线来提取目标的进动频率。

根据以上分析,可得到参数 a_4 的估计值,即 $\hat{a}_4 = 1.7051$,与 a_4 的真实值 $a_4 = 2 \times \cos\varphi\cos\beta = 1.7057$ 非常接近。

8.2.2 三维重构算法

同样假设雷达发射线性调频信号,将距离压缩后的信号表达式(4.3)重写为

$$s(r,t) = \mathrm{rect}\left(\frac{t}{T_{\mathrm{a}}}\right)\sum_{k=1}^{K} A_k \cdot \mathrm{sinc}\left[\frac{2B}{c}(r - R_k(t))\right]\cdot \exp\left(-\mathrm{j}4\pi\frac{R_k(t)}{\lambda}\right) \tag{8.12}$$

将式(8.7)代入式(8.12),可得

$$\begin{aligned} s(r,t) = {} & \mathrm{rect}\left(\frac{t}{T_{\mathrm{a}}}\right)\sum_{k=1}^{K} A_k \cdot \mathrm{sinc}\left[\frac{2B}{c}\left(r - \sqrt{a_1^2 + a_2^2}\sin\left(\omega_{\mathrm{s}}t + \varphi_0 + \arctan\frac{a_1}{a_2}\right) - \right.\right. \\ & \left.\left. a_3\sin(\omega_{\mathrm{c}}t - \alpha) - a_4\right)\right] \cdot \\ & \exp\left(-\mathrm{j}4\pi\frac{\sqrt{a_1^2 + a_2^2}\sin\left(\omega_{\mathrm{s}}t + \varphi_0 + \arctan\frac{a_1}{a_2}\right) + a_3\sin(\omega_{\mathrm{c}}t - \alpha) + a_4}{\lambda}\right) \end{aligned} \tag{8.13}$$

文献[27]表明,通过对二维 ISAR 图像进行 Radon 变换,可得到一个幅值位置对应曲线参数的曲线。假设图像 $I(r,\phi)$ 的 Radon 变换为 $g(r,\phi)$,那么散射点 $\delta(x_k,y_k)$ 的 Radon 变换可表示为

$$\begin{aligned} g(r,\phi) &= \int I(r\cos\phi - u\sin\phi, r\sin\phi + u\cos\phi)\,\mathrm{d}u \\ &= \int \delta(r\cos\phi - u\sin\phi, r\sin\phi + u\cos\phi)\,\mathrm{d}u \end{aligned} \tag{8.14}$$

$$\begin{cases} x_k = r\cos\phi - u\sin\phi \\ y_k = r\sin\phi + u\cos\phi \end{cases} \tag{8.15}$$

式中:$0 \leqslant \phi < \pi$。

由上述分析可知,ISAR 图像中的散射点的 Radon 变换为(r,ϕ)域的正弦曲线。文献[30]利用连续形式的 GRT 算法,通过(r,ϕ)域的非相干积累,估计散射点位置。现有文献已经证明,对于固定的参数 z,利用后向投影算法得到的图像会被干扰项 $1/(x^2+y^2)^{1/2}$ 所影响。

在 ISAR 成像中,回波信号的相位项为成像提供了重要的信息。文献[27]提出了一种后向投影算法,该算法充分利用了回波相位项的特征信息。然而,其构造的目标模型仅存在自旋运动,该方法对同时包含自旋和锥旋运动的进动目标不再有效。本节提出了一种多元复数方法,可表示为

$$f(x,y,z) = \int_0^{\Gamma} A_p \mathrm{sinc}\left(\frac{2B}{c}(r - R_k(t))\right)\exp\left(\mathrm{j}\frac{4\pi}{\lambda}(r - R_k(t))\right)\mathrm{d}t \tag{8.16}$$

式中:$\Gamma = \Theta/\omega_{\mathrm{c}}$。

$$r = (x\cos(\omega_s t) - y\sin(\omega_s t))\sin\beta\cos(\omega_c t - \alpha) - (x\sin(\omega_s t) + y\cos(\omega_s t))\cos\varphi'\sin\beta\sin(\omega_c t - \alpha) + (x\sin(\omega_s t) + y\cos(\omega_s t))\sin\varphi'\cos\beta + z\sin\varphi'\sin\beta\sin(\omega_c t - \alpha) + z\cos\varphi'\cos\beta \tag{8.17}$$

式中：Θ 为成像时间内目标总的进动旋转角度。

从式(8.16)可以看出，多元复数方法主要实现对不同正弦曲线的相位信息进行积分。以目标上的第 k 个散射点为例，被积函数在 $x = x_k, y = y_k, z = z_k, \varphi' = \varphi$ 时达到其最大值。同时，相位项 $4\pi/\lambda(r - R_k(t))$ 变为零，从而实现相干积累，进而可估计得到该散射点的三维坐标位置。然而，当参数 (x, y, z) 与任意散射点的坐标位置都不对应时，被积函数不能实现有效的积累，且不会达到其峰值。

下面通过 CLEAN 技术来估计散射点的三维坐标位置。首先，需要估计 K 个散射中心中的最特显点的三维坐标位置。然后，将这个散射点的回波信号从接收到的总的回波信号中移除。而后，估计剩余 $K-1$ 个散射点中最特显点的三维坐标位置。上述过程一直持续，直至被积函数的峰值小于门限值，此时可认为不再存在特显点。

根据以上分析，可通过本节的多元复数后向投影算法来估计散射点的三维位置。然而实际中很多情况下，进动角 φ 是未知的，导致散射点的位置不能通过上述求解过程得到。重写式(8.17)为

$$r = b_1\sin\beta\cos(\omega_c t - \alpha) - b_2\sin\beta\sin(\omega_c t - \alpha) + b_3\cos\beta + b_4\sin(\omega_c t - \alpha) + b_5 \tag{8.18}$$

$$\begin{cases} b_1 = x\cos(\omega_s t) - y\sin(\omega_s t) \\ b_2 = (x\sin(\omega_s t) + y\cos(\omega_s t))\cos\varphi' \\ b_3 = (x\sin(\omega_s t) + y\cos(\omega_s t))\sin\varphi' \\ b_4 = z\sin\varphi'\sin\beta \\ b_5 = z\cos\varphi'\cos\beta \end{cases} \tag{8.19}$$

根据 8.2.1 节分析，容易估计得到 b_5 的值。式(8.19)可重写为

$$\begin{cases} b_1 = x\cos(\omega_s t) - y\sin(\omega_s t) \\ b_2 = (x\sin(\omega_s t) + y\cos(\omega_s t))\cos\varphi' \\ b_3 = b_2\tan\varphi' \\ b_4 = b_5\tan\varphi'\tan\beta \end{cases} \tag{8.20}$$

从式(8.20)可以看出，共存在三个未知变量：x，y 和 φ。参数 x，y 和 φ 在多元参数域内变化，当 $x = x_k, y = y_k$，且 $\varphi' = \varphi$ 时，式(8.16)达到其峰值。据此，可求解得到散射点的三维位置。

综上所述，利用多元后向投影的方法重构进动目标三维图像的流程如

图 8.3所示。

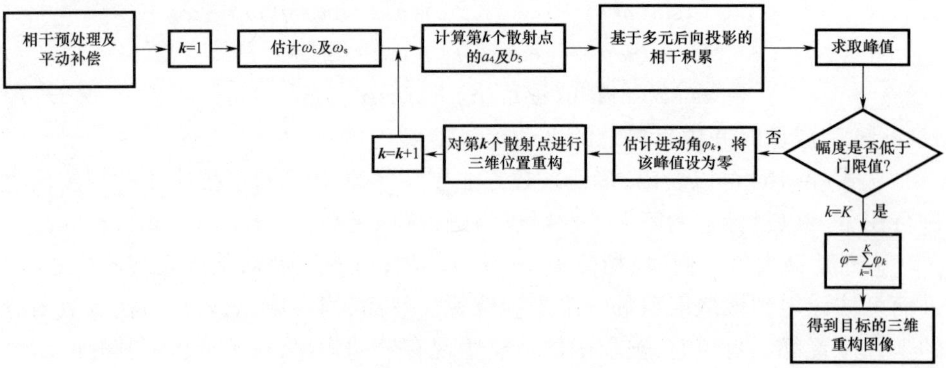

图 8.3 进动目标三维重构流程图

8.2.3 分辨率分析

假设雷达脉冲重复频率为f_{prf},因此在成像时间$[0,T_{\mathrm{a}}]$内,方位向的采样频率为$1/f_{\mathrm{prf}}$。式(8.12)可重写为

$$f_{\mathrm{d}}(x,y,z) = A_{\mathrm{p}}\sum_{n=0}^{N}\mathrm{sinc}\left(\frac{2B}{c}(r-R_k(n\Delta t))\right)\cdot \exp\left(\mathrm{j}\frac{4\pi}{\lambda}(r-R_k(n\Delta t))\right) \tag{8.21}$$

其中,$N=f_{\mathrm{prf}}T_{\mathrm{a}}$。式(8.21)是式(8.12)的离散化形式。

根据8.2.2节分析,式(8.21)可进一步表示为

$$f'_{\mathrm{d}}(x,y,z) = A_{\mathrm{p}}\sum_{n=0}^{N}\mathrm{sinc}\left(\frac{2B}{c}(\varepsilon(x,y,z))\right)\exp\left(\mathrm{j}\frac{4\pi}{\lambda}(\varepsilon(x,y,z))\right) \tag{8.22}$$

$$\begin{aligned}\varepsilon(x,y,z) = &((x-\hat{x})\cos(\omega_{\mathrm{s}}n\Delta t)-(y-\hat{y})\sin(\omega_{\mathrm{s}}n\Delta t))\sin\beta\cos(\omega_{\mathrm{c}}n\Delta t-\alpha)-\\ &((x-\hat{x})\sin(\omega_{\mathrm{s}}n\Delta t)+(y-\hat{y})\cos(\omega_{\mathrm{s}}n\Delta t))\cos\varphi'\sin\beta\sin(\omega_{\mathrm{c}}n\Delta t-\alpha)+\\ &((x-\hat{x})\sin(\omega_{\mathrm{s}}n\Delta t)+(y-\hat{y})\cos(\omega_{\mathrm{s}}n\Delta t))\sin\varphi'\cos\beta+\\ &(z-\hat{z})\sin\varphi\sin\beta\sin(\omega_{\mathrm{c}}n\Delta t-\alpha)+(z-\hat{z})\cos\varphi'\cos\beta\end{aligned} \tag{8.23}$$

式中:$\varepsilon(x,y,z)$为误差函数。

根据8.2.1节及8.2.2节的分析,Z轴方向的分辨率与辛格函数相关,且满足

$$\begin{aligned}p_{r\_z} &= B_{-3\mathrm{dB}}\cdot\cos\varphi\cos\beta\\ &=2\times\frac{0.443c}{B}\cos\varphi\cos\beta\end{aligned} \tag{8.24}$$

式中:$B_{-3\mathrm{dB}}$为函数$\mathrm{sinc}\left(\frac{2B}{c}(\varepsilon(x,y,z))\right)$的$-3\mathrm{dB}$带宽。根据式(8.16)和式(8.20)可知,$x$轴方向和$y$轴方向的分辨率与$z$轴相同。

8.2.4　实验验证及分析

1)仿真实验分析

这里利用仿真数据验证所提重构方法的有效性。仿真目标模型为空间三维进动锥体目标,如图 8.4 所示。该模型共包含 5 个固定散射点、1 个锥顶散射点和 4 个锥底散射点。各散射点位置如图 8.4 中 P_0、P_1、P_2、P_3 及 P_4 所示。

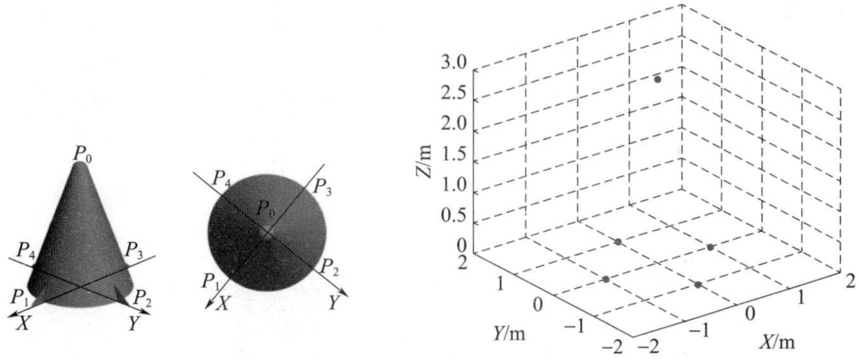

(a)几何模型　　(b)散射点的三维分布模型

图 8.4　进动锥体目标模型

假设雷达发射线性调频信号,载频为 6GHz,脉冲重复频率为 1000Hz,带宽为 1.5GHz。自旋频率为 1Hz,进动频率为 0.25Hz,进动角为 15°。雷达 LOS 方位角 $\alpha = 30°$,俯仰角 $\beta = 45°$。距离压缩后的信号在距离—慢时间域图像如图 8.5所示。图 8.5 上面部分的幅度调制的正弦曲线为锥底散射点的慢时间距离像,下面一条正弦曲线为锥顶散射点的慢时间距离像。

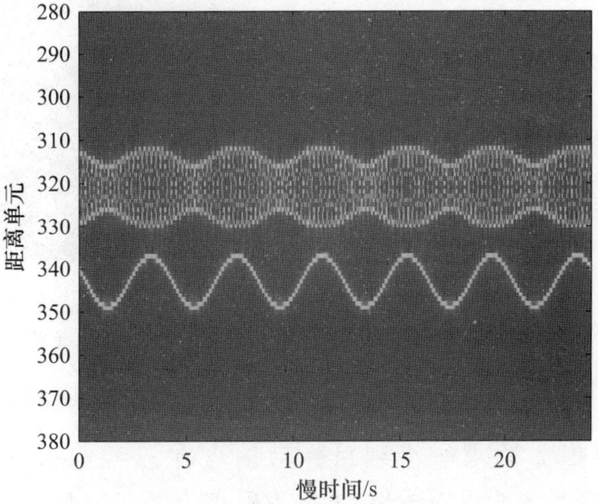

图 8.5　距离—慢时间域回波

通过 8.2.1 节中的分析可估计得到散射点的参数 b_5。在计算精度和计算复杂度之间取折中，本节中长度和角度搜索步长分别设为 0.2m 和 1°。随着参数 φ' 的变化，式(8.16)中的 $f_{\max}=\max(f)$ 的峰值位置也会变化。当 $\varphi'=\varphi$ 时，$f_{\max}$ 的值最大，如图 8.6 所示。

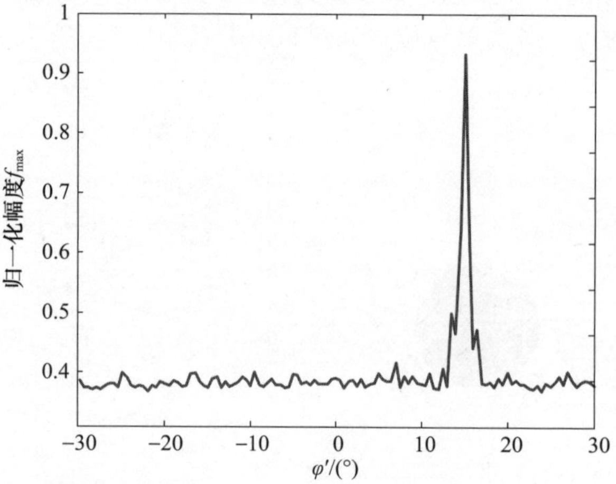

图 8.6　$f_{\max}$ 随 φ' 的变化曲线

从图 8.6 中可以看出，当 $\varphi'=15°$ 时，$f_{\max}$ 达到其峰值，因而进动角的估计值为 $\hat{\varphi}=15°$，与预设的进动角一致，估计准确。

图 8.7 为利用本节提出的多元后向投影方法重构的目标图像在 XY 平面域的表示图。从图 8.7 可以看出，利用所提方法可获得高的成像分辨率。

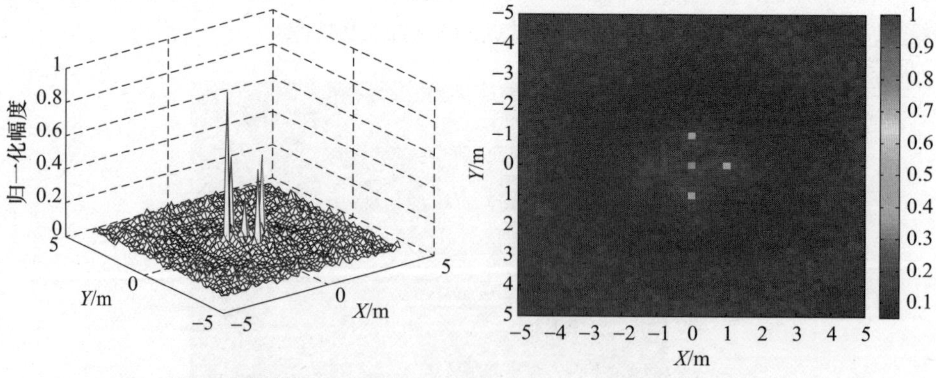

图 8.7　利用仿真回波得到的成像结果在 XY 域的表示图

通过本节所提方法求解得到目标散射点在三维空间中的坐标位置，如图 8.8所示。从图 8.8 中可以看出，重构散射点位置与模型散射点位置一致，重构效果良好。

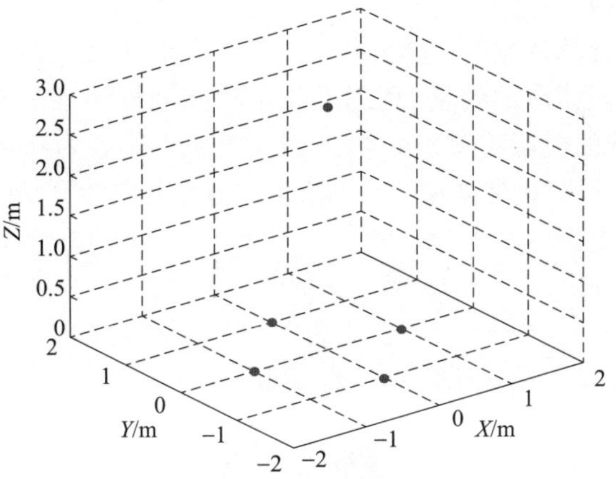

图 8.8　三维重构结果

定义信噪比为 SNR = 20 lg(1/σ_n)，其中：σ_n 为噪声的标准差。这里，引入均方根误差（Root Mean Square Error，RMSE）来定量分析算法性能，RMSE 定义为 $\mathrm{RMSE} = \sqrt{\frac{1}{N}\sum_{n=1}^{N}(\hat{I}(n) - I)^2}$，其中：$N$ 为蒙特卡罗实验次数；$\hat{I}(n)$ 为参数 I 在第 n 次实验的估计结果。本节中，I 主要代表的参数包括进动角以及散射点的三维位置坐标。对于图 8.4 中所示的目标模型，进动角及三维位置坐标估计的 RMSE 如图 8.9 所示。在不同的信噪比条件下，均进行 20 次蒙特卡罗实验，即 $N = 20$。

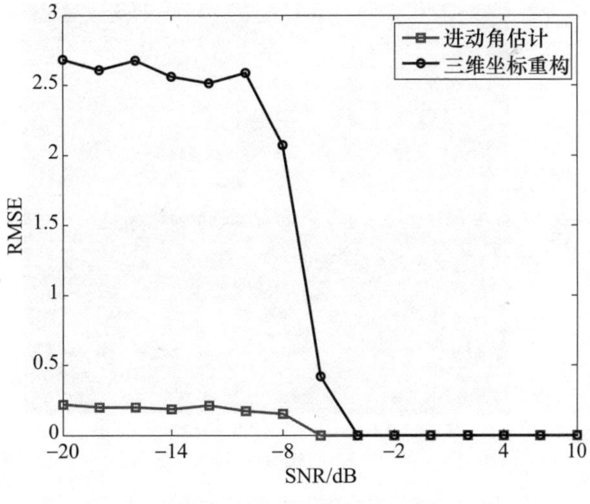

图 8.9　进动角及三维位置坐标的估计 RMSE

从图 8.9 的重构仿真结果可以看出，所提方法在 SNR≥ -4dB 时重构 RMSE 较小，重构效果较好。

2）基于电磁计算数据的实验分析

为进一步验证算法的效果，利用 FEKO 软件进行了基于电磁计算的实验。电磁计算时，构造的模型与图 8.4 类似，只是其锥底半径为 0.8m，锥高为 2.0m，如图 8.10 所示。通过构造的电磁计算模型，得到电磁计算动态回波，并利用该回波重构目标图像。

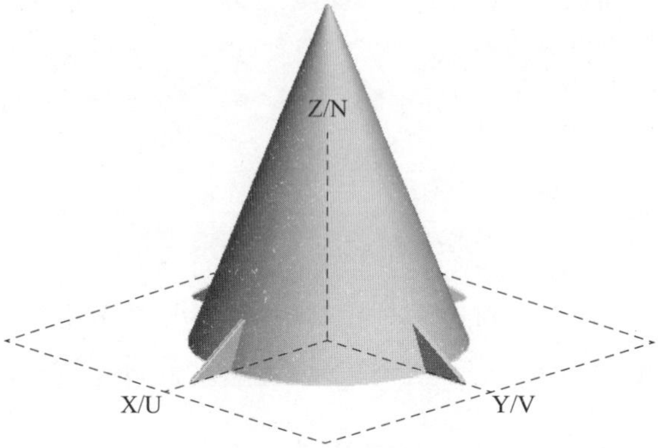

图 8.10　目标电磁计算模型

这里，利用物理光学法（Physical Optics，PO）和矩量法（Method of Moment，MOM）计算电磁回波。利用电磁计算可获得目标散射点的复散射系数及回波信号的相位信息。图 8.11 所示为距离压缩信号在距离—慢时间域的表示图。根

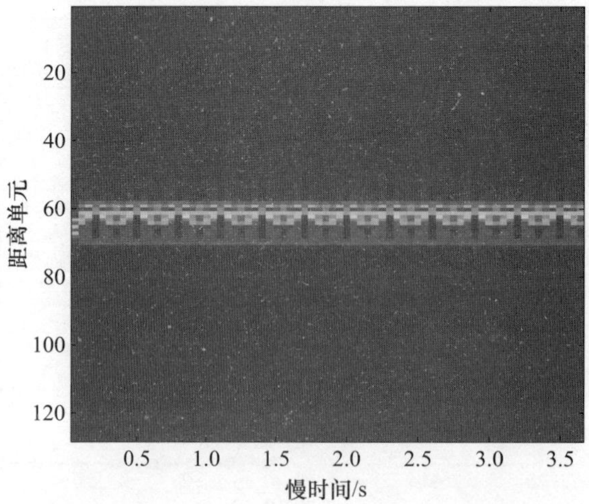

图 8.11　距离压缩后的动态电磁回波

据构造的模型特点及 8.2 节的分析，锥顶散射点的慢时间距离像不再是正弦曲线，而是一条直线，而锥底散射点慢时间距离像仍为正弦曲线。

根据 8.2 节分析，可计算得到散射点参数 b_5 的值。随着参数 φ' 的变化，式(8.16)中 $f_{\max}=\max(f)$ 的峰值也会变化。当 $\varphi'=\varphi$ 时，$f_{\max}$ 达到其最大值，如图 8.12所示。

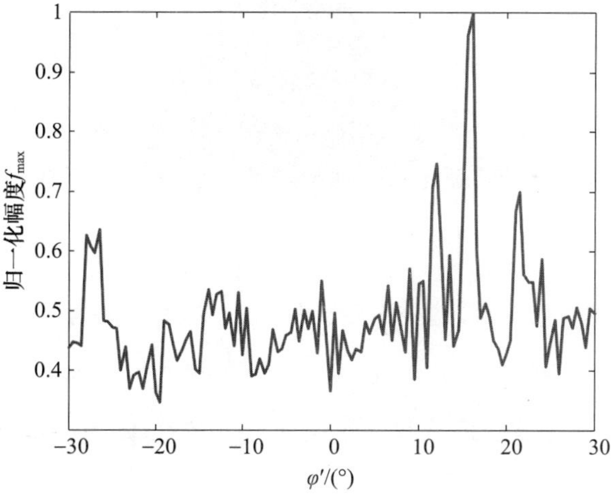

图 8.12　$f_{\max}$ 随 φ' 的变化曲线

图 8.13 为利用本节提出的多元后向投影方法重构的目标在 XY 域的图像。可以看出，利用本节方法可比较准确重构散射点的二维投影位置。

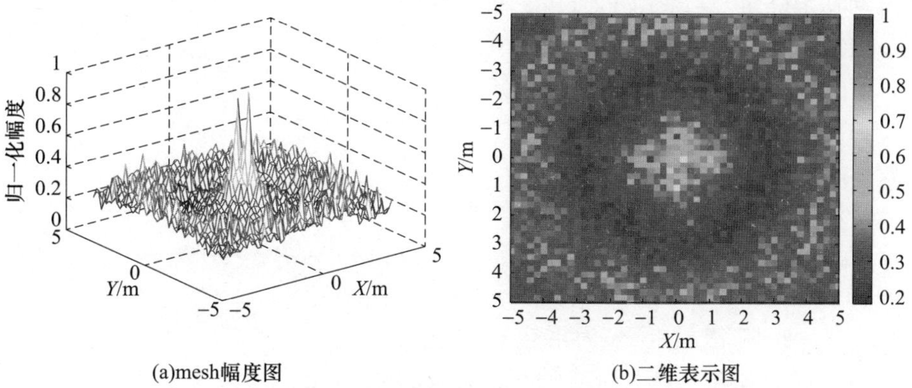

图 8.13　利用电磁计算回波得到的成像结果在 XY 域的表示图

图 8.14 为利用多元后向投影算法重构的目标模型的三维图像。

基于电磁计算的实验表明，所提方法能有效地实现进动锥体目标的三维重构，证明了所提方法的有效性。

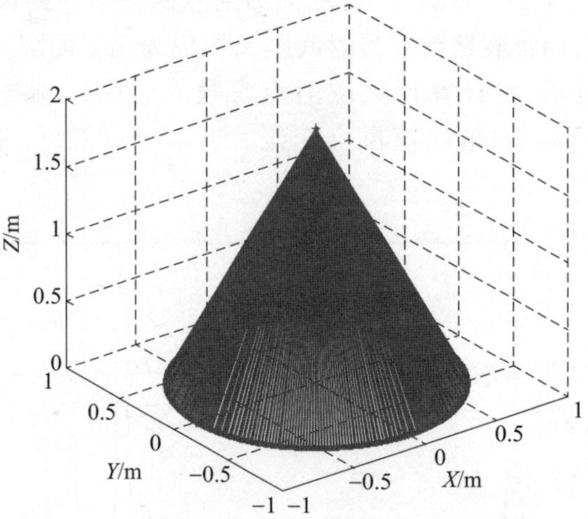

图 8.14　基于电磁计算回波的三位重构图像

8.3　基于多基 ISAR 图像的进动锥体目标三维重构

8.3.1　成像模型

构造如图 8.15 所示的进动锥体目标模型。其中，自旋轴为 Z 轴，XYZ 表示本体坐标系。进动轴为 z 轴，yOz 平面由自旋轴和进动轴来确定。x 轴由 y 轴和 z 轴的叉积确定。这里，xyz 称为目标的进动坐标系。图 8.15 中，L 表示雷达 LOS，并假设其在本体坐标系中的方位角和俯仰角分别为 θ 和 φ。图 8.15 中，ϕ 表示半锥角。

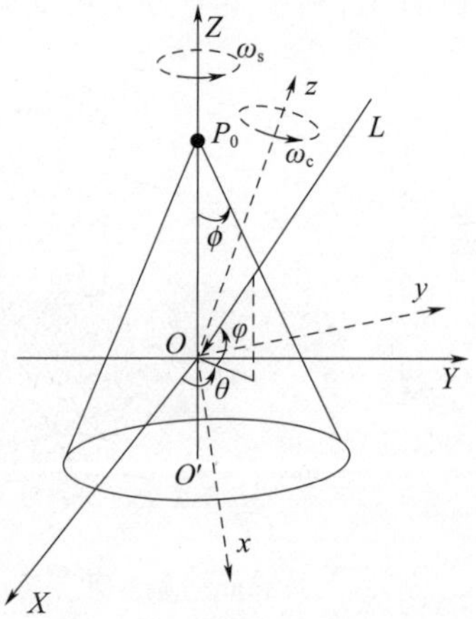

图 8.15　进动目标几何模型

一般的，锥体模型的锥顶会形成固定散射中心 P_0，如果散射点 P_0 没有被遮挡，则需雷达 LOS 需满足条件 $\phi-\pi/2<\varphi<3\pi/2-\phi$。当 $\phi<\varphi<\pi-\phi$ 时，散射点 P_0 为雷达 LOS 上的第一个散射点。参考点 O 为自旋轴和进动轴的交点，位于本体坐标系中。

散射点 P 在雷达 LOS 上的距离可表示为

$$R_p(t)=R_0+\boldsymbol{N}_{\mathrm{L}}\cdot\boldsymbol{OP}(t) \tag{8.25}$$

式中，R_0 表示参考点 O 与雷达之间的距离，为参考距离；$\boldsymbol{N}_{\mathrm{L}}=(\cos\theta\cos\varphi,$

$\sin\theta\cos\varphi,\sin\varphi$)表示雷达 LOS 在本体坐标系中的单位向量。假设固定散射点 P 在本体坐标系中的坐标为(x_{p0},y_{p0},z_{p0}),那么 $\boldsymbol{OP}(t)$ 即在慢时间 t 时刻的向量 $\boldsymbol{OP}$,可通过坐标变换求得,即

$$\begin{aligned}\boldsymbol{OP}(t) &= \boldsymbol{R}_{\text{Init}}^{+}\cdot \boldsymbol{P}^{\text{pre}}(r_p\cos(\omega_c t+\varphi_0),r_p\sin(\omega_c t+\varphi_0),z_{p0})^{\text{T}}\cdot\\ &\quad \boldsymbol{R}_s(t)\cdot[x_{p0}\quad y_{p0}\quad z_{p0}]^{\text{T}}\\ &= \boldsymbol{R}_{\text{Init}}^{+}(\boldsymbol{R}_{\text{Init}}\cdot \boldsymbol{P}(x_p(t),y_p(t),z_p(t))^{\text{T}}|_{(X,Y,Z)})\end{aligned} \tag{8.26}$$

式中:ω_c 为进动角频率,通常 $0.4\pi\text{rad/s}<\omega_c<2\pi\text{rad/s}$;$\boldsymbol{R}_{\text{Init}}^{+}=(\boldsymbol{R}_{\text{Init}}^{\text{H}}\boldsymbol{R}_{\text{Init}})^{-1}\boldsymbol{R}_{\text{Init}}^{\text{H}}$ 为矩阵 $\boldsymbol{R}_{\text{Init}}$ 的广义逆矩阵;φ_0 为散射中心在 xy 平面的初始方位角度;$r_p=\sqrt{x_{p0}^2+y_{p0}^2}$ 为进动旋转半径,可通过散射点在进动坐标系下的坐标位置求得;$\boldsymbol{P}^{\text{pre}}$ 和 $\boldsymbol{P}$ 分别表示散射点在进动坐标系和本体坐标系下的坐标。$\boldsymbol{R}_{\text{Init}}$ 可表示为

$$\begin{aligned}\boldsymbol{R}_{\text{Init}} &= \boldsymbol{R}_Y(\beta_s)\boldsymbol{R}_Z(\gamma_s)\boldsymbol{R}_X(\alpha_s)\\ &= \begin{bmatrix}\cos\beta_s & 0 & \sin\beta_s\\ 0 & 1 & 0\\ -\sin\beta_s & 0 & \cos\beta_s\end{bmatrix}\begin{bmatrix}\cos\gamma_s & -\sin\gamma_s & 0\\ \sin\gamma_s & \cos\gamma_s & 0\\ 0 & 0 & 1\end{bmatrix}\begin{bmatrix}1 & 0 & 0\\ 0 & \cos\alpha_s & -\sin\alpha_s\\ 0 & \sin\alpha_s & \cos\alpha_s\end{bmatrix}\end{aligned} \tag{8.27}$$

根据罗德里格斯旋转公式,$\boldsymbol{R}_{\text{Init}}$ 为欧拉旋转矩阵,式(8.27)中的$(\alpha_s,\beta_s,\gamma_s)$表示欧拉旋转角,$\alpha_s$、$\beta_s$ 和 γ_s 分别为偏航角、俯仰角和横滚角。$\boldsymbol{R}_s(t)$ 为目标的自旋矩阵,即

$$\boldsymbol{R}_s(t)=\begin{bmatrix}\cos(\omega_s t) & -\sin(\omega_s t) & 0\\ \sin(\omega_s t) & \cos(\omega_s t) & 0\\ 0 & 0 & 1\end{bmatrix} \tag{8.28}$$

式中:ω_s 为自旋角频率,通常 $\pi\text{rad/s}<\omega_s<4\pi\text{rad/s}$。然而,对于滑动散射中心来说,其坐标位置不随目标的自旋而发生变化,因此,对于滑动散射中心,$\boldsymbol{R}_s(t)$ 为单位矩阵。

雷达的距离向由雷达的 LOS 确定,而方位向可表示为

$$\boldsymbol{CR}=\text{unit}(\boldsymbol{N}_{\text{L}}\times \boldsymbol{N}_{Oz}) \tag{8.29}$$

式中:unit 为单位化函数,对于某一向量 $\boldsymbol{v}$,有 $\text{unit}(\boldsymbol{v})=\boldsymbol{v}/\|\boldsymbol{v}\|$;$\|\cdot\|$ 为向量的欧式范数;$\boldsymbol{N}_{Oz}$ 为 z 轴方向的单位向量。

散射点在方位向的投影位置计算公式为

$$x_{CR}(t)=\boldsymbol{OP}(t)^{\text{T}}\cdot \boldsymbol{CR} \tag{8.30}$$

式中:$x_{CR}(t)$ 为慢时间 t 时刻散射点在方位向的位置。根据 RD 算法,该参数决定了回波方位向的多普勒。

假设雷达发射线性调频步进频信号,每次回波共包含 M 次窄带回波子脉冲,且各子脉冲的载频逐渐增加。将信号载频表示为 $f_i=f_0+i\cdot\Delta f,i=0,1,\cdots,M-1$。其中,$f_0$ 为基础载频;Δf 为频率调制步长。$B=M\Delta f$ 为合成带宽。为获得

高的距离分辨率,假设 $B \geqslant 300\text{MHz}$。雷达发射的某个脉冲的第 i 个子脉冲可表示为

$$u_i(\hat{t}) = x(\hat{t} - iT_r) \cdot \exp(\mathrm{j}2\pi(f_0 + i\Delta f)(\hat{t} - iT_r) + \mathrm{j}\theta'_i) \tag{8.31}$$

式中:$\hat{t}$ 为快时间;$x(\hat{t}) = \mathrm{rect}(\hat{t}/T_1) \cdot \exp(\mathrm{j}\pi\mu\hat{t}^2)$ 为线性调频;μ 为调频斜率;T_1 为子脉冲宽度;T_r 为子脉冲重复时间间隔;θ'_i 为初始相位。

假设目标共包含 K 个强散射中心,其散射强度为 $\sigma_k, k = 0, 1, \cdots, K-1$。那么雷达的第 i 次子脉冲回波信号可表示为

$$\begin{aligned} s_i(\hat{t}, t) = &\sum_{k=0}^{K-1} \sigma_k \cdot \mathrm{rect}\left(\frac{\hat{t} - iT_r - 2R(t)/c}{T_1}\right) \cdot \\ &\exp(\mathrm{j}\pi\mu(\hat{t} - iT_r - 2R(t)/c)^2) \cdot \\ &\exp(\mathrm{j}2\pi(f_0 + i\Delta f)(\hat{t} - iT_r - 2R(t)/c) + \mathrm{j}\theta'_i) \end{aligned} \tag{8.32}$$

式中:$R(t)$ 为雷达与目标在慢时间 t 时刻的距离,可通过式(8.25)和式(8.26)求得。

本章利用 Dechirp 处理方法来获得散射点的一维距离像,即将回波信号与参考信号的复共轭相乘。参考信号可表示为

$$\begin{aligned} s_{\mathrm{ref}}(\hat{t}, i) = &\mathrm{rect}\left(\frac{\hat{t} - iT_r - 2R_0/c}{T_{\mathrm{ref}}}\right) \cdot \exp(\mathrm{j}\pi\mu(\hat{t} - iT_r - 2R_0/c)^2) \cdot \\ &\exp(\mathrm{j}2\pi(f_0 + i\Delta f)(\hat{t} - iT_r - 2R_0/c) + \mathrm{j}\theta'_i) \end{aligned} \tag{8.33}$$

式中:T_{ref} 为参考信号脉宽。因此,Dechirp 处理结果可表示为

$$\begin{aligned} s'_i(\hat{t}, t) &= s_i(\hat{t}, t) \cdot s^*_{\mathrm{ref}}(\hat{t}, i) \\ &= \sum_{k=0}^{K-1} \sigma_k \cdot \mathrm{rect}\left(\frac{\hat{t} - iT_r - 2R(t)/c}{T_1}\right) \cdot \\ &\quad \exp\left(-\mathrm{j}\frac{4\pi\mu}{c}(\hat{t} - iT_r - 2R_0/c)R_\Delta(t)\right) \cdot \\ &\quad \exp\left(-\mathrm{j}\frac{4\pi}{c}(f_0 + i \cdot \Delta f)R_\Delta(t)\right) \cdot \exp\left(\mathrm{j}\frac{4\pi\mu}{c^2}R_\Delta^2(t)\right) \end{aligned} \tag{8.34}$$

式中:$R_\Delta(t) = R(t) - R_0$。

用 t' 替换表示 $(\hat{t} - iT_r - 2R_0/c)$,并计算式(8.34)关于 t' 的傅里叶变换,可得到目标的高分辨一维距离像,即

$$S_i(\omega, t) = \sum_{k=0}^{K-1} \sigma_k \cdot T_1 \mathrm{sinc}(T_1(\omega + 4\pi\mu R_\Delta(t)/c)) \cdot \exp\left(-\mathrm{j}\frac{4\pi}{c}(f_0 + i\Delta f)R_\Delta(t)\right) \tag{8.35}$$

可以看出,$|S_i(\omega, t)|$ 的峰值位置位于 $\omega = -4\pi\mu R_\Delta(t)/c$ 处。

8.3.2 稀疏孔径 ISAR 成像

假设目标的高分辨一维距离像的向量形式表示为 $\boldsymbol{S}_{N_a \times 1}$。根据压缩感知理

论，信号的可压缩条件可表示为

$$\boldsymbol{S}_{N_a\times 1}=\sum_{i=1}^{N_a}\alpha_i\boldsymbol{\psi}_i=\sum_{i=1}^{N_a}\langle\boldsymbol{S},\boldsymbol{\psi}_i^{\mathrm{T}}\rangle\boldsymbol{\psi}_i=\sum_{j=1}^{N}\alpha_j\boldsymbol{\psi}_j=\boldsymbol{\Psi}_{N_a\times Q}\boldsymbol{\alpha}_{Q\times 1},N\ll N_a \tag{8.36}$$

式中：⟨·⟩表示向量内积操作。

假设雷达脉冲重复频率足够高，则方位向的积累样本数为 $N_a=T_a\cdot\mathrm{PRF}$，其中：T_a 表示观测时间长度。然而，对于比等效转台模型旋转快得多的进动目标，上述条件一般不满足。当雷达脉冲重复频率不能满足条件时，会引起稀疏孔径观测。假设方位向进行 m 倍的降采样，则方位向的积累样本数变为

$$N_1=T_a\cdot\mathrm{PRF}'=T_a\cdot\mathrm{PRF}/m=N_a/m \tag{8.37}$$

当 m 值较大时，利用 RD 算法会由于不充足的脉冲数导致方位向压缩困难，本节首先利用压缩感知方法重构目标信号。

将式(8.25)～式(8.30)代入式(8.35)，可得到目标的高分辨一维距离像。将式(8.35)中的 S_i 重写为 $\boldsymbol{S}$。RD 算法表明，通过对式(8.35)进行快速傅里叶变换，即可得到目标的 ISAR 像，这意味着，$\boldsymbol{S}$ 为部分傅里叶矩阵与 ISAR 图像数据向量的乘积。假设共存在 Q 个距离单元，稀疏基 $\boldsymbol{\Psi}_{N_a\times Q}(N_a<Q)$ 为部分傅里叶矩阵，可表示为

$$\boldsymbol{\Psi}[n,q]=\exp(-\mathrm{j}2\pi nq/Q);n=0,1,\cdots,N_a-1;q=0,1,\cdots,Q-1 \tag{8.38}$$

信号 $\boldsymbol{S}$ 可表示为

$$\boldsymbol{S}=\boldsymbol{\Psi\alpha} \tag{8.39}$$

式中：$\boldsymbol{\alpha}\in\mathbb{C}^{Q\times 1}$表示散射点的散射系数向量。

对于等效转台模型下的慢速旋转目标，通常所需的脉冲重复频率能够满足。然而，为得到进动目标聚焦良好的 ISAR 二维图像，所需的脉冲重复频率较高，通常难以满足。下面研究利用低脉冲重复频率步进频信号，即方位向降采样信号，实现进动目标二维成像。

假设 $\boldsymbol{\Phi}\in C^{M'\times N_a}(M'<N_a)$ 表示观测矩阵，则观测信号可表示为 $\boldsymbol{X}=\boldsymbol{\Phi S}=\boldsymbol{\Phi\Psi\alpha}$。由于目标的二维 ISAR 图像，即序列向量 $\boldsymbol{\alpha}$ 的稀疏特性，可通过求解如下优化问题来重构目标图像，即

$$\hat{\boldsymbol{\alpha}}=\mathrm{argmin}\ \|\boldsymbol{\alpha}\|_0\quad \mathrm{s.\,t.}\ \|\boldsymbol{X}-\boldsymbol{\Phi\Psi\alpha}\|\leqslant\varepsilon \tag{8.40}$$

式中：ε 为噪声水平。若矩阵 $\boldsymbol{\Theta}=\boldsymbol{\Phi\Psi}$ 满足 RIP 条件，且 $M'\geqslant O(K\cdot\lg N_a)$，则可通过求解优化问题重构 $\boldsymbol{\alpha}$，即

$$\hat{\boldsymbol{\alpha}}=\mathrm{argmin}\ \|\boldsymbol{\alpha}\|_1\quad \mathrm{s.\,t.}\ \|\boldsymbol{X}-\boldsymbol{\Phi\Psi\alpha}\|_2<\varepsilon \tag{8.41}$$

对回波数据进行 m 倍降采样观测，即将式(8.41)与降采样矩阵 $\boldsymbol{E}$ 相乘。降采样矩阵 $\boldsymbol{E}$ 可表示为

$$E=\begin{bmatrix}1 & 0 & \cdots & 0\\ 0 & \cdots & 1 & 0\\ \vdots & \vdots & \vdots & \vdots\\ 0 & 0 & 0 & 1\end{bmatrix}_{N_1\times N_a} \tag{8.42}$$

矩阵 $\boldsymbol{E}$ 中每一行有且仅有一个非零元 1,位置为 $(r_n-1)\times m+1$,r_n 表示行数。因此,实际中的观测信号为

$$\begin{aligned}\boldsymbol{X}'&=\boldsymbol{\Phi}'_{M'\times N_1}\boldsymbol{E}_{N_1\times N_a}\boldsymbol{S}_{N_a\times 1}=\boldsymbol{\Phi}'_{M'\times N_1}\boldsymbol{E}_{N_1\times N_a}\boldsymbol{\Psi}'_{N_a\times Q}\boldsymbol{\alpha}_{Q\times 1}\\&=\boldsymbol{\Theta}'_{M'\times Q}\boldsymbol{\alpha}_{Q\times 1}\end{aligned} \tag{8.43}$$

信号 $\boldsymbol{S}$ 中,坐标位置从 $(r_n-1)\times m+1$ 到 $(r_n-1)\times m+m-1$ 的元素值将会被置零,这是方位向数据缺失,不充分观测的结果。因此,若利用传统的稀疏重构方法重构 $\boldsymbol{\alpha}$,则目标散射点很多信息将会丢失。本节首先通过重构全孔径下的距离压缩信号 $\boldsymbol{S}$,据此提出循环移位(Cycle shift,Cs)的方法。选取单位矩阵 $\boldsymbol{I}_{N_a\times N_a}$ 的 $(i-1)\times m+j(i=1,2,\cdots,N_1)$ 行来构造稀疏采样矩阵,即

$$\boldsymbol{T}_j=\left[\boldsymbol{e}_j\quad\cdots\quad\boldsymbol{e}_{(i-1)\times m+j}\quad\cdots\quad\boldsymbol{e}_{(N_1-1)\times m+j}\right]^{\mathrm{T}}_{N_1\times N_a} \tag{8.44}$$

式中:$\boldsymbol{e}_i$ 为第 i 个元素为 1 的 N_a 维的单位向量。

接收的部分回波信号表示为 $\boldsymbol{S}'_j=\boldsymbol{T}_j\boldsymbol{\Psi}\boldsymbol{\alpha}_j$,$\boldsymbol{S}'_j$ 表示第 j 次的 m 倍降采样回波信号。$\boldsymbol{S}'_j$ 与 $\boldsymbol{S}'_{j+1}$ 之间时差为脉冲重复间隔。因此,部分观测信号可表示为

$$\boldsymbol{X}'_j=\boldsymbol{\Phi}'\boldsymbol{S}'_j=\boldsymbol{\Phi}'\boldsymbol{T}_j\boldsymbol{\Psi}\boldsymbol{\alpha}_j=\boldsymbol{\Phi}'\boldsymbol{\Psi}'_j\boldsymbol{\alpha}_j \tag{8.45}$$

式中:$\boldsymbol{X}'_j$ 为稀疏孔径观测信号。全孔径信号 $\boldsymbol{S}$ 可重构为

$$\boldsymbol{S}=\boldsymbol{\Psi}\hat{\boldsymbol{\alpha}}=\boldsymbol{\Psi}\sum_{j=1}^{m}\hat{\boldsymbol{\alpha}}_j(\boldsymbol{\Phi}',\boldsymbol{T}_j,\boldsymbol{\Psi}'_j,\boldsymbol{X}'_j) \tag{8.46}$$

式中:$\hat{\boldsymbol{\alpha}}_j(\boldsymbol{\Phi}',\boldsymbol{T}_j,\boldsymbol{\Psi}'_j,\boldsymbol{X}'_j)$ 为目标的稀疏孔径散射系数,它由观测矩阵、稀疏采样矩阵、稀疏基及观测信号共同决定;$\hat{\boldsymbol{\alpha}}$ 为目标全孔径散射系数。可通过对信号 $\boldsymbol{S}$ 进行方位向压缩实现目标的二维成像。

当字典为冗余字典时,文献[34]证明,如果式(8.40)的解 $\hat{\boldsymbol{\alpha}}$ 满足 $\|\hat{\boldsymbol{\alpha}}\|_0<(1/2)\mathrm{spark}(\boldsymbol{\Theta})$,那么该解为唯一的最优稀疏解。然而,只有当解 $\hat{\boldsymbol{\alpha}}$ 满足 $\|\hat{\boldsymbol{\alpha}}\|_0<(1+M_c^{-1}/2)$ 时,该解才是式(8.41)的唯一最优解,其中,M_c 为矩阵中各向量的最大相关系数,即 $M_c=\max\limits_{j\neq l}|\langle\boldsymbol{\psi}_j,\boldsymbol{\psi}_l\rangle|$。可以看出,式(8.41)相对于式(8.40)有额外的约束条件,其求解结果不一定是最稀疏的。由于 SL0 算法尝试直接求解式(8.40),其运算速度更快且更为有效。因此,当字典为冗余字典时,利用所提出的 Cs 方法及 SL0 方法,这里简记为 Cs-SL0 方法,更有可能求得式(8.40)的最稀疏解。

假设利用 SL0 算法重构 $\boldsymbol{\alpha}_j$ 的结果为 $\hat{\boldsymbol{\alpha}}_j(\boldsymbol{\Phi}',\boldsymbol{T}_j,\boldsymbol{\Psi}'_j,\boldsymbol{X}'_j)$。文献[35]中的定理 3 表明,序列的全局最小值将会使最终解收敛到最稀疏解。利用 SL0 算法的

内部和外部循环过程，$\boldsymbol{\alpha}_j$ 的重构结果同样会收敛到最稀疏解，进而通过本节的循环移位方法得到 $\boldsymbol{\alpha}$ 的最稀疏解。

8.3.3　多基 ISAR 三维重构方法

在利用所提 Cs-SL0 重构算法得到进动锥体目标的 ISAR 图像后，本节提出了一种基于多基 ISAR 图像的三维重构方法。如 8.2.1 节所分析，当俯仰角满足 $\pi/2-\phi<\varphi_i<\pi/2+\phi$ 时，目标模型的散射点不存在遮挡；当 $\phi<\varphi_i<\pi-\varphi$ 时，散射点 P_0 为雷达 LOS 上的第一个散射点。假设 L 表示锥体目标的母线长度，则 $L=\sqrt{h^2+r^2}$，其中 h 和 r 分别表示锥高和锥底半径。假设散射点 P_0 与其他散射点在 ISAR 图像中的距离为 L'，即 L 在成像平面的投影长度。当俯仰角满足 $0<\varphi_i<\pi/2-\phi$ 或 $\pi/2+\phi<\varphi_i<\pi$ 时，锥底部分散射点将会产生遮挡效应。当 $3\pi/2-\phi<\varphi_i<3\pi/2+\phi$ 时，散射点 P_0 将会被遮挡。

目标 ISAR 二维图像为其三维结构在成像平面的投影，本章中提出的三维重构方法主要是利用多基雷达获得的 ISAR 二维图像，来重构目标三维图像。本章的三维重构方法利用的多基 ISAR 的如下特点：不同雷达 ISAR 二维图像的反投影可得到相同的 L 和 r 的估计值。假设 $\hat{L}$ 和 $\hat{r}$ 表示 L 和 r 的估计值，则参数 ϕ 的估计值可表示为 $\hat{\phi}=\arcsin(\hat{r}/\hat{L})$。假设锥底边缘共包含 $K-1$ 个散射点，则模型的三维重构需满足如下条件，即

$$|\Delta L_{ijkl}|=|\hat{L}_{ik}-\hat{L}_{jl}|\leqslant\xi_{i\times j+k+l},k=1,2,\cdots,K-1;l=1,2,\cdots,K-1 \tag{8.47}$$

式中：$\xi_{i\times j+k+l}$为容忍的重构误差；$\hat{L}_{ik}(\hat{L}_{jl})$为在第 $i(j)$ 个雷达 LOS 下，利用第 $k(l)$ 个散射点到 P_0 的距离重构的 L 的长度。ΔL_{ijkl}表示$\hat{L}_{ik}$与$\hat{L}_{jl}$的长度差，满足

$$\begin{aligned}\Delta L_{ijkl}=&(\Delta x_{i0}\cdot\boldsymbol{N}_{Li}+\Delta y_{i0}\cdot\boldsymbol{CR}_i+\Delta H_{ik}\cdot\boldsymbol{PR}_i)-\\&(\Delta x_{j0}\cdot\boldsymbol{N}_{Lj}+\Delta y_{j0}\cdot\boldsymbol{CR}_j+\Delta H_{jl}\cdot\boldsymbol{PR}_j)\end{aligned} \tag{8.48}$$

式中：$\Delta x_{i0}(\Delta x_{j0})$和 $\Delta y_{i0}(\Delta y_{j0})$分别为在第 $i(j)$ 个雷达 LOS 下散射点在本体坐标系下的坐标差。这里将 P_0 设为参考点。$\Delta H_{ik}(\Delta H_{jl})$表示在第 $i(j)$ 个雷达 LOS 下，第 $k(l)$ 个散射点的投影长度差，同样 P_0 为参考点。$\boldsymbol{PR}_i$ 为单位投影向量，即

$$\boldsymbol{PR}_i=\mathrm{unit}(\boldsymbol{N}_{Li}\times\boldsymbol{CR}_i)=\mathrm{unit}(\boldsymbol{N}_{Li}\times(\boldsymbol{N}_{Li}\times\boldsymbol{N}_{Oz})) \tag{8.49}$$

类似的，重构的锥底半径需满足如下条件，即

$$|\Delta r_{ijkl}|=|\hat{r}_{ik}-\hat{r}_{jl}|\leqslant\eta_{i\times j+k+l},k=1,2,\cdots,K-1;l=1,2,\cdots,K-1 \tag{8.50}$$

式中：$\eta_{i\times j+k+l}$为容忍的重构误差；$\hat{r}_{ik}(\hat{r}_{jl})$为在第 $i(j)$ 个雷达 LOS 下，利用第 $k(l)$ 个散射点到第 $k\pm1(l\pm1)$ 个散射点的距离，重构得到的锥底半径 r；Δr_{ijkl}为$\hat{r}_{ik}$与$\hat{r}_{jl}$之间的长度差，可通过将第 $k(l)$ 个散射点设为参考点，并通过将式(8.48)中的ΔL_{ijkl}变换为 Δr_{ijkl}，由式(8.48)计算得到。式(8.50)为锥体目标三维重构提供了额外的信息。综上所述，通过式(8.47)~式(8.50)，联合目标的多基 ISAR 图

像,可实现进动目标三维重构。

8.3.4 仿真实验及分析

1)Cs - SL0 算法仿真实验

这里利用仿真实验验证本章所提 Cs - SL0 算法在信号重构中的有效性。初始稀疏信号 $\boldsymbol{\alpha}_0$ 的维数为 $N_a = 200$, $\|\boldsymbol{\alpha}_0\|_0 = k$。$k$ 个非零元位置随机分布,非零元的元素值服从零均值高斯分布。经过 5 倍降采样,信号长度为 $N_1 = 40$,测量矩阵 $\boldsymbol{\Phi}'_{M' \times N_1}$ 为高斯随机矩阵,且参数 $M' = 30$。利用本章提出的 Cs - SL0 方法重构原始信号,同时给出了三类对比算法在相同仿真条件下的重构效果。三种对比方法包括:重加权 L1 范数最小化方法(Reweigthed L1 Minimization),FOCUSS 方法,以及 OMP 方法。

将本章提出的循环移位方法与三类对比算法结合,分别称为 Cs Reweigthed L1 Minimization 算法,Cs - FOCUSS 算法以及 Cs - OMP 算法,各算法的重构效果如图 8.16 所示。对于每一参数 k,均进行了 500 次蒙特卡罗实验。图 8.16 中曲线描述了各算法在不同稀疏度 k 时的准确重构概率曲线。本节中,当重构信号满足 $\|\hat{\boldsymbol{\alpha}} - \boldsymbol{\alpha}_0\|_2 \leqslant 10^{-4}$ 时,认为准确重构,重构概率用 P_r 表示。

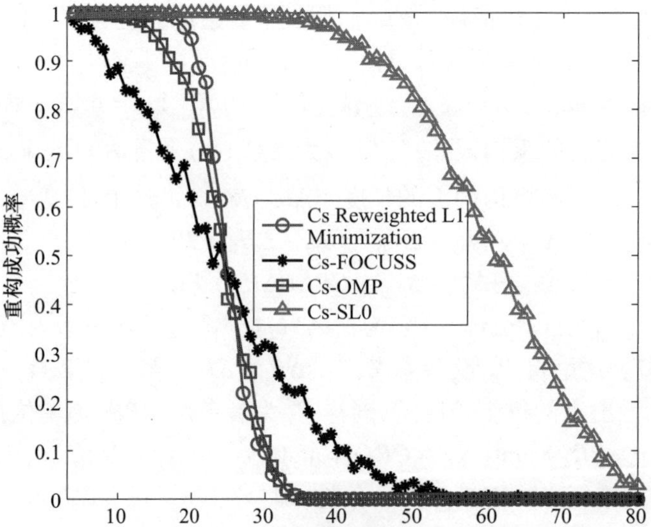

图 8.16　不同算法的重构概率曲线

图 8.16 表明,当稀疏度 k 小于 15 时,除 Cs - FOCUSS 算法外,各算法均有较高的重构概率($P_r \geqslant 95\%$);当 $k \leqslant 20$ 时,$P_r \geqslant 90\%$,各算法重构效果依然良好。然而,随着稀疏度 k 值的增加,当 $25 \leqslant k \leqslant 45$ 时,Cs - FOCUSS 算法的重构效果优

于其他两类对比算法，但仍不足 50%。当 $k \geq 45$ 时，上述三种对比算法的重构概率均较低，不足 10%。对比之下，本章提出的 Cs－SL0 算法在不同的稀疏度条件下均有较高重构概率，重构效果优于其他算法，证明了所提算法的优越性。

图 8.17 对比了不同稀疏度下各算法的平均计算时间，对于不同的 k 值，同样进行了 500 次蒙特卡罗实验。

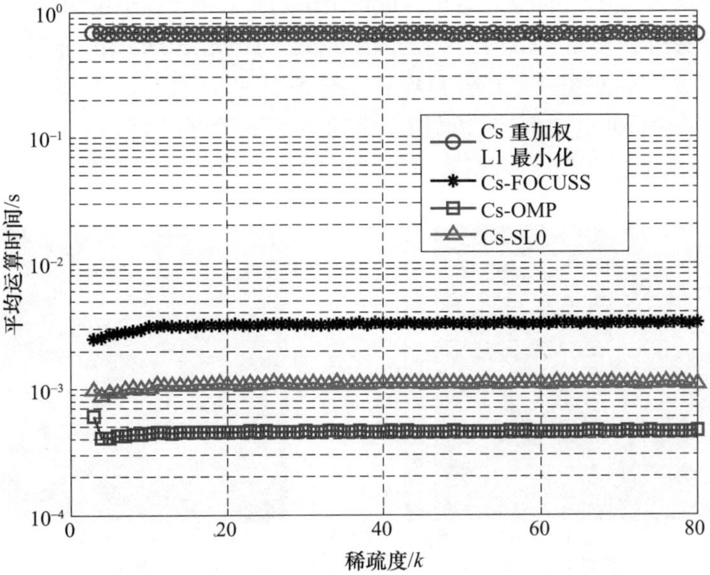

图 8.17　各算法的平均计算时间

图 8.17 表明，所提算法的平均计算时间小于 Cs 重加权 L1 最小化算法和 Cs－FOCUSS 算法。值得指出的是，虽然 Cs－OMP 算法的计算时间最短，但其重构概率相对较低，重构效果相对较差。综合考虑重构效果与计算时间，本章提出的 Cs－SL0 算法效果最优。

2）基于动态电磁计算回波的成像实验

这里利用锥体目标产生的动态电磁计算回波来验证所提方法的有效性。图 8.18为锥体目标模型，锥体模型的锥底边缘包含了 4 个尾翼，锥底半径

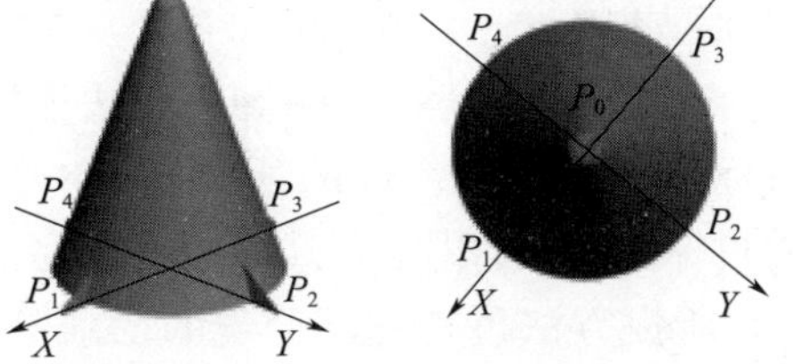

图 8.18　目标模型

$r=0.4\text{m}$，锥高 $h=2.0\text{m}$。构造远场条件，并假设发射信号的频率范围为 9.5 ~ 10.5GHz，包含了 128 个频率点。自旋和进动角速度分别为 $2\pi\text{rad/s}$ 和 $0.4\pi\text{rad/s}$。

假设在第一个雷达观测下，雷达 LOS 在本体坐标系中的方位角和俯仰角分别为 5°和25°。此时，由于锥底的滑动散射中心离固定散射中心 P_1 太近，会导致这两个散射点位于同一个距离单元内，不能分辨开来。8.2 节的分析表明，固定散射点的慢时间距离像为正弦曲线。这里，同样利用物理光学法和矩量法计算电磁回波。利用电磁计算可获得目标散射点的复散射系数及回波信号的相位信息。

在第二个雷达观测下，雷达 LOS 在本体坐标系中的方位角和俯仰角分别为 25°和 42.5°。其他电磁计算条件的设置与第一个雷达基站观测中的一致。图 8.19为两次雷达观测下的距离压缩后的动态电磁回波。

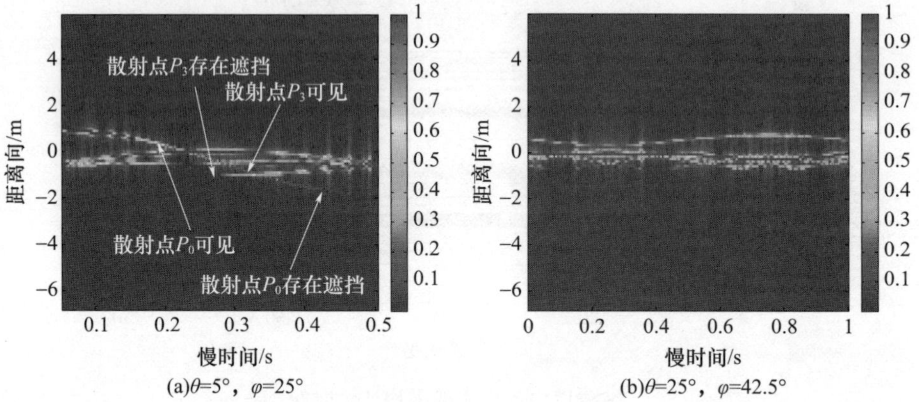

图 8.19　距离压缩后的动态电磁回波

从图 8.19 看出，在目标的进动过程中，会引起部分散射点的遮挡。通过本章提出的 Cs - SL0 算法重构信号，利用传统的后向投影（Back - Projection，BP）算法得到目标图像，如图 8.20 所示。

图 8.20 中的中心点序列表示散射点 P_0 的像，绕中心的圆是由于锥底边缘的滑动散射点在相干积累时间内的位置变化引起的。可通过图 8.20 来提取锥体目标的结构特征。在观测时间内，散射点 P_0 与锥底边缘散射点（固定或滑动散射点）的最大距离 ΔL_{max} 为 10 个距离单元，最小距离 ΔL_{min} 为 2 个距离单元。通过式（8.49），可提取模型锥高这一结构特征。

当降采样倍数为 $m=5$ 时，利用所提 Cs - SL0 方法重构得到目标信号，然后利用 STFT 方法得到目标图像，如图 8.21（b）所示。图 8.21（a）为利用降采样数据和 STFT 方法得到的目标图像，可以看出，数据的缺失会导致图中出现虚假散射点。图 8.21（b）表明，所提方法可得到高分辨的二维 ISAR 图像。图 8.22 为利用所提三维重构方法得到的目标三维图像。

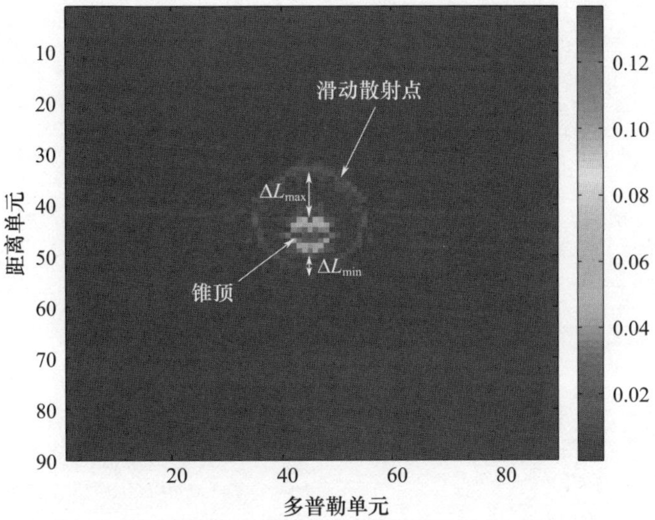

图 8.20　BP 图像

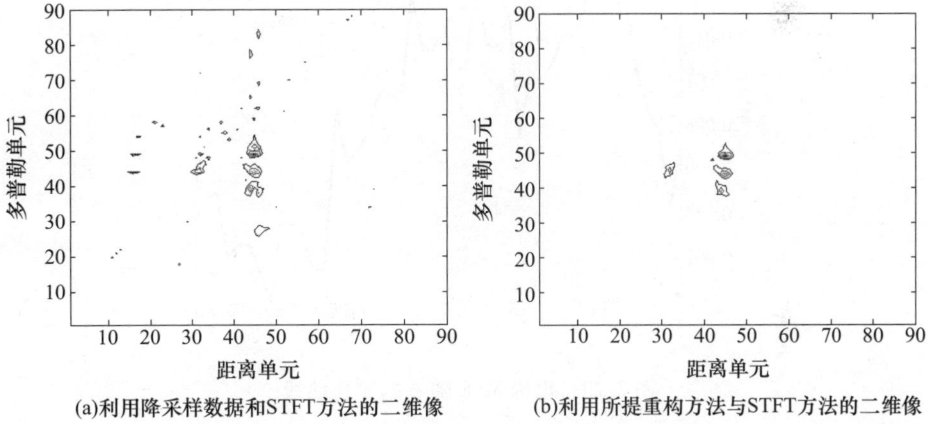

图 8.21　利用电磁回波得到的目标二维图像

考察不同俯仰角条件下，所提三维重构方法的重构效果。这里用 MSE 来定量分析重构效果。图 8.23 为不同俯仰角 φ 的条件下，所提三维重构方法的重构 MSE。

可以看出，当 $0<\varphi<10^\circ$ 或 $60^\circ<\varphi<90^\circ$ 时，重构 MSE 较小，重构效果较好。而当 $15^o<\varphi<50^o$ 时，锥底的固定散射点和滑动散射点相距太近，难以区分，影响最终的重构效果，导致重构 MSE 较高。

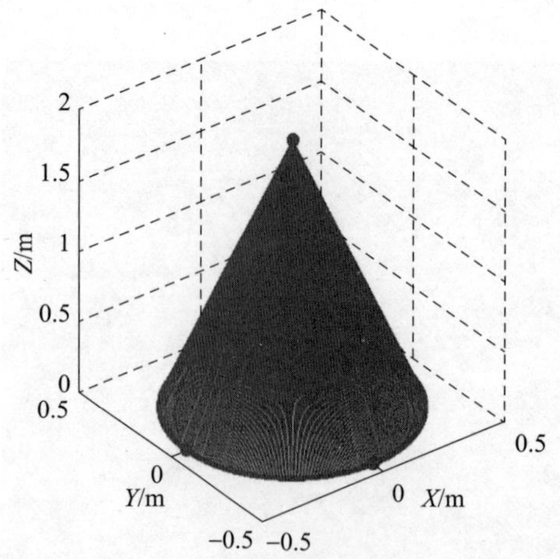

图 8.22　利用电磁回波重构得到的目标三维图像

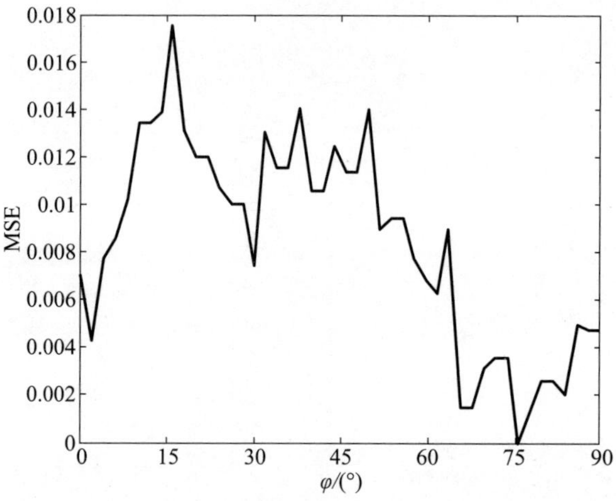

图 8.23　重构 MSE 随 φ 的变化曲线

8.4　本章小结

本章研究了进动锥体目标三维重构问题，对进动锥体目标建模、三维重构方法设计等方面进行了研究。主要工作及成果如下：

(1)给出了进动锥体目标三维成像几何模型，分析了各坐标系的变换关系，提出通过利用慢时间—距离像的包络曲线来估计目标参数。通过对二维 ISAR 图像进行 Radon 变换，得到幅值位置对应目标参数的曲线，进而提出一种基于多元后向投影的三维重构算法，并通过 CLEAN 技术来估计散射点的三维坐标位置。仿真实验及电磁仿真计算验证了算法的有效性。

(2)构建了进动锥体目标三维几何模型，分析了进动目标 ISAR 成像的特点及问题，研究了散射点遮挡效应与雷达视线间的关系。分析了基于步进频信号的回波，给出了稀疏孔径 ISAR 成像模型，提出了一种循环移位 SL0 算法，来实现全孔径回波数据的重构，进而用于实现目标 ISAR 图像的获取。仿真实验表明，所提算法可实现信号的高精度重构，基于仿真数据及电磁计算模型的实验表明了所提算法的有效性。

(3)提出了一种进动锥体目标多基 ISAR 图像三维重构方法，该方法利用多基 ISAR 图像间及各成像平面的关系，实现进动锥体目标的三维重构。利用基于动态电磁计算回波模型的实验验证了所提算法的有效性，并分析了所提三维重构方法在不同俯仰角下的重构效果。

参考文献

[1] Suwa K, Wakayama T, Iwamoto M. Three – dimensional target geometry and target motion estimation method using multistatic ISAR movies and its performance[J]. IEEE Transactions on Geoscience and Remote Sensing, 2011, 49:2361 – 2373.

[2] Bai X, Xing M, Zhou F, et al. High – resolution three – dimensional imaging of spinning space debris[J]. IEEE Transactions on Geoscience and Remote Sensing, 2009, 47(7):2352 – 2362.

[3] Zhang D, Zhang Y, Chen W, et al. Three – dimensional ISAR imaging of high speed space target [C]. 2008 International Conference on Software Process, Leipzig, Germany, 2008:2485 – 2488.

[4] Zhang L, Xing M, Qiu C, et al. Two – dimensional spectrum matched filter banks for high – speed spinning – target three – dimensional ISAR imaging[J]. IEEE Geoscience and Remote Sensing Letters, 2009, 6(3):368 – 392.

[5] Li D, Xu J. Method study on three – dimensional image rebuilding based on ISAR sequences [C]. International Conference on Electronics, Communications and Control, Ningbo, China, 2011:4375 – 4377.

[6] 刘开封，孟海东，陈奇昌，等．弹道导弹中段机动突防制导率研究[J]．现代防御技术，2012, 40(6):66 – 71.

[7] Lewis G N, Postol T A. Postol. Future challenges to ballistic missile defense[J]. IEEE Spectrum, 1997, 34(9):60 – 68.

[8] Farrell W. Interacting multiple model filter for tactical ballistic missile tracking[J]. IEEE Transactions on Aerospace and Electronic Systems, 2008, 44(2):418 – 426.

[9] Han S K, Ra W S, Whang I H, et al. Geometric joint probabilistic data association approach to ballistic missile warhead tracking using FMCW radar seeker[J]. IET Radar, Sonar & Navigation, 2016, 10(8):1422 – 1430.

[10] Johnson C M. Ballistic – missile defense radars[J]. IEEE Spectrum,1970,46(3):32 – 41.

[11] Huixia S,Zhang L. Zhang. Nutation feature extraction of ballistic missile warhead[J]. Electronics Letters,2011,47(13):770 – 772.

[12] 赵艳丽. 弹道导弹雷达跟踪与识别研究[D]. 长沙:国防科技大学,2007.

[13] 李林. 弹道导弹弹头机动突防研究[D]. 哈尔滨:哈尔滨工业大学,2011.

[14] Xu X,Luo H,Huang P. 3 – D interferometric ISAR images for scattering diagnosis of complex radar targets[C]. IEEE National Radar Conference – Proceedings Waltham,Ma,USA,1999:237 – 241.

[15] Xu X,Narayanan R M. Three – dimensional interferometric ISAR imaging for target scattering diagnosis and modeling[J]. IEEE Transactions on Image Processing,2001,10(7):1094 – 1102.

[16] 张群,马长征,张涛,等. 干涉式逆合成孔径雷达三维成像技术研究[J]. 电子与信息学报,2001,23(9):890 – 898.

[17] Zhang Q,Yeo T S,Du G,et al. Estimation of three – dimensional motion parameters in interferometric ISAR imaging[J]. IEEE Transactions on Geoscience and Remote Sensing,2004,42(9):292 – 300.

[18] Ma C,Yeo T S,Zhang Q,et al. Three – dimensional ISAR imaging based on antenna array[J]. IEEE Transactions on Geoscience and Remote Sensing,2008,46(2):504 – 515.

[19] 胡晓伟,童宁宁,何兴宇,等. 基于 Kronecker 压缩感知的宽带 MIMO 雷达高分辨三维成像[J]. 电子与信息学报,2016,38(6):1475 – 1471.

[20] Yang J,Su W,Gu H. 3D imaging using narrowband bistatic MIMO radar[J]. Electronics Letters,2014,50(15):1090 – 1092.

[21] Ma C,Yeo T,Tan C,et al. Three – dimensional imaging of targets using colocated MIMO radar[J]. IEEE Transactions on Geoscience and Remote Sensing,2011,49(8):3009 – 3021.

[22] Mayhan J T,Burrows M L,Cuomo K M,et al. High resolution 3D "snapshot" ISAR imaging and feature extraction[J]. IEEE Transactions on Aerospace and Electronic Systems,2001,37(2):630 – 642.

[23] Bhalla R,Ling H. Three – dimensional scattering center extraction using the shooting and bouncing ray technique[J]. IEEE Transactions on Antennas and Propagation,1996,44(11):1445 – 1453.

[24] Zhao L,Gao M,Martorella M,et al. Bistatic three – dimensional interferometric ISAR image reconstruction[J]. IEEE Transactions on Aerospace and Electronic Systems,2015,51(2):951 – 961.

[25] Berizzi F,Mese E D,Diani M,et al. High – resolution ISAR imaging of maneuvering targets by means of the range instantaneous Doppler technique:Modeling and performance analysis[J]. IEEE Transactions on Image Processing,2001,10(12):1880 – 1890.

[26] 吴亮. 复杂运动目标 ISAR 成像技术研究[D]. 长沙:国防科技大学,2012.

[27] Bai X,Xing M,Zhou F,et al. High – resolution three – dimensional imaging of spinning space debris[J]. IEEE Transactions on Geoscience and Remote Sensing,2009,47(7):2352 – 2362.

[28] Wang Q, Xing M, Lu G, et al. High - resolution three - dimensional radar imaging for rapidly spinning targets[J]. IEEE Transactions on Geoscience and Remote Sensing, 2008, 46(1): 22 - 30.

[29] Bai X, Bao Z. High - resolution 3D imaging of precession cone - shaped targets[J]. IEEE Transactions on Antennas and Propagation, 2014, 62(8): 4209 - 4219.

[30] Wang Q, Xing M, Lu G, et al. High - resolution three - dimensional radar imaging for rapidly spinning targets[J]. IEEE Transactions on Geoscience and Remote Sensing, 2008, 46(1): 22 - 30.

[31] Chen CC. The micro - doppler effect in radar[M]. Artech House Radar Library, Norwood, MA, 2011: 12 - 65.

[32] Zhang L, Qiao Z J, Xing M D, et al. High - resolution ISAR imaging with sparse stepped - frequency waveforms[J]. IEEE Transactions on Geoscience and Remote Sensing, 2011, 49(11): 4630 - 4651.

[33] Gao X, Liu Z, Chen H, et al. Fourier - sparsity integrated method for complex target ISAR imagery[J]. Sensors, 2015, 15(2): 2723 - 2736.

[34] Babaie - Zadeh M, Jutten C. On the stable recovery of the sparsest overcomplete representations in presence of noise[J]. IEEE Transactions on Signal Processing, 2010, 58(10): 5396 - 5400.

[35] Mohimani H, Babaie - Zadeh M, Jutten C. A fast approach for overcomplete sparse decomposition based on smoothed L0 norm[J]. IEEE Transactions on Signal Processing, 2009, 57(1): 289 - 301.

[36] Candès E J, Wakin M B, Boyd S P. Enhancing sparsity by reweighted L1 minimization[J]. Journal of Fourier Analysis and Applications, 2008, 14(5 - 6): 877 - 905.

第 9 章　微动目标一维距离像序列特征提取

9.1 引　言

由前面的分析可知，雷达距离向上的高分辨是通过发射大时宽带宽积信号来实现的。一维距离像包含了目标的散射点及结构特征信息，可以通过目标的一维距离像提取目标的结构、尺寸信息。然而，一维距离像敏感于目标的姿态变化，不同姿态下，目标的一维距离像差别很大。在完成高速运动补偿的前提下，目标与雷达的相对距离变化及姿态运动主要是由目标的微动引起的，相比之下，雷达视线移动带来的姿态变化可以忽略。这样，目标的周期性微动会引起距离像周期性的变化，因此可以通过目标距离像提取进动特征，利用目标距离像的姿态敏感性实现进动特征的提取。

本章在分析目标进动与目标距离像之间关系的基础上，通过距离像序列实现目标结构及进动特征的提取。主要内容包括：9.2 节对高分辨一维距离像的原理进行了分析，完成了进动目标的一维距离像仿真，研究了目标高速运动对一维距离像的影响；9.3 节提出了一种在滑动散射点模型的基础上，利用一维距离像序列提取目标进动周期的算法，在低信噪比下能比较准确地提取目标进动周期；9.4 节在建立目标进动模型的基础上，提出了一种新的目标特征尺寸提取算法，可以实现较高精度的目标真实尺寸提取，同时实现目标进动角的估计；9.5 节对本章内容进行了小结。

9.2 高分辨一维距离像

9.2.1 一维距离像原理

根据凯勒几何绕射理论的局部场原理，在高频极限的情况，绕射场只取决于绕射点附近很小的区域的几何性质和物理性质。由电磁散射理论可知，弹道微动目标的整体回波为目标上的所有散射中心回波的和，每个散射中心相当于 Stratton - Chu 积分的不连续处。

散射中心的概念就是在研究目标识别的过程中提出的，目标的回波信号特

性可用目标的散射中心模型进行分析。假定用 d 个散射中心来表征目标的散射特性，后向散射响应满足

$$y(f,\theta) = \sum_{k=1}^{d} A_k(f,\theta)\exp\left(-\mathrm{j}\frac{4\pi f r_k(\theta)}{c}\right) + u \tag{9.1}$$

式中：y 为雷达接收到的复信号；A_k 为第 k 个散射中心的散射强度；r_k 为散射中心与雷达之间的距离；c 为光速；f 为信号频率；u 为噪声。对于理想点目标，不考虑遮挡，则式(9.1)可简化为

$$y(f,\theta) = \sum_{k=1}^{d} A_k\exp\left(-\mathrm{j}\frac{4\pi f r_k(\theta)}{c}\right) + u \tag{9.2}$$

高分辨雷达通过发射宽带信号实现距离向高分辨，其分辨单元远小于目标尺寸，因而目标占据多个分辨单元。每个分辨单元的回波信号是该单元内所有散射中心回波的矢量和，即目标的一维距离像，如图 9.1 所示。

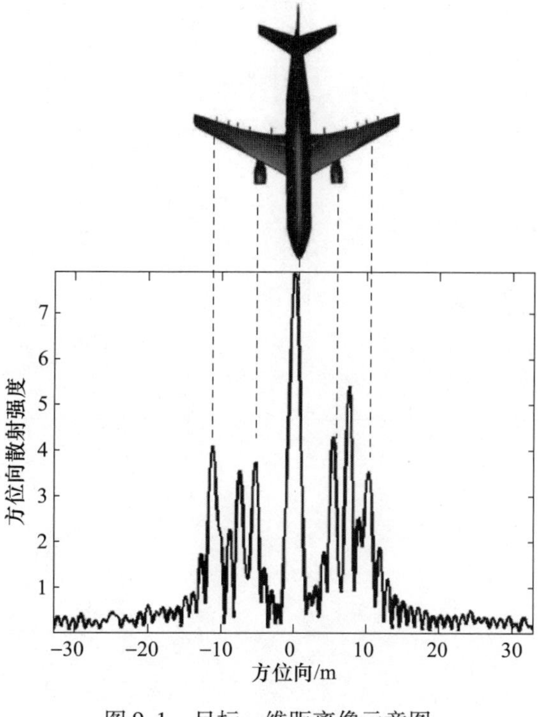

图 9.1　目标一维距离像示意图

雷达的距离分辨率正比于发射信号的带宽，即

$$\Delta R = \frac{c}{2B} \tag{9.3}$$

式中：c 为光速；B 为信号带宽。从式(9.3)中可以看出，要得到高的距离分辨率，应使发射信号具有较大的带宽。

对 LFM 进行匹配滤波处理是比较常见的脉冲压缩处理方式,但是对于带宽很大的系统来说,这种处理方式对硬件要求很高。由于线性调频信号的特殊性质,对回波实行 Strecth 处理是一种比较好的方法,可大大减少数据量。Strecth 处理即"全去斜率脉压处理方法",其对线性调频信号脉冲压缩的实现是通过全去斜混频和一次快速傅里叶变换,而如果采用匹配滤波进行接收处理则需要三次快速傅里叶变换。通常,在宽带信号处理系统中,雷达发射机还需通过发射窄带信号粗略测量出目标的距离,给出 Strecth 处理的参考距离及参考信号的延时量,宽带工作模式和窄带工作模式一般交替进行,如图 9.2 所示。

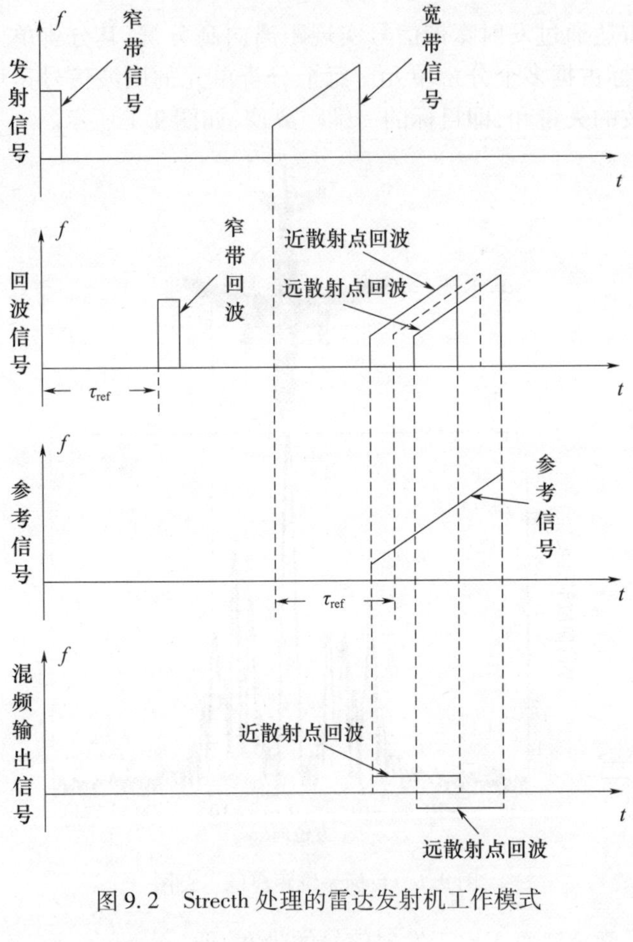

图 9.2　Strecth 处理的雷达发射机工作模式

雷达发射的线性调频信号可表示为

$$s(\hat{t},t_m)=\mathrm{rect}\left(\frac{\hat{t}}{T_{\mathrm{p}}}\right)\exp\left(\mathrm{j}2\pi\left(f_{\mathrm{c}}t+\frac{1}{2}\mu\hat{t}^2\right)\right) \tag{9.4}$$

$$\text{rect}(u)=\begin{cases}1,|u|\leqslant\dfrac{1}{2}\\0,|u|>\dfrac{1}{2}\end{cases}$$

式中:$\hat{t}$ 和 t_m 分别为快时间和慢时间;f_c 为中心频率;T_p 为脉冲宽度;μ 为调频率。散射点的回波信号为

$$s_r(t_k,t_m)=\sum_{i=1}^{L}A_i\text{rect}\left(\frac{\hat{t}-t_i}{T_p}\right)\cdot\exp\left\{\text{j}2\pi\left(f_c(t-t_i)+\frac{1}{2}\mu(\hat{t}-t_i)^2\right)\right\} \tag{9.5}$$

式中:L 为目标上散射点个数;A_i 为回波信号幅度;$R_i(t_m)$ 为第 m 个慢时间第 i 个散射点与雷达的距离;$t_i=2R_i(t_m)/c$ 为回波信号延迟时间。

利用解线调方法对回波信号进行处理,并将参考信号设为

$$s_{\text{ref}}(t)=\text{rect}\left(\frac{\hat{t}-t_r}{T_p}\right)\exp\left(\text{j}2\pi(f_c(t-t_r)+\frac{1}{2}\mu(\hat{t}-t_r)^2)\right) \tag{9.6}$$

式中:$t_r=2R_{\text{ref}}/c$,R_{ref} 为参考距离。经 Strecth 处理得到差频信号输出为

$$\begin{aligned}s_{if}(\hat{t},t_m)&=s_r(\hat{t},t_m)\cdot s_{\text{ref}}^*(\hat{t},t_m)\\&=\sum_{i=1}^{L}A_i\text{rect}\left(\frac{\hat{t}-t_i}{T_p}\right)\exp\left(-\text{j}\frac{4\pi}{c}\mu(\hat{t}-t_r)R_{\Delta i}\right)\cdot\\&\quad\exp\left(-\text{j}\frac{4\pi}{c}f_cR_{\Delta i}\right)\exp\left(\text{j}\frac{4\pi\mu}{c^2}R_{\Delta i}{}^2\right)\end{aligned} \tag{9.7}$$

式中:$R_{\Delta i}=R_i(t_m)-R_{\text{ref}}$。

对式(9.7)进行快速傅里叶变换,即可获得目标的一维距离像,即

$$\begin{aligned}s_{if}(f,t_m)&=\sum_{i=1}^{L}\sigma_iT_p\text{sinc}\left[T_{\text{ref}}\left(f+\frac{2\mu}{c}R_{\Delta i}\right)\right]\exp\left\{-\text{j}\frac{4\pi f_c}{c}R_{\Delta i}\right\}\cdot\\&\quad\exp\left\{\text{j}\frac{4\pi\mu}{c^2}R_{\Delta i}^2\right\}\exp\left\{-\text{j}\frac{4\pi}{c}fR_{\Delta i}\right\}\end{aligned} \tag{9.8}$$

式(9.8)中的相位项共包含三项,它们各有其含义。其中:第一项是多普勒项;第二项是视频残余(RVP)项;第三项为包络斜置项,该项对成像无益,需要补偿掉。通过式(9.8)还可以得出,距离像峰值位于 $f_i=-2\mu R_{\Delta i}/c$ 处,通过与因子 $-c/(2\mu)$ 相乘,f_i 可被转化为散射点 i 距参考点的相对距离。

将式(9.8)的后两个相位项可表示为

$$\frac{4\pi\mu}{c^2}\cdot R_{\Delta i}^2-\frac{4\pi f}{c}\cdot R_{\Delta i}=\frac{3\pi f_i^2}{\mu} \tag{9.9}$$

式中:$f_i=-2\mu R_{\Delta i}/c$。将式(9.9)乘以

$$S_{\text{RVP}}(f_i)=\exp\left(-\text{j}\frac{3\pi f_i^2}{\mu}\right) \tag{9.10}$$

就可以将 RVP 项和包络斜置项去除。这样,式(9.8)变为

$$s_r(f,t_m) = \sum_{i=1}^{L} \sigma_i T_p \mathrm{sinc}\left(T_{\mathrm{ref}}\left(f + \frac{2\mu}{c} \cdot R_{\Delta i}\right)\right) \exp\left\{ -\mathrm{j}\frac{4\pi f_c}{c} R_{\Delta i}\right\} \tag{9.11}$$

通常,无翼弹道目标均具有旋转对称性,自旋运动对回波的调制作用可以忽略,则只考虑锥旋在目标的进动中引起的信号调制作用。在对进动的分析中,如果不做特别说明,均不考虑自旋作用的影响。假设目标的锥旋引起的目标径向距离变化为 $R_{\delta i}(t_m)$,t_m 为第 m 个慢时间时刻。同样,$R_{\Delta i}(t_m)$ 为第 m 个慢时间时刻第 i 个散射点距雷达的距离与参考距离之差。式(9.11)可改写为

$$\begin{aligned} s_r(f,t_m) = & \sum_{i=1}^{L} \sigma_i T_p \mathrm{sinc}\left(T_{\mathrm{ref}}\left(f + \frac{2\mu}{c} \cdot R_{\Delta i}(t_m)\right)\right) \\ & \exp\left\{ -\mathrm{j}\frac{4\pi f_c}{c} (R_{\Delta i}(t_m) + R_{\delta i}(t_m))\right\} \end{aligned} \tag{9.12}$$

9.2.2 进动目标一维距离像仿真

仿真假设发射的线性调频信号脉冲宽度 $T_p = 40\mu s$,信号带宽 $B = 300\mathrm{MHz}$,调频斜率 $\mu = B/T_p$,发射信号波长 $\lambda = 5\mathrm{cm}$。进动目标进动频率 $f_c = 2\mathrm{Hz}$。目标上的散射点在参考坐标系中的位置分别为 $S_1 = (7, -4, 0)$,$S_2 = (3, 1, 0)$,$S_3 = (20, 5, 0)$。雷达视线在参考坐标系中的方位角和俯仰角分别为 $\theta = 30°$ 和 $\varphi = 45°$。在平动已经补偿的前提下,得到进动目标的一维距离像。图 9.3(a)~图 9.3(c)所示为不同时刻得到的目标一维距离像,图 9.3(d)所示为目标的慢时间—距离像。

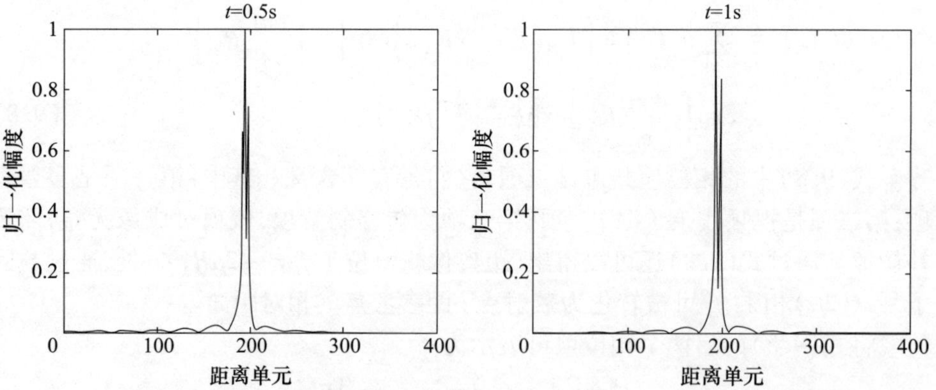

(a)t=0.5s时刻的一维距离像　　(b)t=1s时刻的一维距离像

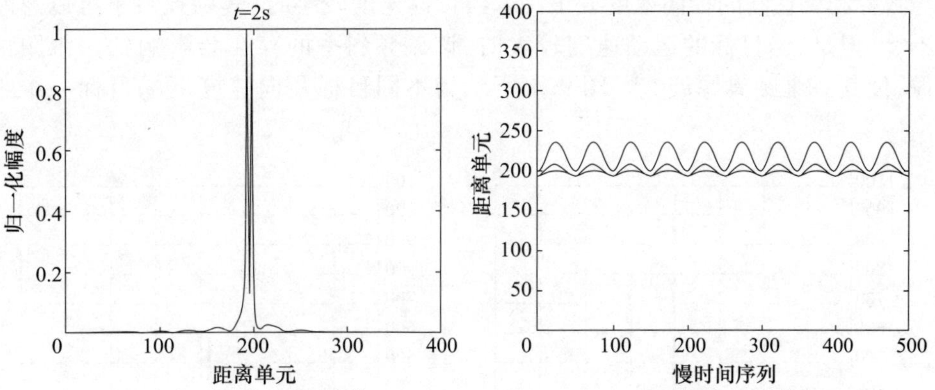

(c) t=2s时刻的一维距离像　　(d)慢时间—距离像

图 9.3　目标一维距离像

从图 9.3(a) ~ 图 9.3(c)可以看出,进动引起了散射点一维距离像的变化,体现了目标一维距离像的姿态敏感性。图 9.3(d)所示的慢时间—距离像表明,进动目标散射点在距离向的位置随其进动按正弦规律变化。

9.2.3　高速运动对一维距离像的影响

由前面分析可知,雷达发射宽频信号后,其距离分辨率大幅度提高,这时接收到的目标回波信号不再是"点"回波,而是沿距离向分布开的一维距离像。目标一维距离像是高分辨率雷达成像的基础。但是,当目标速度较大时,目标一维距离像将产生畸变和展宽,这将影响到雷达的成像质量,同时影响到识别的效果,因此要对目标的一维距离像进行速度补偿。常用的速度补偿方法主要有 Radon - Winger 算法、Radon - Ambiguity 算法、Chirp - FFT 算法以及分阶傅里叶变换,目的都是通过峰值检测来得到调频斜率。

目标雷达回波信号解调频后的输出为

$$\begin{aligned} s_v(t) &= s(t)\cdot s_{\text{ref}}^*(t) \\ &= \sum_{k=1}^{K}\sigma_k \text{rect}\left(\frac{t-\tau_{\text{ref}}}{T}\right)\exp\left(\text{j}2\pi\left(f_0(\tau_{\text{ref}}-\tau_k)+\gamma t(\tau_{\text{ref}}-\tau_k)-\frac{1}{2}\gamma\,(\tau_{\text{ref}}-\tau_k)^2\right)\right) \end{aligned} \tag{9.13}$$

令相位项为

$$\varphi_k(t) \approx f_0\frac{2(r_{\text{ref}}-r_{k,0})}{c}+\left(\gamma\frac{2(r_{\text{ref}}-r_{k,0})}{c}+\frac{2f_0\nu}{c}\right)t+\gamma\frac{2v}{c}t^2 \tag{9.14}$$

当目标相对雷达的径向速度不变时,雷达信号解调后的载频为 $f_{k,0}{}'=\gamma\frac{2(r_{\text{ref}}-r_{k,0})}{c}+\frac{2f_0\nu}{c}$,调频斜率为 $\gamma'=\gamma\frac{4\nu}{c}$。可见,雷达信号解调后的调频斜率

与目标和雷达间的径向速度成正比。当目标速度较小时,其调频斜率可以忽略不计,但是,当目标的运动速度较大时,该调频斜率的存在会影响到一维距离像,使其一维距离像展宽。图 9.4 所示为不同目标径向速度下的目标一维距离像。

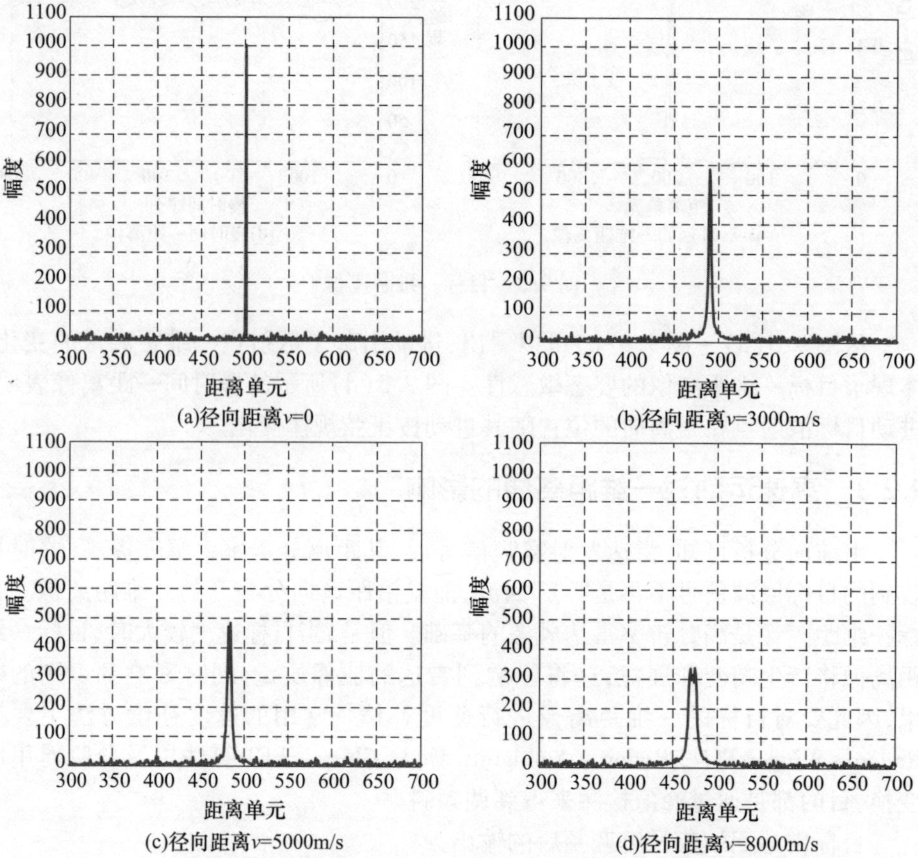

图 9.4　不同径向速度情况下的目标一维距离像

从图 9.4 中可以看出,随着目标速度的增加,目标的一维距离像出现展宽,且展宽幅度不断增大。还可以看出,目标一维距离像在目标所在处的距离单元幅度随其速度的增加而降低,这也主要是由于其一维距离像展宽引起能量的分散所造成的。因此,要获得准确的目标一维距离像,进而利用目标的一维距离像进行弹道目标进动及结构特征提取,必须对其高速运动进行补偿。下面的分析均建立在目标高速运动已得到有效补偿的基础上。

9.3　基于一维距离像序列的进动周期估计

9.3.1　滑动散射点模型

目前,已有文献对微动特征提取的研究大都是在理想点散射模型假设的基础上进行的。文献[2]指出中段弹道目标在其圆锥底部、锥柱结合部、锥球结合部、柱球结合部的散射中心都属于圆环结构边缘滑动散射中心,是典型的非理想散射中心。下面对圆环结构边缘滑动散射中心的微动进行建模分析。

如图9.5所示,以目标旋转中心为坐标原点 O,以目标锥旋轴为 Z 轴,Y 轴位于初始时刻弹体对称轴与锥旋轴构成的平面内,与锥旋轴 OZ 垂直,OX、OY 与 OZ 构成右手坐标系,称 (X,Y,Z) 为参考坐标系。η 为弹体对称轴与锥旋轴的夹角,称为进动角;θ 和 φ 分别表示雷达视线在参考坐标系中的方位角和俯仰角。(x,y,z) 为本体坐标系,弹体对称轴为 Oz 轴,Ox 轴位于 OZ 与 Oz 构成的平面内,Ox 与 Oz 垂直,Ox、Oy 与 Oz 构成右手坐标系。

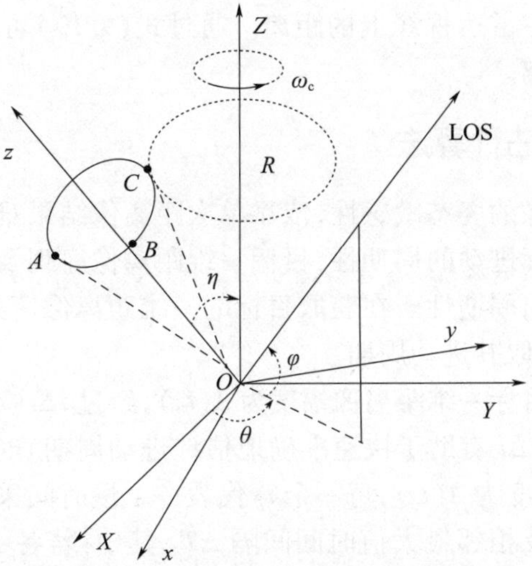

图9.5　参考坐标系中散射点位置

这里主要考察模型的滑动散射点,若同时考虑运动规律简单的锥顶理想散射中心,其步骤与下面类似。

散射点 A、B、C 在本体坐标系中的坐标可分别表示为

$$\begin{cases}[x \quad y \quad z]_A^{\mathrm{T}}=[r\cos\omega_{\mathrm{c}}t \quad -r\sin\omega_{\mathrm{c}}t \quad z_0]^{\mathrm{T}}\\ [x \quad y \quad z]_B^{\mathrm{T}}=[r\sin\omega_{\mathrm{c}}t \quad -r\cos\omega_{\mathrm{c}}t \quad z_0]^{\mathrm{T}}\\ [x \quad y \quad z]_C^{\mathrm{T}}=[-r\cos\omega_{\mathrm{c}}t \quad r\sin\omega_{\mathrm{c}}t \quad z_0]^{\mathrm{T}}\end{cases} \tag{9.15}$$

式中：r 为锥底半径；z_0 为各点在本体坐标系中 z 轴的坐标位置，它在目标进动过程中为常数，在下面的分析中取 z_0 为 1。

由欧拉旋转变换得到本体坐标系到参考坐标系的变换矩阵可表示为

$$\boldsymbol{R}_{\mathrm{conv}}=\begin{bmatrix}\cos(\phi_0+\omega_{\mathrm{c}}t) & -\sin(\phi_0+\omega_{\mathrm{c}}t) & 0\\ \sin(\phi_0+\omega_{\mathrm{c}}t) & \cos(\phi_0+\omega_{\mathrm{c}}t) & 0\\ 0 & 0 & 1\end{bmatrix}\begin{bmatrix}\cos\eta & 0 & -\sin\eta\\ 0 & 1 & 0\\ \sin\eta & 0 & \cos\eta\end{bmatrix} \tag{9.16}$$

式中：ϕ_0 为初始时刻 Oz 在 XOY 平面上的投影与 OX 的夹角。

t 时刻散射点在参考坐标系的位置为

$$\boldsymbol{r}_p(t)=\boldsymbol{R}_{\mathrm{conv}}[x \quad y \quad z]^{\mathrm{T}} \tag{9.17}$$

雷达视线在参考坐标系中的单位向量 $\boldsymbol{n}$ 可表示为

$$\boldsymbol{n}=[\cos\theta\cos\varphi \quad \sin\theta\cos\varphi \quad \sin\varphi]^{\mathrm{T}} \tag{9.18}$$

可得散射点在雷达视线上的距离为

$$R=R_0+\boldsymbol{r}_p(t)\cdot\boldsymbol{n} \tag{9.19}$$

式中：R_0 为原点 O 在雷达视线上的距离。通过式(9.19)可求得散射点 A、B、C 在雷达视线上的距离。

9.3.2 进动周期估计算法

由于一维距离像的姿态敏感性，依靠单次距离像结果难以完成目标特征提取和识别。由于目标进动的周期性，目标一维距离像序列及其在雷达视线上的投影长度也会呈现出周期性。在获取目标的一维距离像序列后，首先需要判断其周期性，然后再提取其进动周期。

假设初始时刻目标一维距离像幅度为 $A(t_0)$，经过 $i\Delta t$（$\Delta t=mT$，T 为脉冲重复周期，选取适当的 Δt 有助于快速准确地估计进动周期）时间后，即经历 $i\times m$ 个重复周期后，其幅度为 $A(t_i)$，每一个 t_i 代表一个慢时间采样点。计算一维距离像幅值的最大值及相邻最大值时间间隔 ΔT_j，其中：若各 ΔT_j 之差较大，超出间隔门限 ξ_1（这里取 ξ_1 为 $5\%\times\Delta T_j$），则减小 Δt，直至各 ΔT_j 近似相等；若 Δt 取为 T，ΔT_j 之差仍超出门限 ξ_1，则不具有周期性。如果采样间隔 Δt 为某一值时各 ΔT_j 近似相等，将其记为可能的进动周期值 ΔT，再计算相邻周期内各个慢时间采样时刻的幅度差之和 $\sigma=\sum_i|A(\Delta T+t_i)-A(t_i)|$。根据需要设定门限值 ξ_2，若 $\sigma<\xi_2$，则 ΔT 为目标的进动周期；若 $\sigma>\xi_2$，则不具有周期性。由上述所分析可知，目标的进动周期估计流程如图 9.6 所示。

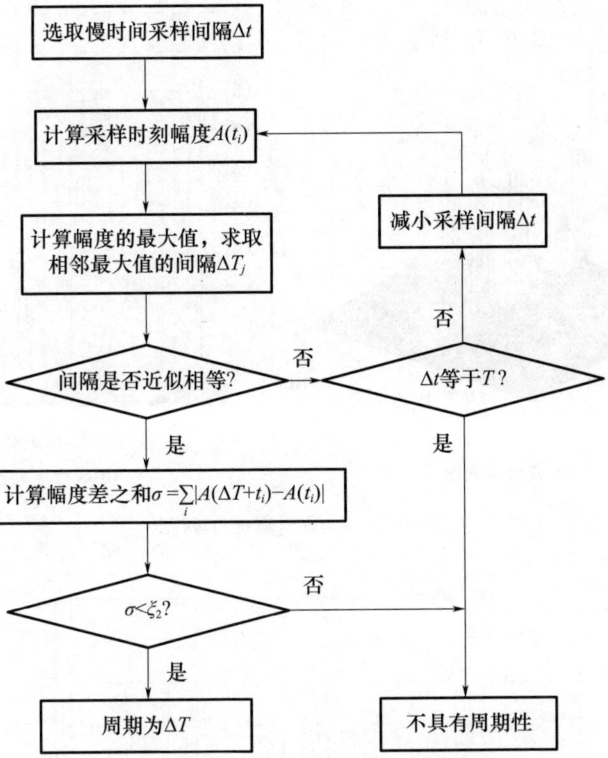

图 9.6　进动周期估计流程图

9.3.3　仿真验证与分析

目标进动模型仿真参数设置如下：初始相位角 $\phi_0=\pi/2$，锥旋频率 $f_c=1\text{Hz}$，雷达视线在参考坐标系中的方位角 $\theta=30°$，俯仰角 $\varphi=45°$，进动角 $\eta=15°$，锥底半径为 0.5m，发射信号中心频率 $f_c=5\text{GHz}$，信号带宽 $B=1\text{GHz}$，采样频率 $F_s=2B$，脉冲重复频率 $\text{prf}=1\text{kHz}$，脉冲宽度 $T_p=100\mu\text{s}$，调频斜率 $\mu=B/T_p$。在上述的仿真参数设置下，取慢时间采样间隔为 0.1s，在 0～3s 的时间里共有 31 个慢时间采样时刻。

当信噪比为 0dB 时，得到目标的成像序列结果如图 9.7 所示，图 9.7(b)为图 9.7(a)在幅度与成像序列平面的投影图，从投影图中能更准确地判断其周期性。

利用本章提出的进动周期估计方法。取门限 ξ_2 为 0.05，已知慢时间采样间隔为 0.1s，容易算得 $\sigma<\xi_2$，并可估计周期值为 1s，与仿真参数设置的进动频率 f_c 对应，估计效果较好。当信噪比为 −10dB 时，成像序列投影图如图 9.8 所示。

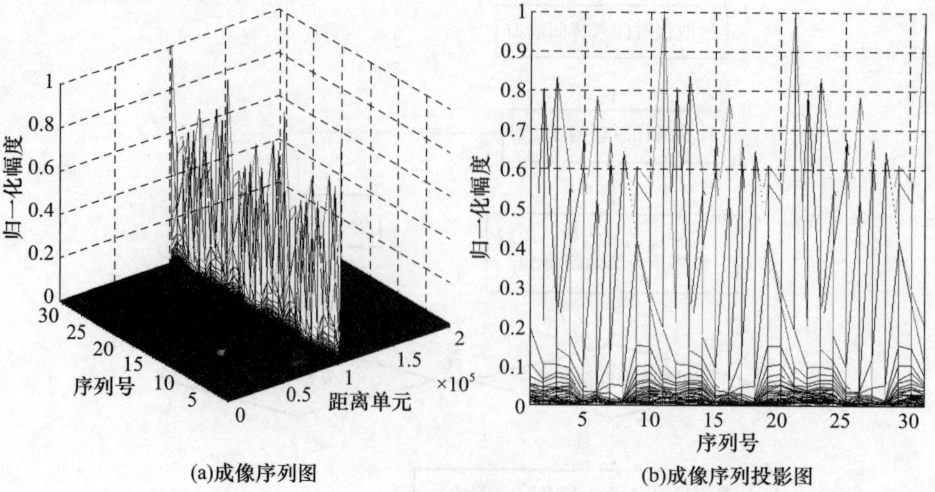

图 9.7　一维距离像序列图

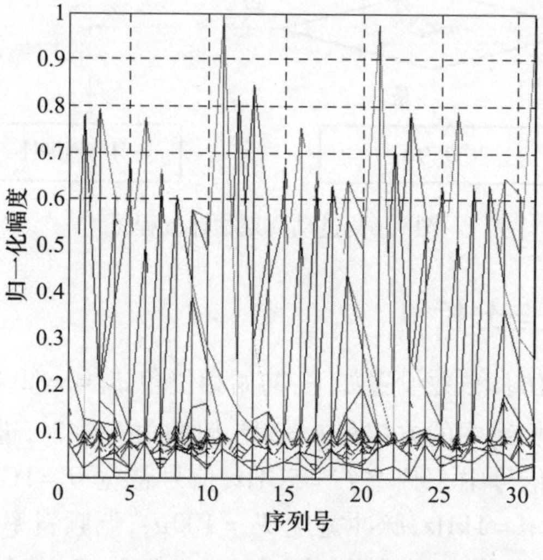

图 9.8　SNR 为 -10dB 时的成像序列投影图

从图 9.8 中的成像序列结果可以看出，虽然其周期性不再严格，但是利用本章的进动周期提取算法，在一定的门限 ξ_2（这里取为 0.1），仍可认为具有周期性并估计出其进动周期，证明本章的成像序列进动周期提取算法，在低信噪比时仍有较好的效果。慢时间采样间隔的选取影响进动周期提取性能，如果选取的采样间隔能被进动周期整除，则提取效果最好，否则需要减小采样间隔以减小进动周期估计误差。

9.4　基于 HRRP 序列的弹道目标尺寸与进动角提取

9.4.1　目标进动模型及特征尺寸

1)目标进动模型

由无翼弹道目标的散射特性及其旋转对称性可知,自旋运动不会对其一维距离像产生调制。弹道目标进动模型如图9.9所示。

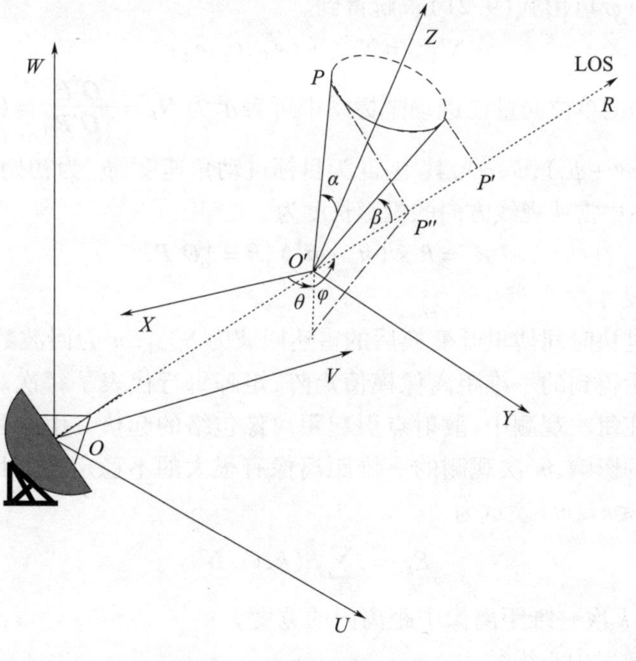

图9.9　弹道目标进动模型

O'为锥顶散射点,设为锥旋中心,P为目标上任一散射点,$O'P$就表示了目标的真实尺寸。LOS为雷达视线方向,(U,V,W)为雷达坐标系,(X,Y,Z)为进动坐标系,Z轴为进动轴方向,α为进动角,Y轴在Z轴与雷达视线方向构成的平面中且垂直于Z轴,X、Y、Z轴成右手坐标系。参考坐标系(x,y,z)坐标原点位于点O',且各轴方向平行于雷达坐标系,(ϕ,ψ)为雷达视线在参考坐标系中的方位角和俯仰角。弹道目标的进动导致目标长度$O'P$在雷达视线方向投影的周期性变化,如图9.9中$O'P'$和$O'P''$所示。

雷达视线在进动坐标系中的方位角θ和俯仰角φ,可通过欧拉坐标变换或齐次坐标变换来得到。假设雷达视线方向及进动轴方向在参考坐标系中的位置

分别为 $\boldsymbol{N}_{\mathrm{LOS}}$ 和 $\boldsymbol{N}_P$，则进动坐标系中各轴在参考坐标系中的方向可表示为

$$\begin{cases}\boldsymbol{e}_X=\dfrac{\boldsymbol{N}_P\times\boldsymbol{N}_{\mathrm{LOS}}}{\|\boldsymbol{N}_P\times\boldsymbol{N}_{\mathrm{LOS}}\|}\\ \boldsymbol{e}_Y=\dfrac{\boldsymbol{N}_P\times\boldsymbol{e}_X}{\|\boldsymbol{N}_P\times\boldsymbol{e}_X\|}\\ \boldsymbol{e}_Z=\boldsymbol{N}_P\end{cases}\tag{9.20}$$

雷达视线在参考坐标系中的单位向量表示为 $\boldsymbol{N}_{\mathrm{LOS}}=(\cos\phi\cos\psi,\sin\phi\cos\psi,\sin\psi)$，在进动坐标系中的单位向量可以表示为 $\boldsymbol{N}'_{\mathrm{LOS}}=(\cos\varphi\cos\theta,\cos\varphi\sin\theta,\sin\varphi)$，则 θ 和 φ 可由式(9.21)求解得到。

$$\boldsymbol{N}'_{\mathrm{LOS}}=\boldsymbol{N}_{\mathrm{LOS}}\cdot(\boldsymbol{e}_X^{\mathrm{T}},\boldsymbol{e}_Y^{\mathrm{T}},\boldsymbol{e}_Z^{\mathrm{T}})\tag{9.21}$$

$\boldsymbol{O'P}$ 方向的单位向量在进动坐标系中可表示为 $\boldsymbol{N}_P=\dfrac{\boldsymbol{O'P}}{|\boldsymbol{O'P}|}=(\sin\alpha\cos(\omega t+\phi_0),\sin\alpha\sin(\omega t+\phi_0),\cos\alpha)$，其中：$\omega$ 为目标进动角速度；ϕ_0 为初始方位角。$\boldsymbol{O'P}$ 在参考坐标系中雷达视线方向的投影长度为

$$R_p=R\times(\boldsymbol{n}_p\cdot\boldsymbol{n}^{\mathrm{T}}),R=|\boldsymbol{O'P}|\tag{9.22}$$

2）特征尺寸

假设经过快时间傅里叶变换后的雷达回波为 $S_{m\times n}$，m 为回波数，n 为采样点数。$\boldsymbol{P}_{m\times n}$ 表示得到的一维距离像模值矩阵，矩阵每行代表了每次观测的一维距离像幅度。在每次观测中，散射点引起距离像包络的起伏。由于目标姿态角的变化和噪声的影响，m 次观测的一维距离像有很大的不稳定性。目标一维距离像均值 $E_k(1\leqslant k\leqslant m)$ 表示为

$$E_k=\sum_i S(k,i)/N\tag{9.23}$$

式中：N 为第 k 次一维距离像中距离门的宽度。

目标强散射中心维数为

$$Z(k)=\sum_{i=1}^{m}U[\boldsymbol{P}(k,i)\geqslant E_k]\tag{9.24}$$

式中：U 为单位阶跃函数。式(9.24)表示了第 k 次观测得到的一维距离像大于平均值的距离单元数。

一维距离像幅度大于或等于 E_k 的散射点对应的距离单元位置序列可表示为

$$L_k(i)=\{(k,i)\mid(\boldsymbol{P}(k,i)-E_k)\geqslant0,k=0,1,\cdots,m-1;i=0,1,\cdots,Z_k-1\}\tag{9.25}$$

目标的投影尺寸表示为

$$L_k=[\max(L_k(i))-\min(L_k(i))]\rho_r\tag{9.26}$$

式中：$\rho_r = \frac{c}{2B}$为距离分辨率。

9.4.2　真实尺寸及进动角提取

雷达视线 LOS 方向与 $\boldsymbol{O'P}$ 夹角称为目标的姿态角，用 ψ'表示。$\boldsymbol{O'P}$ 在雷达视线方向的投影长度随目标的进动而发生变化，会出现最大值和最小值，如图 9.9中 $O'P'$和 $O'P''$所示，分别用 L_1 和 L_2 表示，满足

$$\begin{cases} L\cos\psi_1{}' = L\cos\beta = L_1 \\ L\cos\psi_2{}' = L\cos(2\alpha+\beta) = L_2 \\ \alpha+\beta = \dfrac{\pi}{2} - \varphi \end{cases} \tag{9.27}$$

式中：β 为最小姿态角。

根据式(9.27)，考察 $\boldsymbol{O'P}$ 在雷达视线上的投影长度随目标进动的变化规律，如图 9.10 所示。

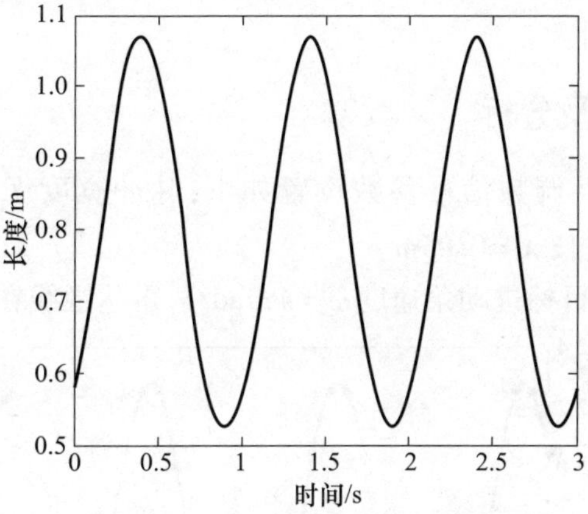

图 9.10　目标投影长度变化规律

从图 9.10 中可以看出，投影长度随目标进动按正弦规律变化，可以通过对投影长度的分析实现对目标真实尺寸 L 的估计。

在得到目标的投影长度随其进动变化的离散点序列后，先通过 MATLAB 中的三次样条插值函数 SPLINE 来分析其投影长度的变化规律，再利用最小均方误差性能测度方法来实现其长度变化曲线的拟合和估计。

将期待信号 d_k 设为 k 时刻插值得到的目标投影长度，y_k 满足

$$y_k = \boldsymbol{W}_k^{\mathrm{T}}\boldsymbol{X}_k \tag{9.28}$$

式中：$\boldsymbol{X}_k = [x_{0k} \quad x_{1k} \quad \cdots \quad x_{Lk}]^{\mathrm{T}}$；$\boldsymbol{W}_k = [\omega_{0k} \quad \omega_{1k} \quad \cdots \quad \omega_{Lk}]^{\mathrm{T}}$。$\boldsymbol{X}_k$ 为拟合信号模

型，可表示为 $x_{ik}=A_i\sin(\omega t(i)+\phi_i)+B_i, i=1,2,\cdots,L$；$\boldsymbol{W}_k$ 为其权值。系统的均方误差为

$$\begin{aligned}E(|\varepsilon_k|^2)&=E[(d_k-y_k)^*(d_k-y_k)]\\&=E(|d_k|^2)+\boldsymbol{W}_k^{\mathrm{T}}E[\boldsymbol{X}_k^*\boldsymbol{X}_k^{\mathrm{T}}]\boldsymbol{W}_k-2\mathrm{Re}\{\boldsymbol{W}_k^{\mathrm{T}}E[d_k^*\boldsymbol{X}_k]\}\end{aligned}\tag{9.29}$$

系统的性能函数为

$$\xi(\boldsymbol{W})=E[|d_k|^2]+\boldsymbol{W}^{\mathrm{T}}\boldsymbol{R}\boldsymbol{W}-2\mathrm{Re}(\boldsymbol{W}^{\mathrm{T}}\boldsymbol{P})\tag{9.30}$$

式中：$\boldsymbol{P}\overset{\mathrm{def}}{=}E[d_k^*\boldsymbol{X}_k]$。

利用梯度运算式可得

$$\nabla=\frac{\partial}{\partial\boldsymbol{W}}[\xi(\boldsymbol{W})]=2\boldsymbol{R}\boldsymbol{W}-2\boldsymbol{P}^*\tag{9.31}$$

在最小均方误差输出情况下，自适应系统的最佳权向量 $\boldsymbol{W}_{\mathrm{opt}}$ 应使 $\nabla=0$。根据维纳－霍夫方程可得

$$\boldsymbol{W}_{\mathrm{opt}}=\boldsymbol{R}^{-1}\boldsymbol{P}^*\tag{9.32}$$

选择最佳权向量 $\boldsymbol{W}_{\mathrm{opt}}$ 对应的信号模型，得到信号的峰值，根据式(9.27)完成目标长度及进动角的估计。

9.4.3 仿真实验及分析

发射的宽带线性调频信号参数设置如下：脉冲宽度 $T_{\mathrm{p}}=40\mu\mathrm{s}$，带宽 $B=1.5\mathrm{GHz}$，发射信号波长 $\lambda=0.05\mathrm{m}$。

图9.11所示为目标进动角速度 $\omega=4\pi\mathrm{rad/s}$，雷达视线在进动坐标系中的方

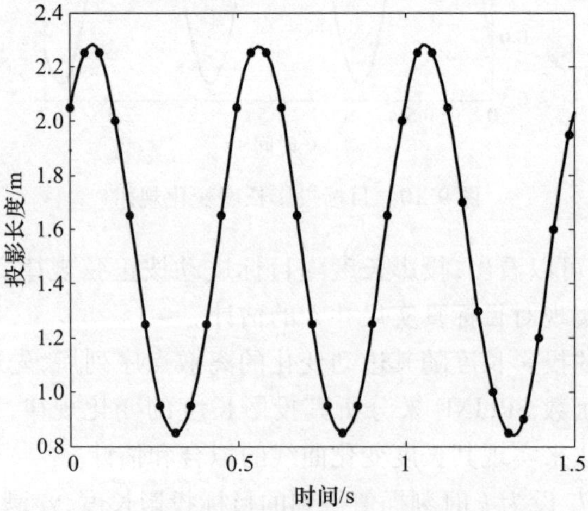

图9.11 投影长度随进动变化曲线
($\omega=4\pi\mathrm{rad/s}, \theta=45°, \varphi=30°$)

位角 $\theta=45°$ 和俯仰角 $\varphi=30°$ 时，得到的目标的投影长度随其进动的变化曲线。从图中可以看出，目标投影长度随目标进动近似按正弦规律变化，与9.4.2节分析一致，证明了本节的特征投影长度提取效果较好。同时，可以提取其投影长度变化周期，验证利用慢时间—距离像对进动周期的估计结果。

按照均方误差性能测度方法拟合投影长度曲线，得到最大投影长度 L_1 和最小投影长度 L_2。同时，将式(9.27)重写为

$$\begin{cases}L\cos\psi_1=L\cos\beta=L(\alpha+\beta-\alpha)=L_1\\ L\cos\psi_2=L\cos(2\alpha+\beta)=L(\alpha+\beta+\alpha)=L_2\\ \alpha+\beta=\dfrac{\pi}{2}-\varphi\end{cases}\tag{9.33}$$

通过式(9.33)，可以比较方便地实现目标真实长度的估计。改变目标的进动角，得到其估计长度随进动角变化曲线如图9.12(a)所示。改变电波入射角，得到其估计长度随俯仰角变化曲线如图9.12(b)所示。

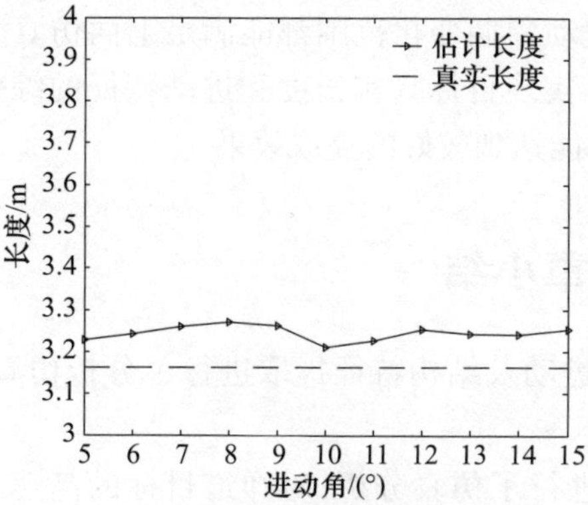

(a)目标估计长度随进动角变化曲线

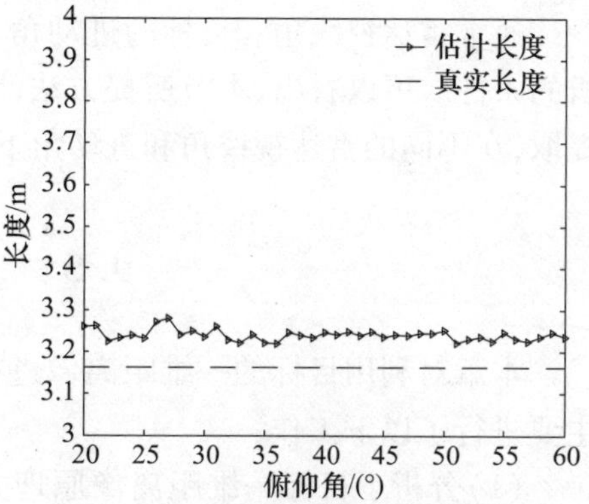

(b)目标估计长度随雷达视线角变化曲线

图9.12　目标尺寸估计效果曲线

从图9.12可以得出，在不同的进动角和雷达视线角下，目标真实长度估计的绝对误差均小于0.1m，相对误差小于4%，长度估计效果较好，精度较高。

通常弹头目标的进动角不大于15°。设置目标进动角线性变化，对每一个进动角下的成像序列进行分析，通过式(9.33)提取得到其估计值。得到目标进动角估计效果曲线如图9.13所示。

从图9.13可以看出，估计得到的进动角与真实值非常接近，估计误差较小。对仿真数据分析可得，角度估计绝对误差不大于0.2557°，相对误差小于6.4%，进动角估计精度较高。

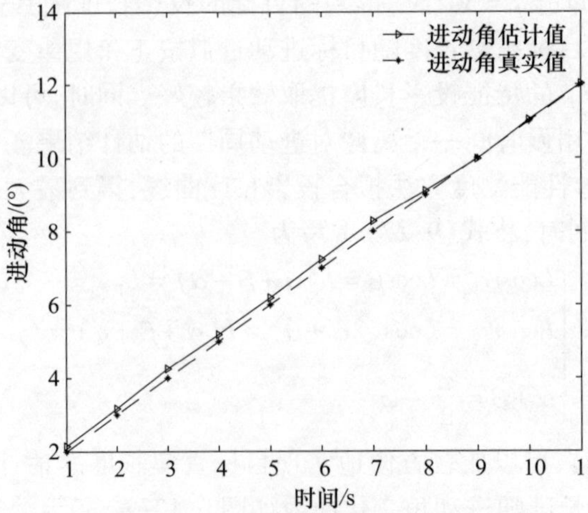

图 9.13　进动角估计效果曲线

通常雷达视线角和目标的进动角、进动周期变化范围都能满足上面仿真分析的条件。可以看出,本节所提方法能够实现目标真实长度和进动特征的综合提取,在不同的雷达视线角和进动角下均能达到较好的提取效果。

9.5　本章小结

本章对利用目标的一维距离像进行进动及结构特征提取进行了分析仿真,主要进行了以下工作:

(1)分析了目标一维距离像原理并进行了仿真分析,对弹道目标的高速运动对其一维距离像的影响进行了仿真,指出在完成高速运动补偿后才能利用一维距离像提取目标特征信息。

(2)建立了目标滑动散射点模型,在此基础上提出了一种利用目标一维距离像序列提取目标进动周期的方法,该方法利用目标一维距离像的周期性来反演进动周期。仿真实验表明,该方法简单有效,在低信噪比下仍能较准确地提取目标进动周期。

(3)建立了目标进动模型,阐述了各坐标系之间的转换关系,分析了目标进动角与距离像的关系,提出利用一维距离像序列实现目标进动角的估计。仿真实验表明,进动角提取误差较小,满足精度要求。

(4)针对目标一维距离像及投影尺寸的姿态敏感性,在进动模型的基础上,理论分析了目标真实尺寸与目标一维距离像及投影尺寸的关系,提出利用一维距离像序列来提取目标真实尺寸。仿真实验表明,在不同的雷达视线角及进动角下,能实现目标真实尺寸较高精度的估计。

参考文献

[1] 黄培康,殷红成,许小剑. 雷达目标特性[M]. 北京:电子工业出版社,2006:69 - 87.
[2] Victor CC. The micro - Doppler effect in radar[M]. Beijing: Publishing House of Electronics Industry,2013:12 - 84.

第10章　弹道目标ISAR像特征提取和电磁计算

10.1　引　言

目标的高分辨一维距离像反映了目标上散射点在径向的投影，是实现雷达目标识别的重要技术手段之一，也是高分辨二维成像的前提和基础。但是，目标的高分辨距离像只能反映目标的径向一维信息，而对目标的高分辨二维成像可以得到散射点的二维分布。经典的ISAR成像算法是距离多普勒算法，其假定在成像时间内，目标匀速转过一个很小的角度，其方位多普勒可近似为与散射点位置相关的定值，通过对慢时间的快速傅里叶变换来实现目标方位向的聚焦。对于观测的非合作目标，不同的成像时间得到的成像结果不同，即使是同一目标，在不同的成像时刻也会得到差异很大的目标ISAR像，这给利用目标的ISAR像提取目标特征带来了困难。

不同时刻的ISAR像反映了不同的目标姿态在成像平面的投影，因此目标的ISAR像就体现了该时刻下目标的散射点在成像平面上的投影分布。对于具有微运动的雷达目标，其ISAR像不仅反映了目标的结构信息，也包含了目标的微动特征，因而在目标特征提取中发挥着重要作用。本章主要介绍了基于ISAR像的目标特征提取及FEKO电磁计算方法。主要内容包括：10.2节介绍小角度ISAR成像的原理，仿真分析了目标微动对ISAR成像的影响，对微动及转台模型进行了分析，介绍了微动目标在转台模型下，利用时频分析的方法实现微动信号的分离，为下一步的微动目标成像奠定基础；10.3节介绍了FEKO电磁散射目标成像的方法，主要分析了在利用FEKO进行目标电磁计算和成像时的计算参数设置和计算方法选择；10.4节为本章小结。

10.2　ISAR成像及微动信号分离

10.2.1　小角度ISAR成像原理

在目标ISAR成像中，将目标相对于雷达的运动分解为平动和转动两个分量。

只考虑平动时,目标在雷达视线中的姿态保持不变,其一维距离像形状不变,只是包络有平移;对目标的二维 ISAR 成像没有贡献,且会影响聚焦成像,因此需要对该分量进行补偿。转动分量使得目标上的散射点相对于雷达的姿态发生变化,利用该分量实现方位向的高分辨。本节主要利用经典的 RD 算法进行 ISAR 成像。

对目标精确建模需要采用三维转台模型,但是在短时间内可以认为转轴方向不变。可以将转轴分解为垂直于雷达视线方向和平行于雷达视线方向的两个分量,后者对应的转动分量对成像没有贡献,从而可以简化模型,如图 10.1 所示。目标参考点位于转台轴心 O,雷达视线方向平行于 Y 轴,X 轴与 Y 轴方向垂直。

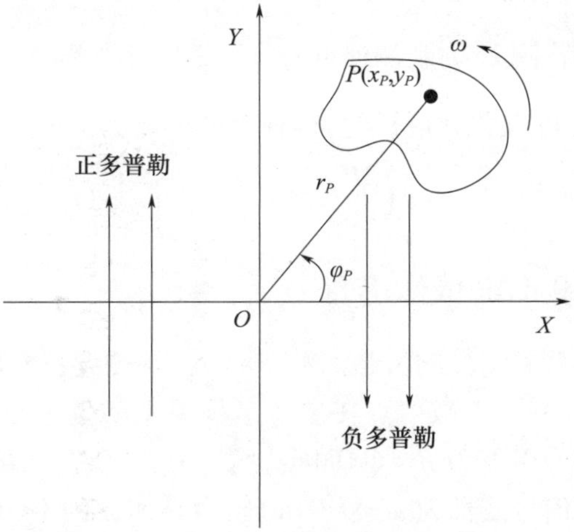

图 10.1　转台成像原理

图 10.1 是目标三维散射点分布向二维成像平面 XOY 上的投影,其成像平面是指平行于雷达视线(Line Of Sight,LOS)并且与目标有效转轴垂直的平面。在短时间内,可以认为该成像平面恒定不变,且转台平面以角频率 ω 绕 O 旋转。考察目标上的散射点 $P(x_P,y_P)$,初始时刻该点在极坐标下位置为(r_P,φ_P),则 t_m 时刻该点的瞬时斜距 $R_P(\theta)$ 可表示为

$$\begin{aligned} R_P(\theta) &= [r_P\cos(\theta+\varphi_P) \quad r_P\sin(\theta+\varphi_P)]\cdot[0 \quad 1]^{\mathrm{T}} \\ &= r_P\sin(\theta+\varphi_P) \\ &= x_P\sin\theta + y_P\cos\theta \end{aligned} \tag{10.1}$$

当 P 点转过角度 $\delta\theta$ 角度时,由纵向位移引起的相位变化 $\Delta\varphi_P$ 可表示为

$$\Delta\varphi_P = -\frac{4\pi}{\lambda}[-x_P\sin\delta\theta - y_P(1-\cos\delta\theta)] \tag{10.2}$$

当 $\delta\theta$ 很小时,式(10.2)可近似为

$$\Delta\varphi_P \approx \frac{4\pi}{\lambda}x_P\delta\theta \tag{10.3}$$

因此,为保证两点在多普勒分析时可分辨,其横向分辨率 ρ_a 可表示为

$$\rho_a=\frac{\lambda}{2\Delta\theta} \tag{10.4}$$

对式(10.4)的分析可知,在小转角内就可实现较高的横向分辨率,例如对于波长为3cm的雷达,要达到0.3m的横向分辨率,总转角为 $\Delta\theta=0.05\text{rad}\approx3°$。

最终得到散射点 P 在距离频域—方位慢时间域的回波可表示为

$$s(f,t_m)=A_P a_B(f)a_{T_a}(t_m)\exp\left(-\mathrm{j}\frac{4\pi}{c}(f_c+f)(x_P\theta+y_P)\right) \tag{10.5}$$

式中:A_P 为后向散射系数;$a_B(f)$ 和 $a_{T_a}(t_m)$ 分别为宽度为 B 和 T_a 的矩形窗;$f\in\left[-\frac{B}{2},\frac{B}{2}\right]$为距离频率;$T_a$ 为观测时间;f_c 为发射信号载频。对式(10.5)进行 f 和 t_m 域二维逆傅里叶变化并取模值,得到该散射点的二维图像为

$$s_P(r,r_a)=A_P\left|\operatorname{sinc}\left(\frac{2B}{c}(r-y_P)\right)\operatorname{sinc}\left(\frac{2T_a}{\lambda}(r_a-x_P\omega)\right)\right| \tag{10.6}$$

10.2.2 弹道中段ISAR成像仿真

对发射的线性调频信号的雷达回波进行处理,得到目标的二维ISAR图像。在转台模型下,假设目标上散射点在参考坐标系中的坐标与9.2.3节中所设置的相同。发射的信号带宽为 $B=600\text{MHz}$,脉冲宽度为 $T_p=40\mu\text{s}$,发射信号重复频率 prf=3000Hz,信号波长为 $\lambda=0.05\text{m}$,转台转速设为1rad/s。按照小角度成像原理,得到目标的ISAR像,如图10.2所示。

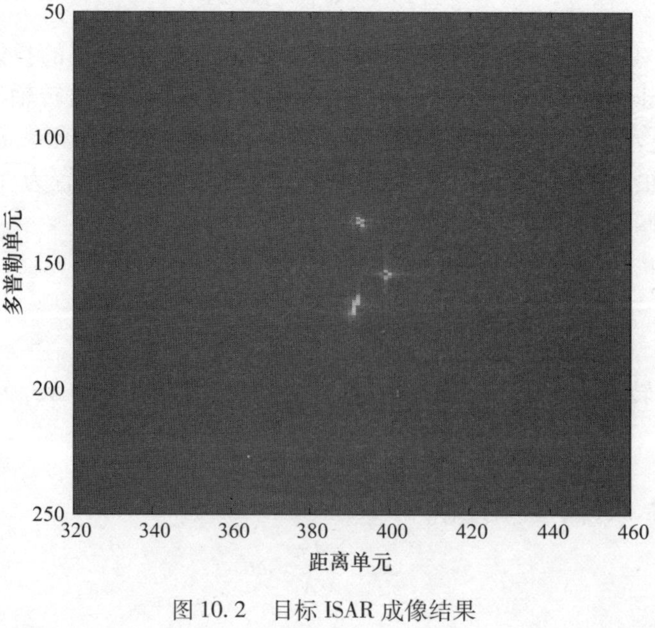

图10.2 目标ISAR成像结果

如果在该转台模型的基础上，目标还存在进动，其进动频率 $f_c = 0.0015\text{Hz}$，雷达视线在参考坐标系中的方位角和俯仰角分别为30°和45°。得到的进动目标转台成像结果如图 10.3 所示。

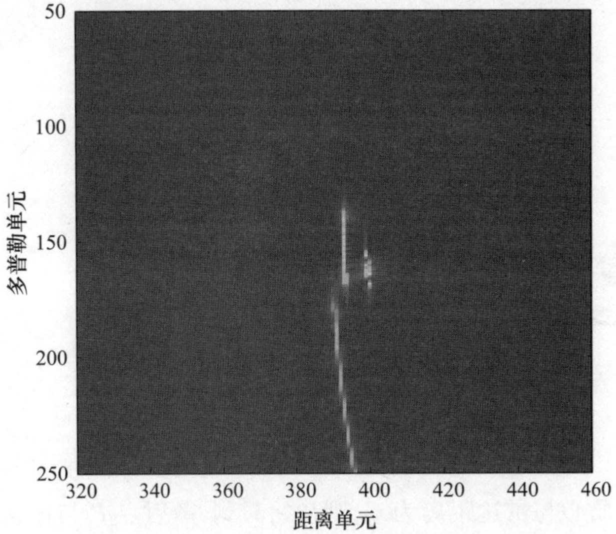

图 10.3　进动目标转台成像结果

从图 10.3 可以看出，进动目标的转台成像聚焦性明显变差，这主要是由于在转台成像期间，目标上散射点的位置变化导致越距离单元徙动。

10.2.3　微动信号分离

如果目标含微动成分，则会导致微动结构回波叠加到目标主体回波中，使微动结构的分析变得复杂。对目标微多普勒信号和主体回波的分离，一方面有利于准确提取目标的微动特征，进而实现微动参数的估计；另一方面可消除微动信号对目标主体回波的影响，提高利用主体回波成像的质量。

如图 10.4 所示，(U, V, W) 为雷达坐标系，O 和 O' 分别为初始时刻与 t 时刻目标质心（参考点位置）。ON 与 $O'N'$ 为目标转轴方向，RO 和 RO' 为雷达视线方向。假设目标平动引起的转台转速为 ω_r，P 为目标上一散射点，初始时刻位置为 P_0，t 时刻位置为 P_t，N 和 N' 为该点的旋转中心。散射点 P 的复合运动过程可理解为：先随参考点移动到 P_0'，再绕转轴 $O'N'$ 旋转到位置 P_t。初始时刻雷达视线与 OP_0 及 t 时刻雷达视线与 $O'P_0'$ 的夹角分别设为 θ_0 和 θ_t，则有

$$\theta_t = \theta_0 + \omega_r t \tag{10.7}$$

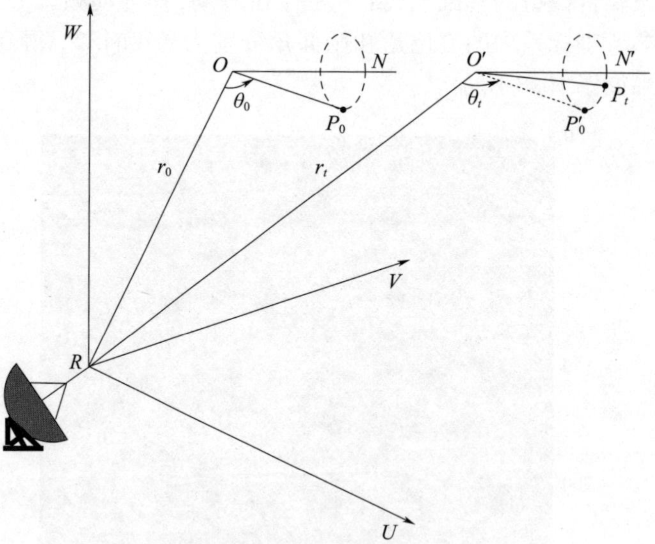

图 10.4　复合运动下雷达目标位置关系

假设目标质心与雷达距离为 r_0，则初始时刻，散射点 P 与雷达的径向距离为

$$R_0 = r_0 + \boldsymbol{N}_0 \cdot \boldsymbol{e}_0^{\mathrm{T}} \cdot r_P \tag{10.8}$$

式中：$\boldsymbol{N}_0$ 为初始时刻雷达视线方向；$\boldsymbol{e}_0$ 为 OP_0 方向的单位向量；r_P 为 OP_0 长度。

t 时刻，散射点 P 与雷达的径向距离为

$$R_t = r_0 + \boldsymbol{N}_t \cdot \boldsymbol{e}_t^{\mathrm{T}} \cdot r_P \tag{10.9}$$

式中：$\boldsymbol{N}_t$ 为 t 初始时刻雷达视线方向；$\boldsymbol{e}_t$ 为 $O'P_t$ 方向的单位向量。

目标绕旋转轴的旋转角速度设为 $\boldsymbol{\omega}_{\mathrm{c}}$，则 $P_0{}'$、P_t 的位置关系如图 10.5 所示。

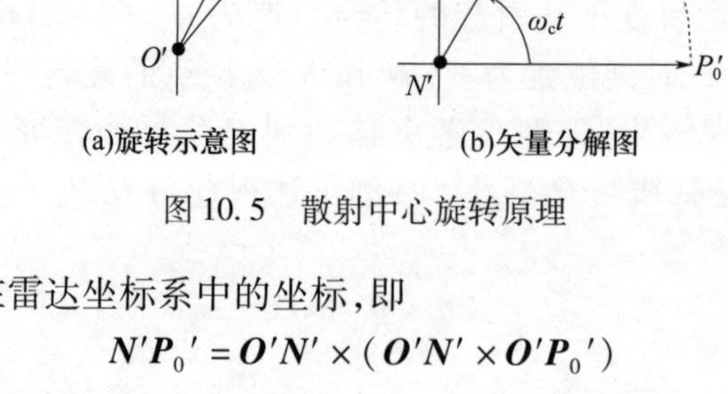

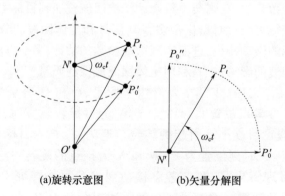

(a)旋转示意图　(b)矢量分解图

图 10.5　散射中心旋转原理

确定 $\boldsymbol{N'P}_0{}'$ 在雷达坐标系中的坐标，即

$$\boldsymbol{N'P}_0{}' = \boldsymbol{O'N'} \times (\boldsymbol{O'N'} \times \boldsymbol{O'P}_0{}') \tag{10.10}$$

在图 10.5(b)中,$\boldsymbol{N'P''_0}$ 在散射点旋转平面内且垂直于 $\boldsymbol{N'P_0}'$,有 $\boldsymbol{N'P''_0}=\boldsymbol{O'N'}\times\boldsymbol{N'P_0}'$。利用矢量的正交分解,$\boldsymbol{N'P_t}$ 可表示为

$$\boldsymbol{N'P_t}=\boldsymbol{N'P_0}'\cos(\omega_c t)+\boldsymbol{N'P''_0}\sin(\omega_c t) \tag{10.11}$$

t 时刻,散射点 P 与雷达的径向距离可表示为

$$\begin{aligned}R_p(t)&=r_t+\boldsymbol{N_t}\cdot\boldsymbol{O'P_t}\\&=r_t+\boldsymbol{N_t}\cdot(\boldsymbol{O'N'}+\boldsymbol{N'P_t})\end{aligned} \tag{10.12}$$

设雷达发射线性调频信号,则复合运动下微动目标的回波为

$$\begin{aligned}s_r(t_k,t_m)=&\sigma_i\sum_{i=1}^{L}A_l\mathrm{rect}\left(\frac{t_k-2(r_t+\boldsymbol{N_t}\cdot(\boldsymbol{O'N'}+\boldsymbol{N'P_t}))/c}{T_p}\right)\cdot\\&\exp\left\{\mathrm{j}2\pi\left(f_c\left(t_k-\frac{2(r_t+\boldsymbol{N_t}\cdot(\boldsymbol{O'N'}+\boldsymbol{N'P_t}))}{c}\right)+\right.\right.\\&\left.\left.\frac{1}{2}\gamma\left(t_k-\frac{2(r_t+\boldsymbol{N_t}\cdot(\boldsymbol{O'N'}+\boldsymbol{N'P_t}))}{c}\right)^2\right)\right\}\end{aligned} \tag{10.13}$$

对目标转台回波和微动回波信号进行仿真分析,由于平动引起的转台转速远小于目标微动旋转速度,对其回波信号的时频分析可以实现对目标微动信号的分离。如图 10.6 所示,转台转速为 0.1rad/s,目标锥旋角速度为 4πrad/s。

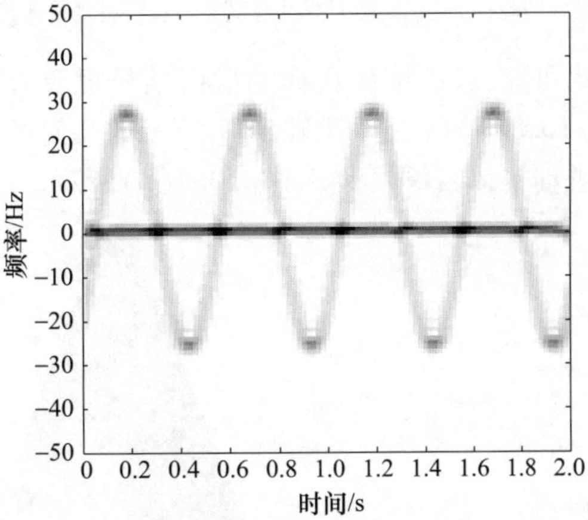

图 10.6　信号时频图

从目标的回波信号时频图中可以看出,转台转动引起的多普勒频率在零频附近,而目标微动引起的多普勒频率随其微动周期性变化,近似服从正弦规律。据此,可以实现微动信号的分离。

10.3 FEKO 电磁散射目标成像

10.3.1 模型构建

以包含尾翼的进动锥体目标为例,其几何模型如图 10.7 所示。

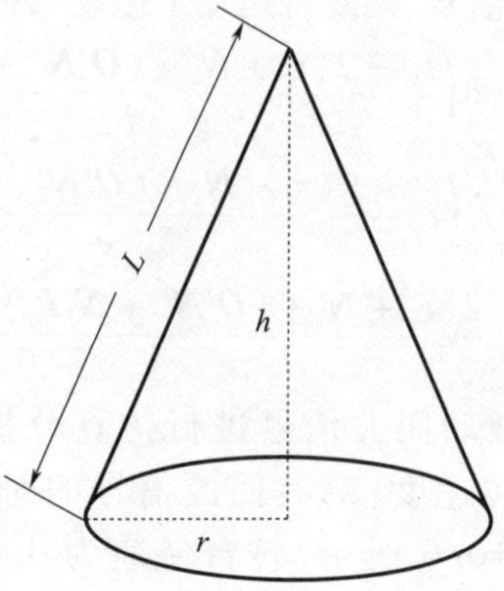

图 10.7 进动锥体目标几何模型

h—进动锥体目标的高;r—进动锥体目标的底面半径;L—进动锥体目标母线长度。

由电磁散射理论可知,进动锥体目标的散射信号可等效为某几个点散射中心的散射信号,如图 10.8(a)所示。以图 10.7 所示的几何模型为参考,在 FEKO 中构建包含尾翼的进动锥体目标模型,如图 10.8(b)所示。

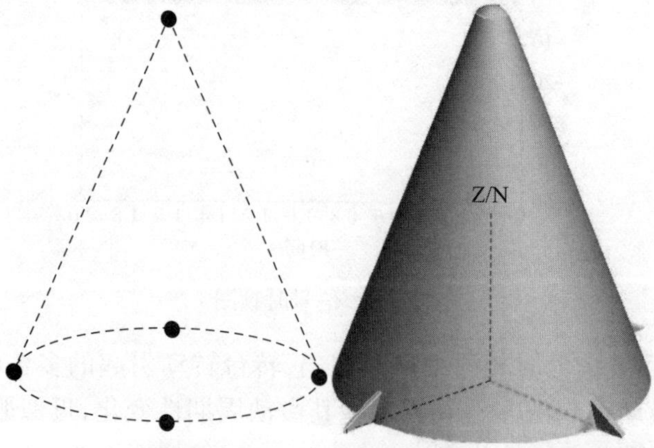

(a)点散射模型　(b)FEKO(CAD)模型

图 10.8 目标模型

在 FEKO 中构建如图 10.8(b)所示的目标模型，通过 FEKO 的剖分、远场等效、电磁计算，得到目标的回波信号，经处理可获取目标 ISAR 图像。

假设对目标进行回波信号模拟时，雷达电磁波频率为 f，雷达照射目标的方位角为 φ，则远场条件下目标的雷达散射信号 $S(f,\varphi)$ 成像可表示为

$$S(f,\varphi) = \int_{-\infty}^{\infty}\int_{-\infty}^{\infty} g(x,y)\exp(-\mathrm{j}(4\pi f/c)(x\sin\varphi + y\cos\varphi))\mathrm{d}x\mathrm{d}y \tag{10.14}$$

式中：$g(x,y)$ 为目标二维图像，为频率 f 和坐标方位角的函数。对相关变量进行调整，有 $f_x = 2\sin\varphi/\lambda$，$f_y = 2\cos\varphi/\lambda$，则式(10.14)可表示为

$$S(f_x,f_y) = \int_{-\infty}^{\infty}\int_{-\infty}^{\infty} g(x,y)\exp(-\mathrm{j}2\pi(xf_x + yf_y))\mathrm{d}x\mathrm{d}y \tag{10.15}$$

由式(10.15)可知，若 $S(f_x,f_y)$ 已知，则 $g(x,y)$ 可通过傅里叶变换得到，有

$$g(x,y) = \int_{-\infty}^{\infty}\int_{-\infty}^{\infty} S(f_x,f_y)\exp(-\mathrm{j}2\pi(xf_x + yf_y))\mathrm{d}f_x\mathrm{d}f_y \tag{10.16}$$

基于远场假设，可得到重建目标图像为

$$\hat{g}(x,y) = 4/c^2\int_{\varphi_{\min}}^{\varphi_{\max}}\int_{\varphi_{\min}}^{\varphi_{\max}} S(f,\varphi)\exp(-\mathrm{j}4\pi f/c(x\theta + y))f\mathrm{d}f\mathrm{d}\theta \tag{10.17}$$

令 $k = 2f/c$，可得

$$\begin{aligned} g(x,y) &= \int_{k_{\min}}^{k_{\max}}\left(\int_{\varphi_{\min}}^{\varphi_{\max}} G(k,\varphi)\exp(-\mathrm{j}2\pi x/c(k\varphi)d(k\varphi))\right)\cdot\exp(-\mathrm{j}2\pi ky) \\ &= \mathrm{IFFT}_k[\mathrm{FFT}_{k\varphi}G(k,\varphi)] \end{aligned} \tag{10.18}$$

式中：$G(k,\varphi)$ 为 FEKO 计算得到的电磁散射长，对其进行傅里叶变换可得到目标图像。

10.3.2　基于 FEKO 回波计算

在对 FEKO 模型进行电磁计算前，需要对目标进行剖分，可通过 FEKO 自带的剖分工具完成剖分。通过 FEKO 对目标的剖分，可将目标的散射信号等效为大量剖分后的模块。剖分模块的大小将会影响 FEKO 计算的精度和复杂度：剖分模块越小，计算精度越高，计算复杂度也越复杂；反之，计算复杂度变小，精度降低。

本章所研究的 FEKO 电磁散射目标成像，主要用到了 FEKO 内置的 3 种高频电磁计算方法，即物理光学法(PO)、距量法(MOM)和多层快速多极子方法(MLFMM)。三种方法特点不同，针对的主要问题场景也有所不同。

(1)PO 方法所消耗的资源相对较小，算法在对模型进行计算时计算量较

小，可计算大目标，带来的问题就是精度稍差，主要计算镜面散射类目标。PO 方法可适用于目标表面结构较平滑，雷达电磁波入射方向与接收方向处于目标镜面方向时使用。

（2）MOM 方法所消耗的资源相比 PO 方法要大很多，计算量较大，一般主要用于小尺寸目标的电磁计算。MOM 方法计算精度较高，且通过一次矩阵分解即可实现单一拼点计算。

（3）MLFMM 方法对资源的消耗较小，可实现大尺寸目标的电磁计算，且精度较高，但缺点是在计算单一拼点的角度时需完成迭代运算，计算复杂度较高、耗时较长，故主要应用于计算大尺寸目标窄带、变化角度较小条件下的目标电磁计算。

针对各方法的优缺点，FEKO 提供了相应的混合方法进行模型求解，以实现快速和准确的双层目标，例如混合 MOM/PO 方法。

在 FEKO 中，假设剖分模块的边缘长度表示为 d，则在利用解耦 PO 方法和 MOM 算子求解时，对剖分的要求是需满足 $\lambda/6 < d < \lambda/3$。当剖分尺寸 $d < \lambda/6$ 时，FEKO 计算复杂度将会大大增大，计算时间变长；当剖分尺寸 $d > \lambda/3$ 时，将会造成计算失真。图 10.9 所示为利用传统剖分方法（$\lambda/6 < d < \lambda/3$）得到的目标剖分效果图。

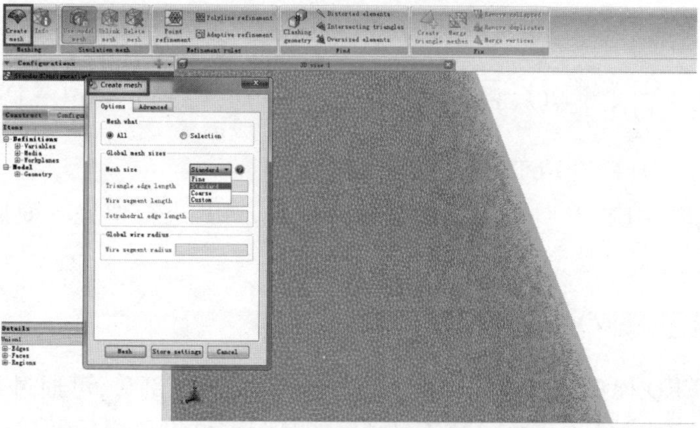

图 10.9　目标剖分效果图

目标的散射特性和回波为所有未被遮挡剖分模块的散射特性和回波的和，可表示为 $\mathrm{EM} = \sum_{i=1}^{N_m} \mathrm{em}_i$，其中：$\mathrm{em}_i$ 为第 i 个剖分模块的散射特性和回波；EM 为目标的散射特性和回波；N_{m} 为剖分后未被遮挡的剖分模块的个数。

基于以上分析，本章选择采用混合 MOM/PO 方法，FEKO 相关计算设置如图 10.10所示。

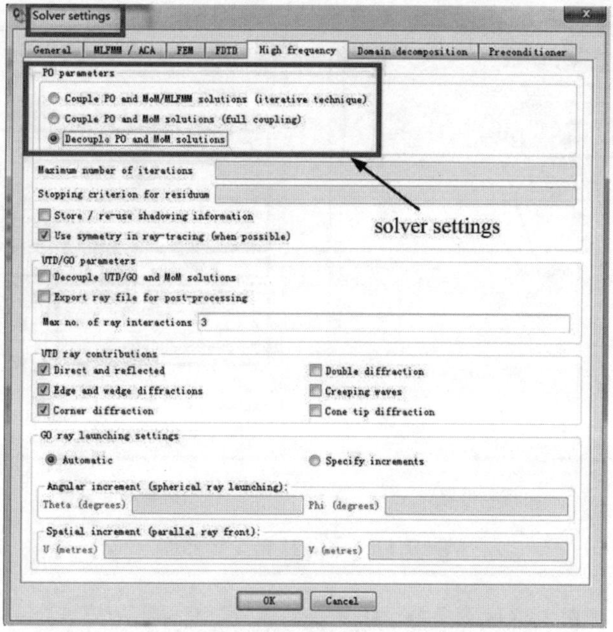

图 10.10　计算设置

10.3.3　电磁计算结果分析

利用 FEKO 进行电磁计算而后利用获取电磁计算数据进行目标成像，主要过程和步骤如下。

(1)利用 FEKO 建立目标模型，或导入前期已建立好的模型。

(2)设置辐射源，模拟雷达发射电磁波信号，本章模拟远场环境，将激励源设置为平面波，并设置响应的幅度、相位等参数。本章选取构造远场条件，并假设发射信号的频率范围为 9.5～10.5GHz，包含了 128 个频率点。自旋和进动角速度分别为 2πrad/s 和 0.4πrad/s，FEKO 中相关电磁计算设置界面如图 10.11 所示。

(3)进行目标剖分，选取标准(Standard)剖分方法，如图 10.9 所示。

(4)算法设置，本节选择解耦 PO 和 MOM 方法，如图 10.10 所示。

(5)设置远场计算方法和输出结果形式，选择生成 .ffe 数据文件，如图 10.12所示。用计算得到的 .ffe 值来模拟雷达回波信号。

(6)对回波信号进行傅里叶变换，得到目标 ISAR 图像。

FEKO 目标模型设置为锥底半径 $r = 0.4$m，锥高 $h = 2.0$m，利用 FEKO 电磁计算得到的目标 ISAR 图像如图 10.13 所示。

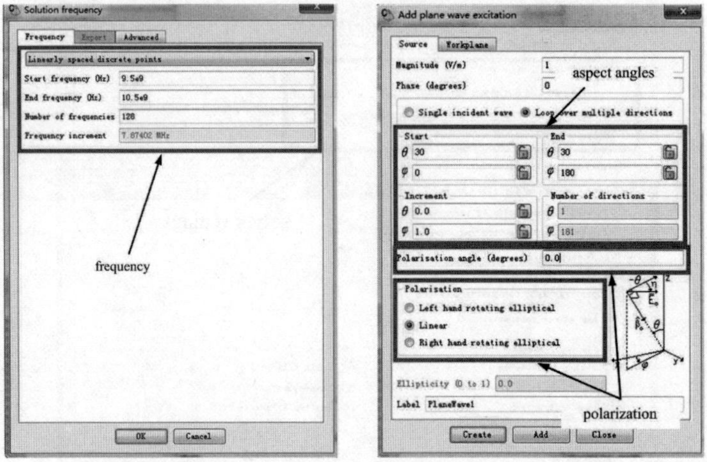

(a)频率设置　　　　　　(b)平面波设置

图 10.11　电磁计算设置界面

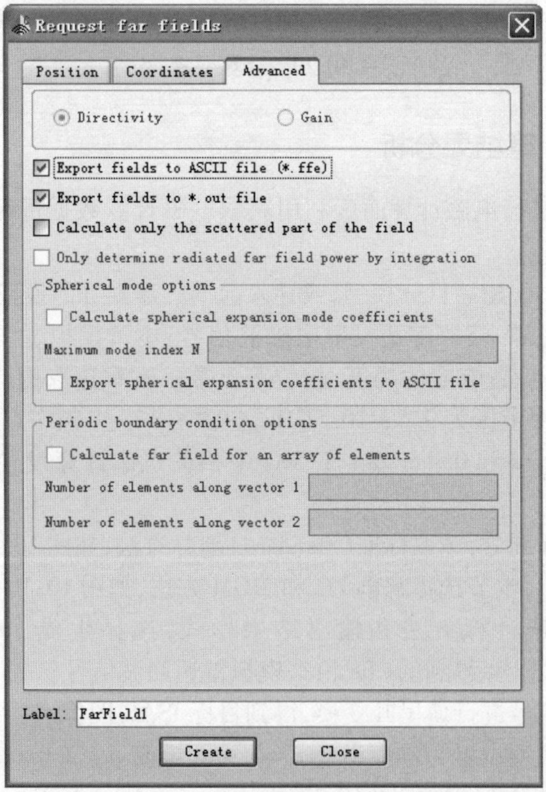

图 10.12　远场输出设置

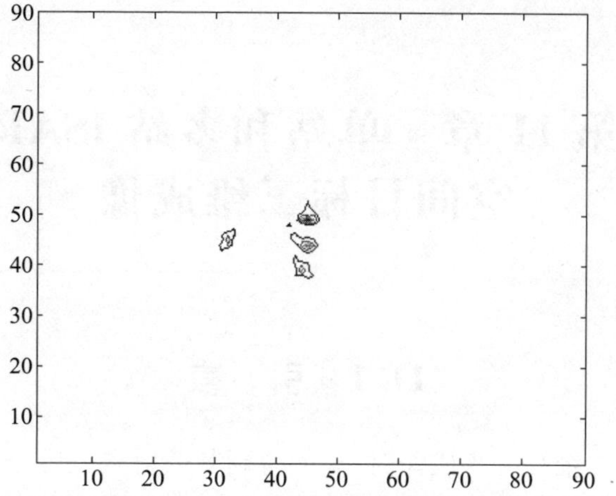

图 10.13　FEKO 目标 ISAR 图像

由图 10.13 可以看出，由于角度的遮挡，会导致某个散射点在成像时不能体现，获取的目标 ISAR 图像与等效电磁计算结果一致。

10.4　本章小结

本章对弹道锥体目标的成像、信号分离和电磁计算进行了探究分析，主要进行了以下工作：

(1) 分析了小角度 ISAR 成像原理，仿真分析了微动对目标 ISAR 像的影响。对转台模型下的微动目标进行分析，根据回波多普勒的不同，利用时频分析的方法实现微动信号的分离，为其成像奠定基础。

(2) 对基于 FEKO 电磁计算的进动锥体目标成像进行了研究，指出了在利用 FEKO 进行目标模型构建、回波计算和电磁仿真、目标成像的流程方法。

参考文献

[1] 胡杰民，张军，占荣辉，等. 一种基于相位对消的转角估计新方法[J]. 系统工程与电子技术，2012，34(5)：897－902.

[2] 陈志杰，冯德军，王雪松. 基于 ROC 曲线的弹道目标识别评估及优化[J]. 系统仿真学报，2007，19(17)：4028－4032.

第11章 单站和多站ISAR空间目标三维成像

11.1 引 言

对目标进行二维高分辨成像时,只能得到其散射点三维分布在二维成像平面的投影。由于所收集的目标信息不够全面,因此难以对目标进行准确的识别。实际中,由于三维图像能提供更为可靠和全面的目标信息,是获取目标三维特征的有效途径,并且目标的三维图像与雷达视线方向无关。因此,对空间目标进行三维成像在目标识别中有非常重要的意义。

本章建立了转台目标和三维微动目标的几何模型,对利用目标的ISAR像序列实现三维成像进行了研究。主要内容包括:11.2节建立了目标三维微动模型,并对微动成像原理进行了分析;11.3节研究了在单基站平台上利用目标ISAR像序列,根据提出的散射中心关联算法,实现转台目标三维重构;11.4节在分析三维微动模型的基础上,研究了在多基站平台上,利用各基站的ISAR图像进行关联,重构进动目标的三维图像;11.5节为本章小结。

11.2 微动目标成像原理

11.2.1 三维微动建模

导弹防御系统面临的弹道目标,通常不能够满足转台模型下的低转速、小角度成像条件。但是,作为弹道目标的特有属性,微动造成了目标上散射点与雷达在垂直于距离向上的相对运动,据此可以实现微动目标方位向的高分辨。

假设识别的目标为旋转对称的锥体目标,并假设进动为其主要微动形式,忽略自旋的调制作用,实际主要考虑锥旋对回波的调制作用。图11.1所示为进动目标成像示意图。图11.1中,(U,V,W)为雷达坐标系,O'为目标质心,$O'N$表示目标的进动轴方向。参考坐标系(X,Y,Z)原点为O',各坐标轴方向与雷达坐标系平行。进动坐标系为(x',y',z'),$O'z'$为目标的进动轴方向,$O'x'$在OO'与$O'z'$构成的平面内,$O'y'$与$O'x'$和$O'z'$成右手坐标系。

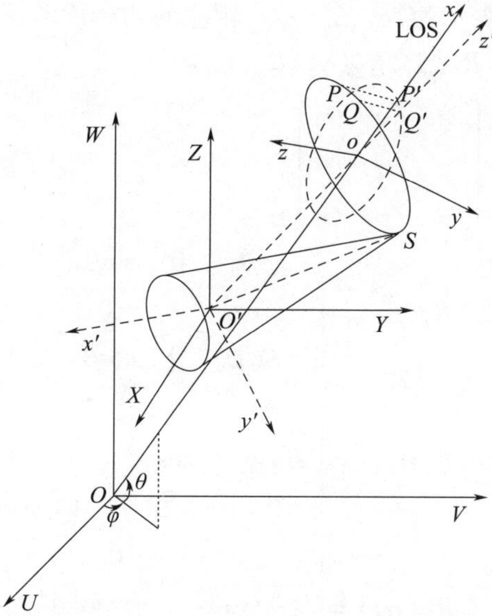

图 11.1　进动目标成像原理

成像平面的 x 轴在雷达视线方向，y 轴与雷达视线方向和进动轴 $O'N$ 方向垂直。为描述方便，这里建立与 x 轴和 y 轴成右手直角坐标系的 z 轴，如图 11.1 所示。

为了达到比较好的成像效果，要求 ISAR 成像中距离向和方位向的分辨率应相同。在宽带雷达体制下，为达到零点几米的分辨率，通常所要求的成像积累角大约为 3°~5°。目标的进动频率一般为 1~3Hz，所以通常利用微动成像所需的积累时间很短，一般为若干毫秒。另外，过长的积累时间会造成散射点的越距离单元徙动。图 11.1 中，$\overset{\frown}{PQ}$为成像期间对应的目标进动段，$\overset{\frown}{P'Q'}$为$\overset{\frown}{PQ}$沿 z 轴在成像平面的投影。

11.2.2　微动成像分析

雷达视线方向的单位向量在参考坐标系下可表示为 $\boldsymbol{n}=[\cos\varphi\cos\theta\quad\sin\varphi\cos\theta\quad\sin\theta]$；第 i 个散射点在雷达视线方向上的投影距离为 $R_i(\omega,t)$，其中：ω 为目标进动角速度，表示该投影距离是目标进动角速度及时间的函数。

目标上一点 S 在进动坐标系下的坐标可表示为

$$(x'y'z')^{\mathrm{T}}=(r\cos(2\pi ft+\alpha_0)r\sin(2\pi ft+\alpha_0)h)^{\mathrm{T}} \tag{11.1}$$

式中：r 为散射点 S 的进动半径；f 为进动频率，可以通过散射点回波微多普勒来提取；h 的值不随目标的进动而变化；α_0 为初始相位。该散射点在参考坐标系下的坐标可以通过欧拉坐标变换来计算得到。

假设初始欧拉角表示为($\alpha_0,\beta_0,\gamma_0$),相应的初始旋转矩阵为

$$\boldsymbol{R}_{\text{Init}} = \boldsymbol{R}_Y(\beta_0)\boldsymbol{R}_Z(\gamma_0)\boldsymbol{R}_X(\alpha_0) = \begin{bmatrix} r_{11} & r_{12} & r_{13} \\ r_{21} & r_{22} & r_{23} \\ r_{31} & r_{32} & r_{33} \end{bmatrix} \tag{11.2}$$

式中:

$$\boldsymbol{R}_Y(\beta_0) = \begin{bmatrix} \cos\beta_0 & 0 & \sin\beta_0 \\ 0 & 1 & 0 \\ -\sin\beta_0 & 0 & \cos\beta_0 \end{bmatrix}$$

$$\boldsymbol{R}_Z(\gamma_0) = \begin{bmatrix} \cos\gamma_0 & -\sin\gamma_0 & 0 \\ \sin\gamma_0 & \cos\gamma_0 & 0 \\ 0 & 0 & 1 \end{bmatrix}$$

$$\boldsymbol{R}_X(\alpha_0) = \begin{bmatrix} 1 & 0 & 0 \\ 0 & \cos\alpha_0 & -\sin\alpha_0 \\ 0 & \sin\alpha_0 & \cos\alpha_0 \end{bmatrix}$$

点 S 在参考坐标系中的坐标可表示为

$$\boldsymbol{r}_s(t) = [xyz]^{\mathrm{T}} = \boldsymbol{R}_{\text{Init}} \cdot [x'y'z']^{\mathrm{T}} \tag{11.3}$$

可得散射点在雷达视线上的距离为

$$R = R_0 + \boldsymbol{n} \cdot \boldsymbol{r}_s(t) \tag{11.4}$$

式中:R_0 为参考距离。通过式(11.4)可求得各散射点在雷达视线上的距离,进而通过距离向和方位向压缩,实现微动目标的 ISAR 成像。

11.3 单基站 ISAR 像序列转台目标三维重建

11.3.1 ISAR 像序列三维重建方法

建立转台目标的三维转台成像模型如图 11.2 所示。

如图 11.2 所示,以点 O 为中心的阴影部分表示转台目标,ON 为转台目标的转轴方向,与目标平面垂直。LOS 表示雷达视线方向,y 轴同时与转轴 ON 及雷达视线方向垂直,并将雷达视线方向表示为 x_2 轴,则(x_2,y)为目标的成像平面,图中粗实线为目标在成像平面的投影。建立目标平面(x_1,y),x_1 轴与转轴 ON 及 y 轴垂直。图 11.2 中以 O 为圆心的虚线表示目标上散射点 S_1 的转动圆轨迹,通过考察散射点在该圆上的位置即可实现其三维重建。

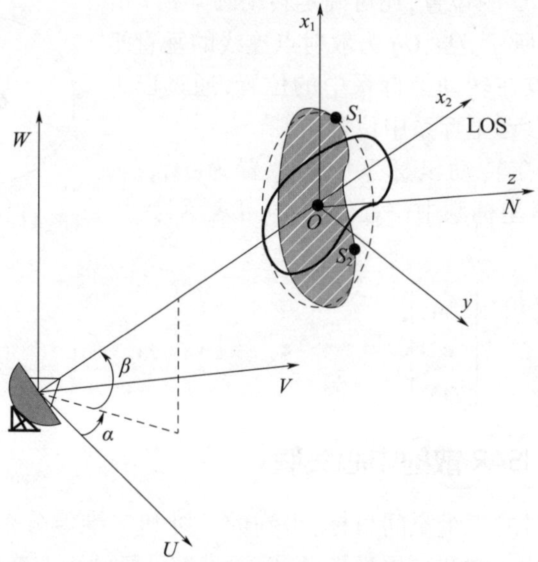

图 11.2　三维转台成像模型

假设雷达视线方向在参考坐标系中的方位角和俯仰角为 θ 和 φ，则该方向的单位向量可表示为 $\boldsymbol{e}_{x2} = [\cos\varphi\cos\theta \quad \sin\varphi\cos\theta \quad \sin\theta]$，假设转轴在参考坐标系中方位角和俯仰角为 α 和 β，则该方向的单位向量可以表示为 $\boldsymbol{ON} = [\cos\alpha\cos\beta \quad \sin\alpha\cos\beta \quad \sin\beta]$，$y$ 轴方向的单位向量可表示为

$$\boldsymbol{e}_y = \boldsymbol{e}_{x2} \times \boldsymbol{ON} \tag{11.5}$$

x_1 轴方向的单位向量表示为

$$\boldsymbol{e}_{x1} = \boldsymbol{e}_y \times \boldsymbol{ON} \tag{11.6}$$

假设 ON 方向表示为 z 轴，则 x_1 轴、y 轴与 z 轴构成右手直角坐标系，称为转动坐标系。x_1 轴与 x_2 轴之间的夹角 ϕ 可表示为

$$\phi = \arccos(\boldsymbol{e}_{x1} \cdot \boldsymbol{e}_{x2}) \tag{11.7}$$

从图 11.2 中各轴与成像平面的关系可以看出，利用成像平面中各散射点的位置关系，以及 (x_2, y) 与 (x_1, y) 的坐标位置关系，通过坐标转换，可得到成像平面中的散射点在 (x_1, y) 坐标系中的相对位置。假设散射点在成像平面中的坐标为 (x'_0, y'_0)，则变换到坐标系 (x_1, y) 中，其坐标 (x_0, y_0) 可表示为

$$[x_0 \quad y_0]^{\mathrm{T}} = \frac{1}{|\cos\phi|}[\rho_r x_0' \quad \rho_a y_0']^{\mathrm{T}} \tag{11.8}$$

式中：ρ_r 和 ρ_a 分别表示距离向和方位向分辨率。

假设图 11.3 中所示三个点为同一散射中心的不同成像时刻在参考坐标系中的位置，由圆上点的几何位置关系可以知道，通过转动圆轨迹上三个点即可确定转动圆心，即点 O 的位置，还可确定转动圆半径 r 的大小。如图 11.3 所示，Op、Oq 为散射点连线的垂直平分线。根据散射点在转动坐标系中的位置，通过以下变换可得到其在参考坐标系中位置。

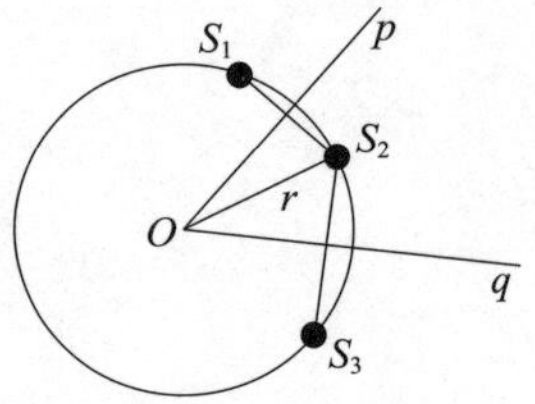

图 11.3 三点定圆原理

假设散射点在转动坐标系中的位置为 (x_1, y_1, z_1)，则该点在参考坐标系中位置 (x,y,z) 可表示为

$$\begin{bmatrix} \boldsymbol{e}_{x_1} \\ \boldsymbol{e}_y \\ \boldsymbol{ON} \end{bmatrix} \cdot [x \quad y \quad z]^{\mathrm{T}} = [x_1 \quad y_1 \quad z_1]^{\mathrm{T}} \tag{11.9}$$

11.3.2 单基站 ISAR 散射中心关联

对于雷达面对的三维空间目标，得到的一维和二维像分别为目标在雷达视线和观测平面上的一维和二维投影，它们敏感于目标的姿态变化，不同的时刻得到的成像结果差别很大。然而，通过利用不同姿态下目标的 ISAR 像，可以实现微动目标姿态反演以及散射中心三维重建，进而提取更为精细的目标特征。但是，随着目标姿态的不同，不同空间分布的目标上的散射中心在成像平面的相对位置可能会发生变化，如何将不同姿态下的 ISAR 图像上的目标散射中心关联，是利用 ISAR 像序列实现目标三维重建需要解决的重点和难点问题。

如图 11.3 所示，理论上通过同一散射点在三个不同时刻的位置，即可确定转动圆轨迹，进而确定该点的三维坐标。如何利用不同 ISAR 像实现散射点的匹配，寻求同一散射点在各个 ISAR 像中的位置，是下面重点介绍的内容。

基于 ISAR 像序列的目标三维重建，可以利用转台目标转动的周期性及散射点在 ISAR 图像中的相对位置来实现散射中心的关联。首先，利用转动的周期性，通过卡尔曼滤波器中系统的状态方程及协方差矩阵来实现下一状态的预测；其次，根据预测位置，在下幅 ISAR 图像中寻求与预测位置最近的点作为初始关联点。重复该过程，得到三次 ISAR 像中的初始关联点，并通过三点定圆原理确定点 O 的初始位置。但是，当散射点位置相差较小时，会导致预测及初始关联点的不准确，因此要完成最终关联，需要进行进一步处理。图 11.4 为散射点关联关系。

假设第 m 次成像中，各散射点在 ISAR 图像中的位置为 S_i，与确定的初始参考点 O 构成向量 $\boldsymbol{OS}_i$；第 n 次成像中，各散射点在 ISAR 图像中的位置为 S_i'，与参考点 O 构成向量 $\boldsymbol{OS}_i'$，第 m 次与第 n 次成像间隔时间为 t，利用 7.2.2 节提到的转速估计算法，可以得到转动角速度 ω 的估计值 $\hat{\omega}$。若向量 $\boldsymbol{OS}_i$ 与 $\boldsymbol{OS}_i'$ 的夹角 $\Delta\theta$ 与 $\hat{\omega}t$ 相当，即

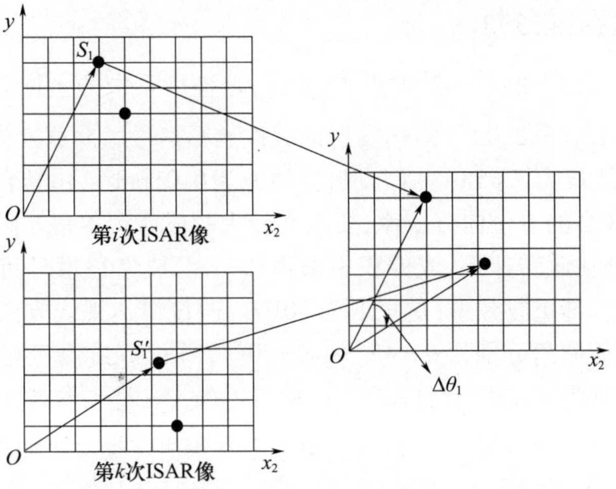

图 11.4　散射点关联关系

$$\left|\frac{\Delta\theta_i - \hat{\omega}t}{\Delta\theta_i}\right| \times 100\% \leqslant \eta_i \tag{11.10}$$

则认为两散射点匹配。η_i 的选取与角速度估计准确度有关,这里取 $\eta_i = 10\%$ 。

于是散射点关联流程如图 11.5 所示。

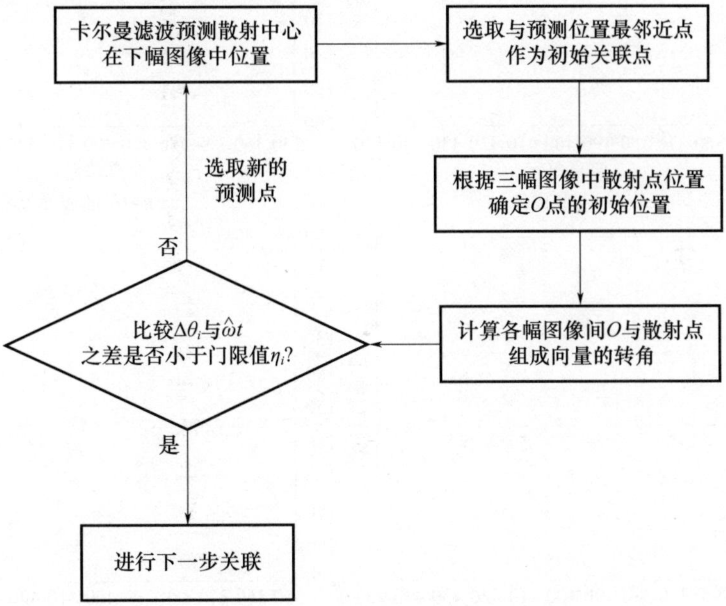

图 11.5　散射点关联流程图

11.3.3 仿真实验分析

仿真假设目标上的三个散射点在(x_1,y,z)坐标系中的坐标分别为S_1(6,1,0),S_2(1,3,0),S_3(3,8,0)。雷达发射的线性调频信号脉冲宽度为40μs,带宽为600MHz,载频波长为0.05m,并假设目标转速为0.01rad/s,由转台成像的原理可知,要得到比较高的方位向分辨率,要求有较大的成像积累角。假设方位向分辨率为0.25m,则在此转速下,成像积累角为0.1rad,成像积累时间为10s,因此并不需要太高的脉冲重复频率,这里取为30Hz。假设雷达视线方向在参考坐标系中的方位角和俯仰角分别为$\theta=45°$和$\varphi=30°$,转轴ON在参考坐标系中的方位角和俯仰角分别为$\alpha=10°$和$\beta=25°$,由此可得(x_1,y,z)和参考坐标系的位置关系,即解算式(11.8)和式(11.9),得到散射点在参考坐标系中的坐标。

图11.6所示为$t=0$,$t=10$s,$t=50$s和$t=100$s后的成像结果。从图11.6中

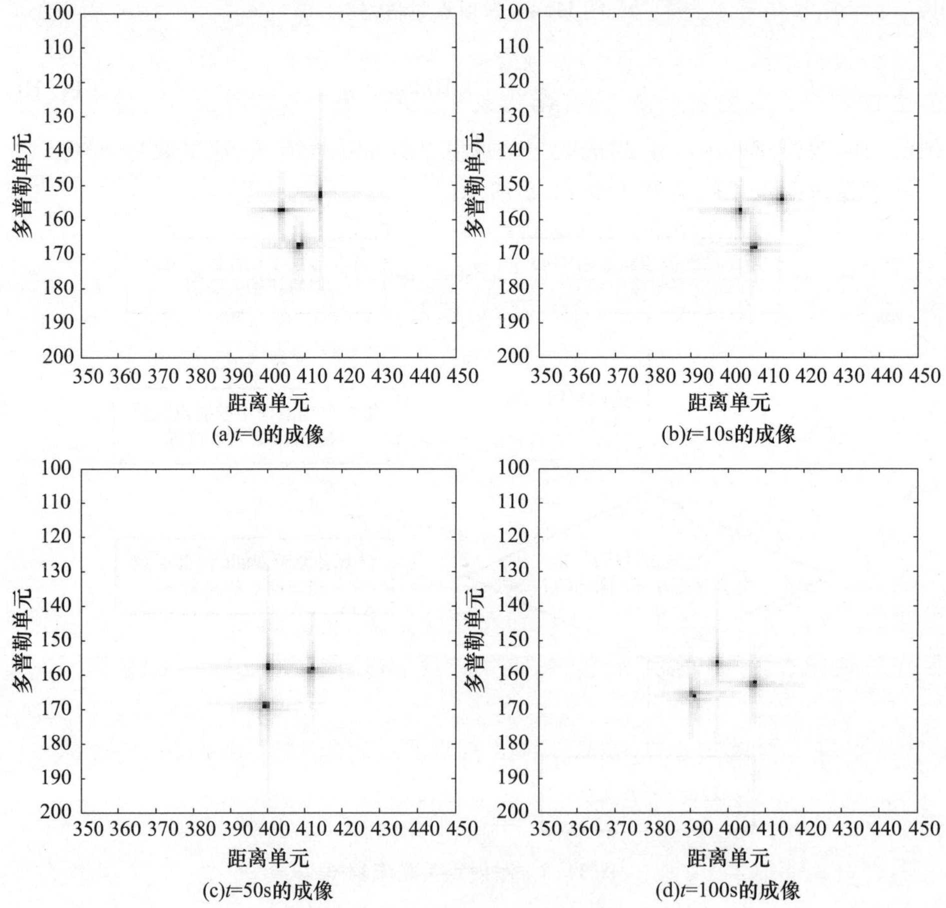

图11.6 不同时刻成像结果

可以看出,由于目标转速较小,图 11.6(a)和图 11.6(b)成像结果差别不大,而由于间隔时间较大,目标姿态发生较大变化,使得图 11.6(a)、图 11.6(c)、图 11.6(d)差别较大。

对图 11.6(a)、图 11.6(c)、图 11.6(d)中的散射点进行散射中心关联分析可知,图 11.6(a)中坐标为(403,157)的散射点、图 11.6(c)中坐标为(400,158)的散射点及图 11.6(d)中坐标为(397,156)的散射点满足关联条件,其他散射点的关联结果如表 11.1 所列。

表 11.1　散射点关联结果

图示	关联点 1	关联点 2	关联点 3
图 11.6(a)	(403,157)	(408,167)	(414,152)
图 11.6 (c)	(400,158)	(399,169)	(412,158)
图 11.6(d)	(397,156)	(391,166)	(407,162)

根据式(11.9),对完成关联的散射点进行由成像平面坐标系(x_2,y)到转台平面坐标系(x_1,y)的坐标变换,得到各散射点在不同成像时刻在(x_1,y)中的坐标。通过关联得到的散射点,利用三点定圆方法,确定参考点位置。通过对(x_1,y)中的散射点进行平移变换,得到散射点的三维空间真实位置,经坐标变换变换到参考坐标系。得到重构散射点在参考坐标系中的坐标为 S_1(2.0418, -5.4168, -2.2950), S_2(1.3478, 0.3135, -2.9631), S_3(3.7080, -5.4168, -2.2950),与真实散射点的相对位置关系如图 11.7(a)所示,重构结果平面投影如图 11.7(b)所示。

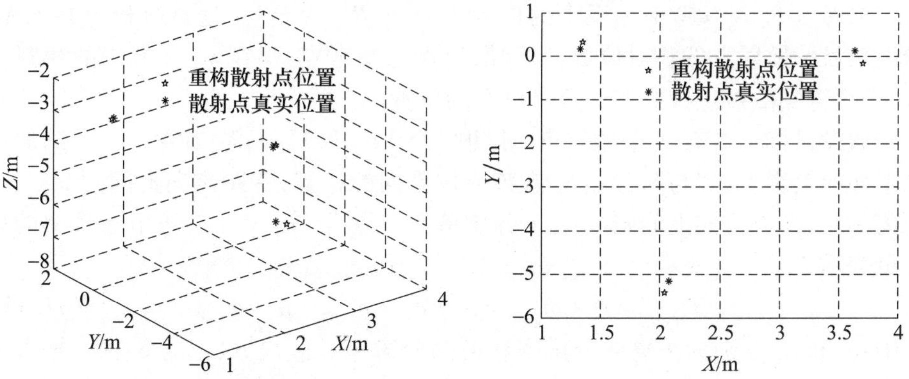

(a)重构散射点与真实散射点相对位置关系　　(b)重构结果在X-Y平面投影

图 11.7　散射点重构效果图

从图 11.7 中可以看出,重构的散射点位置与真实位置误差较小,三个散射点的各向重构误差不超过 0.2898m,误差大小主要受方位向和距离向分辨率的影响。

11.4 多基站 ISAR 微动目标三维成像

11.4.1 ISAR 图像三维重构方法

通过前面的分析可知,利用 ISAR 成像中经典的 RD 算法,可以得到微动目标三维结构在成像平面的投影图像。因此,不同的雷达站雷达视线方向的不同,会导致距离多普勒成像平面的不同,所得到的目标 ISAR 像中散射点的相对位置也不相同。

假设有 M 个雷达站,各雷达站雷达视线方向在参考坐标系中的方位角和俯仰角分别为 φ_i 和 $\theta_i(i=1,2,\cdots,M)$。雷达视线方向的单位向量可表示为 $\boldsymbol{n}_i=[\cos\varphi_i\cos\theta_i \quad \sin\varphi_i\cos\theta_i \quad \sin\theta_i]$。

设置参考点 S_0 在进动坐标系中的坐标为 $\boldsymbol{C}_{\text{o}}=(0,0,h_{\text{o}})$。通过欧拉坐标变换,可得到该点在参考坐标系中的坐标表示,继而得到进动轴方向的单位向量,即

$$\boldsymbol{e}_p^{\text{T}}=\frac{\boldsymbol{R}_{\text{Init}}\cdot\boldsymbol{C}_{\text{o}}^{\text{T}}}{\|\boldsymbol{R}_{\text{Init}}\cdot\boldsymbol{C}_{\text{o}}^{\text{T}}\|_2} \tag{11.11}$$

成像平面中 x 轴方向的单位向量 $\boldsymbol{e}_{xi}=\boldsymbol{n}_i$。由前面的分析可知,成像平面中 y 轴的方向可表示为

$$\boldsymbol{e}_{yi}=\boldsymbol{e}_{xi}\times\boldsymbol{e}_p \tag{11.12}$$

同理,z 轴方向可以通过 $\boldsymbol{e}_{zi}=\boldsymbol{e}_{xi}\times\boldsymbol{e}_{yi}$来确定。

参考点 S_0 在参考坐标系中的位置为 $\boldsymbol{r}_{\text{o}}^{\text{T}}=\boldsymbol{R}_{\text{Init}}\cdot\boldsymbol{C}_{\text{o}}^{\text{T}}$。通过分析其在 ISAR 像中与目标散射点的相对位置,得到散射点与参考点 S_0 在 $x-y$ 方向的相对位置,进而得到散射点投影在参考坐标系的位置。

假设目标上共有 N 个散射点。散射点 $S_j(j=1,2,\cdots,N)$ 在第 i 个基站的成像平面的投影 $S_{(i,j)}'$与参考点 S_0 在该成像平面的位置,在距离向上间隔 $m_{(i,j)}$ 个距离单元,在方位向上间隔 $n_{(i,j)}$ 个分辨单元。因此,$S_{(i,j)}'$在参考坐标系中的位置可表示为

$$\boldsymbol{r}_{S_{(i,j)}}'=\boldsymbol{r}_{\text{o}}+m_{(i,j)}\cdot\rho_r\cdot\boldsymbol{e}_{xi}+n_{(i,j)}\cdot\rho_{\text{a}}\cdot\boldsymbol{e}_{yi} \tag{11.13}$$

式中:ρ_{r} 和 ρ_{a} 分别为距离向分辨率和横向分辨率。假设 $S_{(i,j)}'$为 S_j 沿 z 轴方向投影 $a_{(i,j)}$ 个单元的结果,则重构得到的散射点位置为

$$\boldsymbol{r}_{S_{(i,j)}}=\boldsymbol{r}_{S_{(i,j)}}'+a_{(i,j)}\cdot\boldsymbol{e}_{zi} \tag{11.14}$$

由此可见,散射中心三维重构的关键是 $a_{(i,j)}$ 的求取,本节通过利用多个雷达站,对散射点各坐标的关联来实现。理论上,使用双基雷达站即可实现目标三维重构,而更多雷达站的综合可提高重构精度。

11.4.2　多基站 ISAR 散射中心关联

由前面的分析可知,要实现目标三维成像,需要对各个雷达站 ISAR 图像中的散射点进行关联。若第 i_1 个雷达站 ISAR 像中的第 j_1 个散射点与第 i_2 个雷达站 ISAR 像中的第 j_2 个散射点关联,即实现散射点各个方向的配准,需求解方程组,即

$$\begin{cases} \boldsymbol{r}_{S(i_1,j_1)} = \boldsymbol{r}_{s(i_1,j_1)}{}' + a_{(i_1,j_1)} \cdot \boldsymbol{e}_{zi_1} = (x_1, y_1, z_1) \\ \boldsymbol{r}_{S(i_2,j_2)} = \boldsymbol{r}_{s(i_2,j_2)}{}' + a_{(i_2,j_2)} \cdot \boldsymbol{e}_{zi_2} = (x_2, y_2, z_2) \\ \boldsymbol{r}_{S(i_1,j_1)} = \boldsymbol{r}_{S(i_2,j_2)} \end{cases} \tag{11.15}$$

式中:$|a_{(i_1,j_1)}| \leqslant 10$,$|a_{(i_2,j_2)}| \leqslant 10$。最后一个约束条件的设置是基于本节目标参数的选取。

对超定方程组的求解可得到其最小二乘解。如果得到的最小二乘解$(a_{(i_1,j_1)}, a_{(i_2,j_2)})$使得$(x_1, y_1, z_1)$与$(x_2, y_2, z_2)$的差值不超出门限值,则认为两散射点正确关联,否则需进行下一步搜索。

根据以上分析可知,散射中心关联的过程就是搜索匹配的过程。其关联步骤可总结如下:

(1)通过对雷达站 i_1 得到的成像结果进行上述的相关处理后,对得到的投影点 j_1 在参考坐标系中位置 $\boldsymbol{r}_{S(i_1,j_1)}{}'$,沿投影轴方向 zi_1 平移 $a_{(i_1,j_1)}$ 个单元,得到重构的散射点可能位置 $\boldsymbol{r}_{S(i_1,j_1)}$。

(2)对各雷达站的成像结果进行类似处理,即对雷达站 i_k 得到的图像中的散射点 j_l 沿投影轴方向 zi_k 平移 $a_{(i_k,j_l)}$ 个单元,得到重构的散射点可能位置 $\boldsymbol{r}_{(ik,jk)}$。如果散射点数目较多,则需利用卡尔曼滤波算法中的状态方程,对散射中心的位置进行预测。由于各雷达站信息可知,目标进动具有周期性,可实现较高精度的预测,对图像中与预测位置临近的散射点进行上述处理,以减小计算量。

(3)对重构后的散射点可能位置进行关联,即根据式(11.15)计算平移单元 $a_{(i_k,j_l)}$,如果计算得到的平移单元 $a_{(i_k,j_l)}$ 能够同时满足

$$\begin{cases} \dfrac{|x_1 - x_2|}{\max(x_1, x_2)} \leqslant \varepsilon_x \\ \dfrac{|y_1 - y_2|}{\max(y_1, y_2)} \leqslant \varepsilon_y \\ \dfrac{|z_1 - z_2|}{\max(z_1, z_2)} \leqslant \varepsilon_z \end{cases} \tag{11.16}$$

则判断两散射点正确关联;否则,需要重新搜索下一散射点。式(11.16)中,ε_x、

ε_y、ε_z 为误差门限,这里取 $\varepsilon_x=\varepsilon_y=\varepsilon_z=8\%$。

(4)完成一组散射点的搜索匹配后,进行下一组散射点的关联,直至 ISAR 图像中各散射点均正确关联。

对系统设置的 M 个雷达基站进行相互关联,可以得到 C_M^2 组目标散射点三维重构结果。对 C_M^2 组重构结果综合,得到综合后的三维成像,其误差一般小于各组的成像结果。

11.4.3 仿真实验及分析

利用仿真实验对本节提出的多基站 ISAR 三维成像方法进行验证。仿真分析的微动目标包含三个散射点,各散射点在进动坐标系中的坐标如下:$S_1(2,0,1)$,$S_2(4,1,3)$,$S_3(7,0,5)$。目标的进动角速度为 $\omega=2\pi\text{rad/s}$,进动坐标系到参考坐标系的初始欧拉旋转角$(\alpha_0,\beta_0,\gamma_0)=(30°,20°,25°)$。参考点在目标进动坐标系中的坐标为 $S_0(0,0,1)$。

发射的线性调频信号脉冲宽度 $T_\text{p}=40\mu\text{s}$,带宽 $B=600\text{MHz}$,载频波长 $\lambda=0.05\text{m}$。距离向分辨率 $\rho_\text{r}=c/2B=0.25\text{m}$。为了使方位向有相同的分辨率,成像积累角为 $\Delta\theta=\lambda/2\rho_\text{r}=0.1\text{rad}$,成像积累时间 $\Delta t=\Delta\theta/\omega=0.016\text{s}$。要在这么短的时间里进行慢时间快速傅里叶变换实现方位向高分辨,需要高的脉冲重复频率,这里取 prf = 8000Hz。

仿真假设系统设置三个雷达基站,各站观测目标的方位角和俯仰角分别为:对于雷达站 1,$\varphi_1=10°$,$\theta_1=30°$;对于雷达站 2,$\varphi_2=20°$,$\theta_2=45°$;对于雷达站 3,$\varphi_3=30°$,$\theta_2=60°$。图 11.8 为三个雷达站得到的包含参考点的目标 ISAR 成像结果。

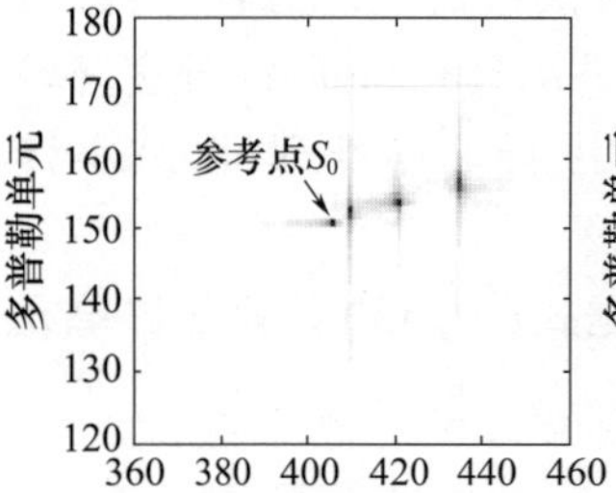

(a)基站1ISAR图像

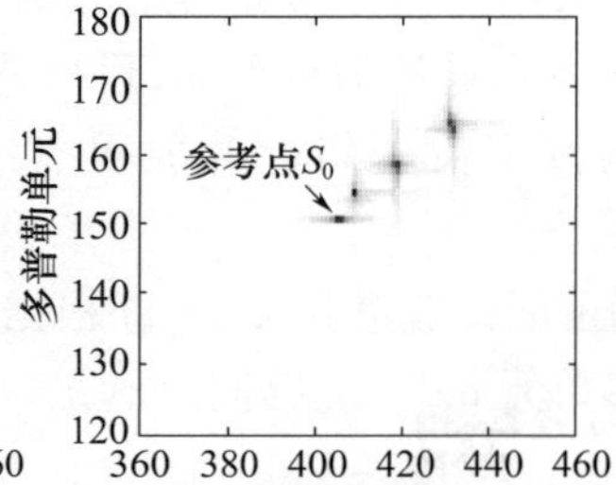

(b)基站2ISAR图像

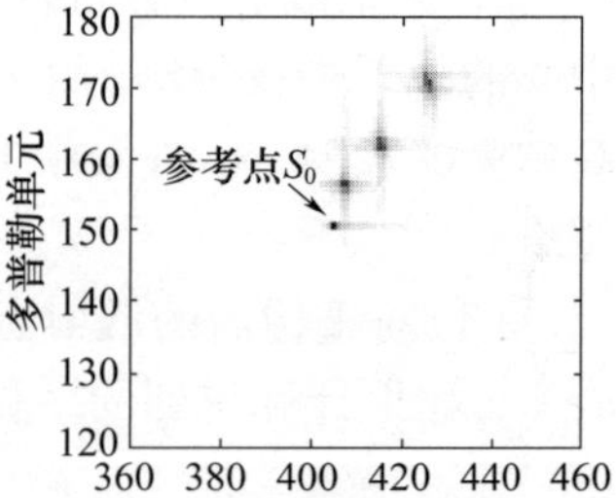

(c)基站3ISAR图像

图 11.8 各基站 ISAR 图像

以图 11.8(a)为例,通过各散射点与参考点在成像平面的相对位置关系可得:$(m_1,n_1)=(4,2)$,$(m_2,n_2)=(15,3)$,$(m_3,n_3)=(29,6)$。根据式(11.13),计算成像平面中散射点在参考坐标系中的位置。

综合图 11.8(a)与图 11.8(b),根据式(11.15),解超定方程组的最小二乘解,通过散射中心关联步骤,实现各图像散射中心关联。

通过以上分析和处理,得到基站 1、2 关联的三维成像结果,如图 11.9(a)所示。同理,基站 1、3 以及基站 2、3 关联的三维成像结果也可通过上述过程得到,如图 11.9(b)和图 11.9(c)所示。综合各组雷达站的成像结果,得到基站 1、2、3 综合关联的成像,如图 11.9(d)所示。

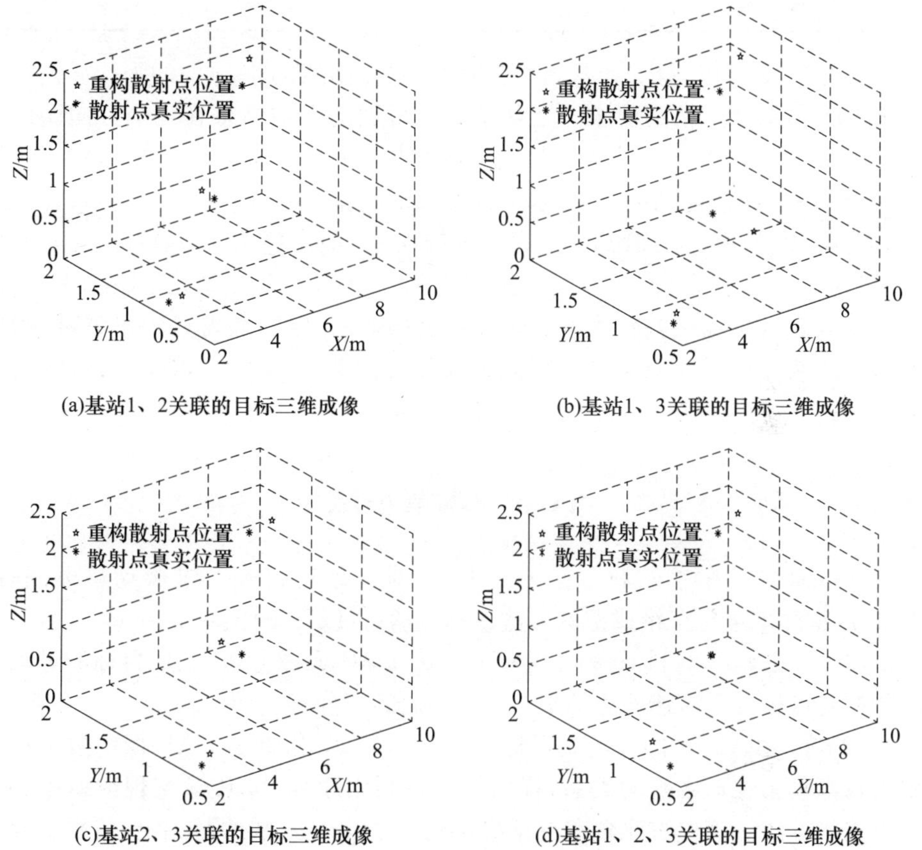

(a)基站1、2关联的目标三维成像　(b)基站1、3关联的目标三维成像

(c)基站2、3关联的目标三维成像　(d)基站1、2、3关联的目标三维成像

图 11.9　多基站关联目标三维成像

对得到的三维成像进行误差分析,如表 11.2 所列。

表 11.2　多基站目标三维成像误差分析

成像误差	基站 1、2 关联	基站 1、3 关联	基站 2、3 关联	基站 1、2、3 综合关联
X 方向 平均误差/m	0.0760	0.1724	0.1124	0.1039

续表

成像误差	基站 1、2 关联	基站 1、3 关联	基站 2、3 关联	基站 1、2、3 综合关联
Y 方向平均误差/m	0.0140	0.1826	0.0110	0.0060
Z 方向平均误差/m	0.1813	0.1966	0.1557	0.1726

从表 11.2 可以看出,各基站的散射中心重构结果在各方向的平均误差均小于 0.2 m,能够满足精度要求。三基站关联得到的重构结果在三个方向误差均较低,但是更多的基站会造成计算量大幅增加,系统成本急剧增加。在实际中,需综合考虑系统效能与成本,寻求最佳的系统配置。

文献[1]所提的三维成像算法的重构误差,最小值为 1.5417m,最大值为 7.1431m。可以看出,本章所提方法与之相比重构精度更高,且文献[1]所提方法在散射点位置相差较大时有较好的重构效果,但当散射点较密集时,利用卡尔曼滤波和最近邻域关联法得到的关联效果误差会很大,算法适用性受到限制。

11.5 本章小结

本章研究了在单站和多站平台上,针对三维转台和三维微动目标,利用 ISAR 成像序列进行三维成像的方法,主要进行了以下工作:

(1)对三维微动目标进行了建模和二维 ISAR 成像分析,利用目标的进动引起的散射点相对于雷达的运动来实现方位向的高分辨。

(2)在单基站平台上,建立目标三维转台模型,分析了 ISAR 像中散射点位置与目标真实位置之间的关系,提出了一种利用序列 ISAR 像实现散射中心三维重构的方法。该方法建立在本章提出的散射中心关联的基础上,仿真实验证明所提方法能有效地实现散射中心的三维重建。

(3)研究了多基站平台上实现微动目标三维成像的方法,分析了三维微动目标与各站 ISAR 像的关系,提出了一种 ISAR 图像散射中心关联算法,利用各基站 ISAR 像的关联,重构得到进动目标的三维图像。仿真实验及分析验证了所提算法的有效性,与其他成像算法的比较发现,所提方法有更好的适应性和更高的精度。

参考文献

[1] 王昕,郭宝峰,尚朝轩. 基于二维 ISAR 图像序列的雷达目标三维重建方法[J]. 电子与信息学报,2013,35(10):2475 - 2480.

[2] 云日升. 多基站 ISAR 三维转动转台目标成像研究[J]. 电子与信息学报,2010,32(7):1692 - 1696.

[3] Sheng J,Zhang L,Xu G,et al. Coherent processing for ISAR imaging with sparse apertures[J]. Science China:Information Sciences,2012,55(8):1898 - 1909.

[4] Zhao G,Wang Z,Wang Q,et al. Robust ISAR imaging based on compressive sensing from noisy measurements[J]. Signal Processing,2012,92(1):120 - 129.

[5] Toumi A,Khenchaf A,Hoeltzener B Hoeltzener. A retrieval system from inverse synthetic aperture radar images:Application to radar target recognition[J]. Science China:Information Sciences,2012,196:73 - 96.

[6] 周汉飞,李禹,粟毅. 利用多角度 SAR 数据实现三维成像[J]. 电子与信息学报,2013,35(10):2467 - 2474.

第12章 非合作目标识别方法研究

12.1 引 言

本章在目标雷达高分辨 ISAR 成像的基础上，主要对非合作目标的识别方法进行了研究分析。然而，与 ISAR 成像技术相比，ISAR 像目标检测与识别技术的研究相对滞后，主要表现在：ISAR 像目标检测与识别基础理论与关键技术的研究尚不够深入，还未形成完善的理论和方法体系；难以快速将大量的 ISAR 像数据转化为可理解可应用的信息；ISAR 像目标检测与识别系统的性能还不能满足现代军事应用的需求。由于 ISAR 像在成像机理、辐射特性及几何特性上与其他成像方式有很大差异，因此 ISAR 像具有不同于光学图像的特殊性。本章将重点探究如何利用 ISAR 图像（序列）实现对目标的识别，其中：12.2 节研究了成像匹配的识别方法，通过提取图像中散射点的位置和幅度信息，构造匹配度矩阵，实现对目标的匹配识别，对识别性能的评估表明所提算法有较好的识别效果；12.3 节提出了基于深度学习的稀疏自编码器进行目标 ISAR 像特征提取，进而通过 Softmax 实现了目标识别方法。

12.2 弹道目标成像匹配识别算法

12.2.1 特征量匹配识别

在得到目标的 ISAR 像后，直接利用该散射中心图像判断目标类别，具有很大的不确定性。据此，本节提出利用散射中心特征量匹配的识别方法来完成目标的识别。

通过获取的目标 ISAR 图像，可以得到目标散射中心的位置及幅度信息。设$(p_i,q_i)(i=1,2,\cdots,N)$为得到的目标各散射中心的信息，其中：$p_i$ 为目标第 i 个散射点的位置；q_i 为第 i 个散射点的幅度；N 为目标散射点个数。同样$(p_i',q_i')(i=1,2,\cdots,M)$为模板散射中心分布信息，其中：$p_i'$和 q_i'分别为模板散射中心位置和幅度；M 为模板散射中心个数。

通常弹头目标ISAR图像散射点数目较少,因而每个散射点包含的信息量就相对较多,因此在一定的姿态角范围内且不考虑遮挡,识别出的目标散射中心数目应与成像得到的散射中心数目相同,进行匹配识别时要舍去与提取得到的散射中心数目不一致的模板。对剩余模板及成像得到的散射中心信息进行以下处理:

(1)将每组散射中心幅度按其中最大值进行归一化,得到归一化幅度为

$$\mu_i = \frac{q_i}{\max\limits_i q_i}; i = 1, 2, \cdots, N \tag{12.1}$$

(2)建立目标对各个模板的位置差矩阵,即

$$\boldsymbol{D}_p = \begin{bmatrix} \mathrm{d}p_{11} & \mathrm{d}p_{12} & \cdots & \mathrm{d}p_{1N} \\ \mathrm{d}p_{21} & \mathrm{d}p_{22} & \cdots & \mathrm{d}p_{2N} \\ \vdots & \vdots & \vdots & \vdots \\ \mathrm{d}p_{N1} & \mathrm{d}p_{N2} & \cdots & \mathrm{d}p_{NN} \end{bmatrix} \tag{12.2}$$

式中:$\mathrm{d}p_{ij} = |p_i - p_j'|$为目标上各个散射中心与模板各个散射中心的位置差绝对值。从$\boldsymbol{D}_p$矩阵各行各列取一个元素并取它们之和,得到和最小的一种取法,并将最小和记为d_p。

(3)建立目标对各个模板的幅度差矩阵,并且由于幅度较强的散射中心对于表征目标的特征贡献较大,因此幅度差矩阵构造为

$$\boldsymbol{D}_q = \begin{bmatrix} \mathrm{d}q_{11} & \mathrm{d}q_{12} & \cdots & \mathrm{d}q_{1N} \\ \mathrm{d}q_{21} & \mathrm{d}q_{22} & \cdots & \mathrm{d}q_{2N} \\ \vdots & \vdots & \vdots & \vdots \\ \mathrm{d}q_{N1} & \mathrm{d}q_{N2} & \cdots & \mathrm{d}q_{NN} \end{bmatrix} \tag{12.3}$$

式中:$\mathrm{d}q_{ij} = \mu_i |q_i - q_j'|$为以归一化幅度为权值,目标上的各散射中心与样本各散射中心的幅度差的绝对值。从$\boldsymbol{D}_q$矩阵各行各列按步骤(2)过程,取$\boldsymbol{D}_p$矩阵中的对应元素,然后求和,并将其和记为d_q。

(4)令$d = (d_p^2 + d_q^2)^{1/2}$,设置门限值$\eta$,如果$d < \eta$,则判定目标为真,否则判定为假目标。

12.2.2 识别性能评估

在12.2.1节中,门限η的设置会影响检测概率和虚警概率。如果η设置太大,则会导致虚警概率太大或目标容量饱和,即以假为真,通常要付出的是几枚拦截弹的代价;相反,如果设置的η过小,则造成的后果是目标不能被正确检测出来,即以真为假,致使对方导弹的突防,其代价将比付出的拦截弹代价要大得多。因此,需要选择适当的η值,使反导系统能够在较低的虚警概率下获得较高

的识别率,即奈曼－皮尔逊(Neyman－Pearson)决策。

文献[2]提出了一种基于 ROC 曲线的弹道目标识别评估方法,通过计算 ROC 曲线下的面积(AUC)对识别方法进行评估。为此,定义

$$\begin{cases}\varepsilon_1 = \int_{\Omega_2} p(x \mid \omega_1)\,\mathrm{d}x \Rightarrow \text{第一类错误(虚警)概率} \\ \varepsilon_2 = \int_{\Omega_1} p(x \mid \omega_2)\,\mathrm{d}x \Rightarrow \text{第二类错误(漏警)概率}\end{cases} \tag{12.4}$$

令 μ' 为拉格朗日乘子,ε_0 为约束虚警率,构造目标函数为

$$J = \int_{\Omega_1} p(x \mid \omega_2)\,\mathrm{d}x + \mu'\left\{\int_{\Omega_2} p(x \mid \omega_1)\,\mathrm{d}x - \varepsilon_0\right\} \tag{12.5}$$

并求其最小值。式(12.5)可改写为

$$J = (1 - \mu'\varepsilon_0) + \int_{\Omega_2}\{\mu' p(x \mid \omega_1)\,\mathrm{d}x - p(x \mid \omega_2)\,\mathrm{d}x\} \tag{12.6}$$

因此,当满足 $\dfrac{p(x|\omega_2)}{p(x|\omega_1)} > \mu'$ 时,有 $x \in \Omega_2$。

对于不同的识别方法,其对应的 ROC 曲线也不同,如图 12.1 所示。

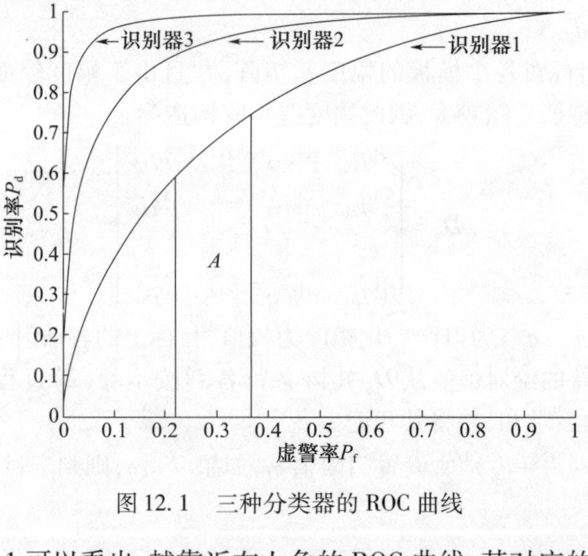

图 12.1　三种分类器的 ROC 曲线

分析图 12.1 可以看出,越靠近左上角的 ROC 曲线,其对应的识别器性能越好。在图 12.1 中,识别器 3 的性能是最好的。但是通常情况下,一种分类器不一定在每个操作点都有很好的识别性能。而在实际中,虚警概率通常被要求在一定的范围内,因此可以用识别器 ROC 曲线下方对应虚警概率区间面积来表征识别器性能好坏,如图 12.1 中区域 A 所示,A 越大,识别性能越好。

12.2.3　仿真实验分析

仿真采用线性调频信号。脉冲宽度 $T_p = 40\mu s$，中心频率 $f_c = 6GHz$，信号带宽 $B = 300MHz$，采样频率 $F_s = 300MHz$，脉冲重复频率 prf = 50Hz，转台旋转角速度 $\omega = 0.01 rad/s$。同时，为了获得清晰的 ISAR 图像，应使方位分辨率与距离分辨率相同，即 $\rho_r = \rho_a$，而距离分辨率理论值为 $\rho_r = c/2B = 0.5m$，故成像段目标总转角满足 $\Delta\theta = \lambda/2\rho_a = 0.06rad$。

图 12.2 为利用解线频调方法，得到的目标散射中心 ISAR 图像。图 12.3 为包含目标幅度信息的散射中心成像结果。

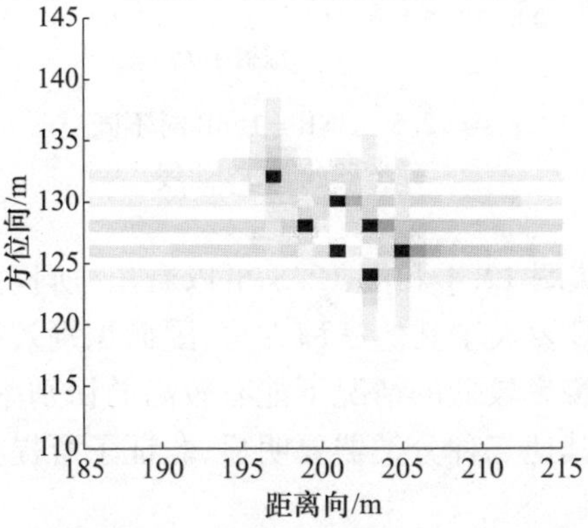

图 12.2　目标 ISAR 图像

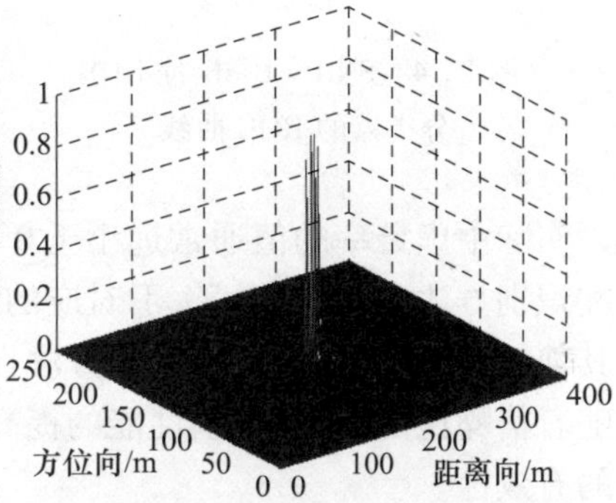

图 12.3　包含幅度信息的成像结果

从图 12.2 可以看出，利用 RD 算法得到的目标散射中心图像清晰，可以从中提取散射中心位置信息；从图 12.3 中可提取散射中心幅度信息。利用得到的目标散射中心图像，依据本章提出的匹配识别方法，通过提取的目标的散射中心位置和幅度信息，构造目标和模板的位置差与幅度差矩阵，按照匹配识别过程得到匹配识别结果。

文献[3]提出了比较好的三种分类器的构造方法：(1)分类器 1，根据各次提取特征单独进行识别，采用多特征综合模糊识别方法，未进行连续识别融合；(2)分类器 2，进行前后连续识别融合，采用多特征综合模糊识别方法；(3)分类器 3，采用模糊分类树识别。其中所提取的特征包括目标窄带及宽带特征，例如目标长度、频率、调制频率等。但是，由于反导系统常常面临的是非合作目标，目标的特征不易获取，在实际中以上分类器的识别性能会受到限制。

假设目标散射中心位置差 dp 和幅度差 dq 均服从零均值高斯分布，且相互独立，从而 d 服从瑞利分布。设定不同的门限，会有不同的虚警概率与识别概率。当信噪比为 10dB 和 15dB 时，以上三种分类器及本节识别方法对应的 ROC

曲线如图 12.4 和图 12.5 所示。

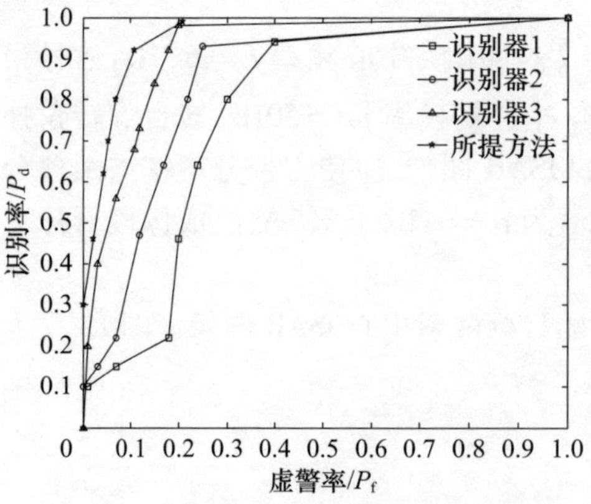

图 12.4 SNR = 10dB 时不同分类器的 ROC 曲线

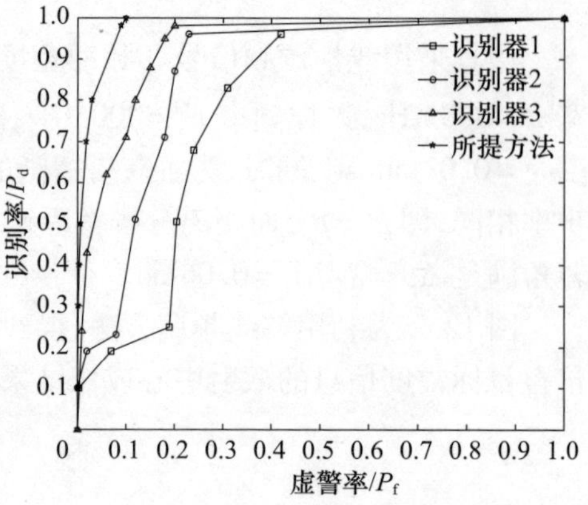

图 12.5 SNR = 15dB 时不同分类器的 ROC 曲线

实际中虚警率的值通常远小于 0.1,从图 12.4 和图 12.5 可以看出,所提的匹配识别方法在此虚警概率下对应的 AUC 要大于其他三种方法,因而识别效果较其他三种方法要好,证明本节方法在虚警率较低的情况下能有较高的识别率,且随着信噪比的增大,识别性能的提高较其他三种分类器要明显,验证了所提方法的有效性。

12.3 深度学习智能识别方法

12.3.1 稀疏自编码器 ISAR 图像识别方法

现有的大多空中目标 ISAR 图像识别方法都是基于目标的不变矩、相关匹配及边缘特征。这些方法的主要目标是提取目标的图像域参数或小波系数来构建表征目标 ISAR 图像特征的向量。然而,这些方法敏感于目标图像的稀疏散射点分布,且对于弹道目标,通常所获取的样本数较少,往往难以实现有效识别。

近年来,随着数据量的急剧增加,以及计算能力瓶颈的突破(尤其是高性能计算(High - Performance Computation,HPC)和图像处理单元(Graphics Processing Unit,GPU)的使用,深度学习在不同领域取得了巨大的成功。

深度学习通过模拟人脑,使用大量数据训练对输入信息从底向上逐层分布式学习,实现对复杂输入的高效处理,智能地发现信息中的隐藏模式并进行学习,可提取有用的本质特征。与浅层神经网络相比,深度学习更强调模型深度,通过分层学习最终实现目标的预测与识别。

由于深度学习能够高效学习高维数据的层级表征,已在数据重构、数据挖掘和分类方面表现出了强大的性能,并在众多领域取得了巨大进展,如计算机视觉、语音识别、机器翻译、艺术、医学诊断、信息处理、生物信息学、自然语言处理、网络安全和控制等领域。实践证明,与人工特征提取方法相比,深度学习是一种高效的特征提取方法,可从数据中提取抽象本质特征,同时拥有更强的建模和迁移扩展能力。

本节提出利用稀疏自编码器(Sparse Autoencoder)深度学习算法来实现目标识别。稀疏自编码器可自主学习目标特征,实现目标特征提取,进而使用 Softmax 分类器来对目标进行分类识别。稀疏自编码器的网络模型如图 12.6 所示。

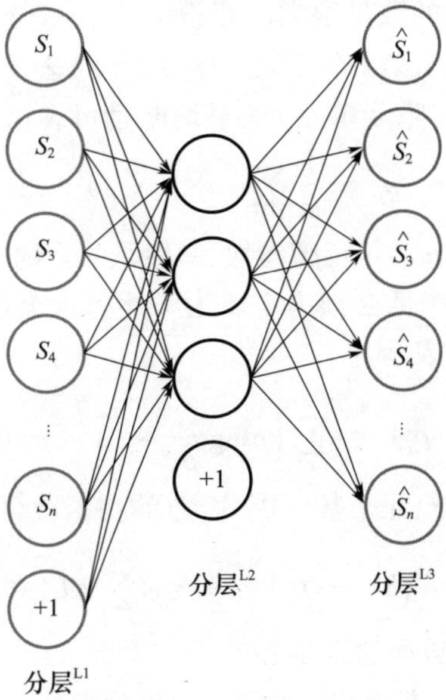

图 12.6　稀疏自编码器网络模型

假设有 m 组训练样本 $\{(S^{(1)},y^{(1)}),(S^{(2)},y^{(2)}),\cdots,(S^{(m)},y^{(m)})\}$,其中 S 表示距离压缩后的接收信号。该稀疏自编码器网络可通过批量梯度下降法来进行训练。对于某个特定的训练样本 (S,y),关于该样本的罚函数定义为

$$J(W,b;S,y)=\frac{1}{2}\left\| h_{W,b}(S)-y\right\|^2 \tag{12.7}$$

式中:W 为权值向量;b 为偏置单元。式(12.7)为平方误差罚函数。对于 m 组训练样本,系统总的罚函数定义为

$$J(W,b)=\left[\frac{1}{m}\sum_{i=1}^{m}J(W,b;S^{(i)},y^{(i)})\right]+\frac{\lambda}{2}\sum_{l=1}^{n_l-1}\sum_{i=1}^{s_l}\sum_{j=1}^{s_l+1}(W_{ji}^{(l)})^2$$

$$= \left[\frac{1}{m}\sum_{i=1}^{m}\left(\frac{1}{2}\| h_{W,b}(S^{(i)}) - y^{(i)} \|^2\right)\right] + \frac{\lambda}{2}\sum_{l=1}^{n_l-1}\sum_{i=1}^{s_l}\sum_{j=1}^{s_l+1}(W_{ji}^{(l)})^2 \tag{12.8}$$

式中：$W_{ji}^{(l)}$ 为分层 l 中的单元 j 与分层 $l+1$ 中的单元 i 之间的关联权重。式(12.8)中，第一项是平均均方误差项，第二项是权值衰减项。权值衰减参数 λ 控制第一项和第二项的重要程度。

自动编码器神经网络是一种无监督学习算法，该学习算法目标是使 $h_{W,b}(S) \approx S$。换句话说，稀疏自编码器学习算法试图构造恒等函数，使得输出 $\hat{S} \approx S$。

如果对隐藏的单元施加一个稀疏的约束，那么自编码器仍然会在数据中发现结构特性，使隐藏单元的数量很大。假设 $a_i^{(l)}$ 表示分层 l 中的单元 i 的激励。对于 $l=1$，用 $a_i^{(1)} = S_i$ 表示第 i 个输入。用 $a_j^{(2)}(S)$ 表示当给网络一个特定的输入 x 时隐藏单元的激励。隐藏单元 j 的平均激励可表示为

$$\hat{\rho}_j = \frac{1}{m}\sum_{i=1}^{m}\left[a_j^{(2)}(S^{(i)})\right] \tag{12.9}$$

执行约束并令 $\hat{\rho}_j = \rho$，其中 ρ 表示稀疏参数，一般是一个约等于 0 的低值量。为了实现这个约束，隐藏单元的激活必须为零。为了达到这个目的，需要给式(12.8)加一个额外的罚函数项，可表示为

$$\sum_{j=1}^{s_2}\mathrm{KL}(\rho \| \hat{\rho}_j) = \sum_{j=1}^{s_2}\left(\rho\log\frac{\rho}{\hat{\rho}_j} + (1-\rho)\log\frac{1-\rho}{1-\hat{\rho}_j}\right) \tag{12.10}$$

式中：s_2 为隐藏层中的神经元个数。因此，总的罚函数可表示为

$$J_{\mathrm{sparse}}(W,b) = J(W,b) + \beta\sum_{j=1}^{s_2}KL(\rho \| \hat{\rho}_j) \tag{12.11}$$

式中：β 为控制稀疏罚函数项的权重。

通过反向传播，可以求得权重向量 W 和隐藏层。在这里，隐藏层就表示 ISAR 图像的特征。让隐藏层成为 Softmax 网络的输入，然后利用 Softmax 分类器实现 ISAR 图像的识别。

12.3.2 仿真实验及分析

本节利用 5 个飞机目标的点散射模型生成的 ISAR 图像来验证所提方法的有效性。雷达发射线性调频信号，中心频率为 6GHz，脉冲重复频率为 50Hz，脉冲宽度为 40μs，带宽为 300MHz，距离向分辨率为 0.5m。利用不同方位角下生成的目标 ISAR 图像作为训练样本，其他方位角下生成的目标 ISAR 图像作为测试样本。图 12.7 为不同目标对应的某一方位角下的 ISAR 图像，不同目标的 ISAR 图像比例均标准化为 100pixel × 80pixel。图 12.8 为目标 4 种不同方位角下获取的 ISAR 图像。

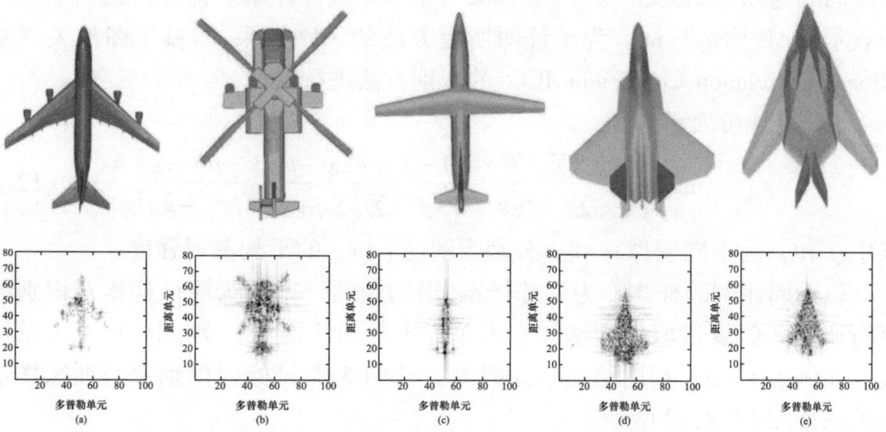

图 12.7　不同飞机模型及其典型 ISAR 图像

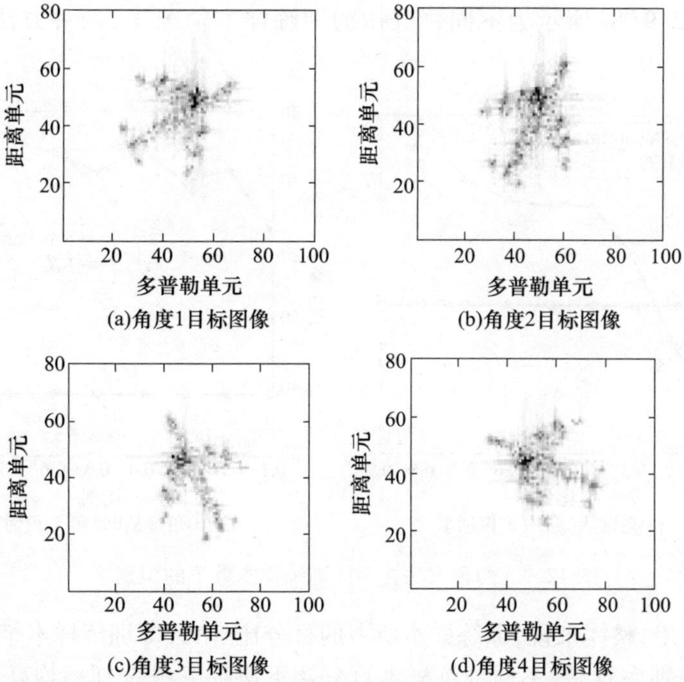

图 12.8　目标 4 种不同方位角 ISAR 图像

以不同观测角下的目标成像效果为训练样本，再选择其他观测角下的成像结果作为测试样本来检验本节提出的稀疏自编码器方法和 Softmax 方法（SA + Softmax）对目标图像的识别效果。

如果采集的训练样本和测试样本为目标旋转角度从0到19.9°的成像结果，角度间隔为0.1°，因此一共产生1000个ISAR成像样本。稀疏自编码器的隐藏层表示ISAR图像特征。为了证明所提方法的识别效果，与基于图像关联系数（Image Correlation Coefficient，ICC）的识别方法进行对比。

ICC方法可表示为

$$r_{m,n}=\max\frac{\sum_x\sum_y[f(x,y)-\bar{f}][g(x-m,y-n)-\bar{g}]}{[\sum_x\sum_y[f(x,y)-\bar{f}]^2\sum_x\sum_y[g(x,y)-\bar{g}]^2]^{1/2}} \tag{12.12}$$

式中：f 和 g 为不同图像；$\bar{f}$ 和 $\bar{g}$ 分别为图像 f 和 g 的平均散射强度。

以不同比例的样本作为训练样本，用剩余的样本作为测试样本对识别结果进行研究。假设选取的训练样本占总样本数的比例为 p，则测试样本占总样本数的比例为 $1-p$。利用稀疏自编码器方法对5类目标的识别率与训练样本占比关系如图12.9(a)所示。

在另一个仿真实验中，假设采集的训练样本和测试样本为目标旋转角度从0到99.5°的成像结果，角度间隔为0.5°，因此一共产生1000个ISAR成像样本。图12.9(b)所示为不同百分比的训练样本情况下，两种方法对应的识别率。

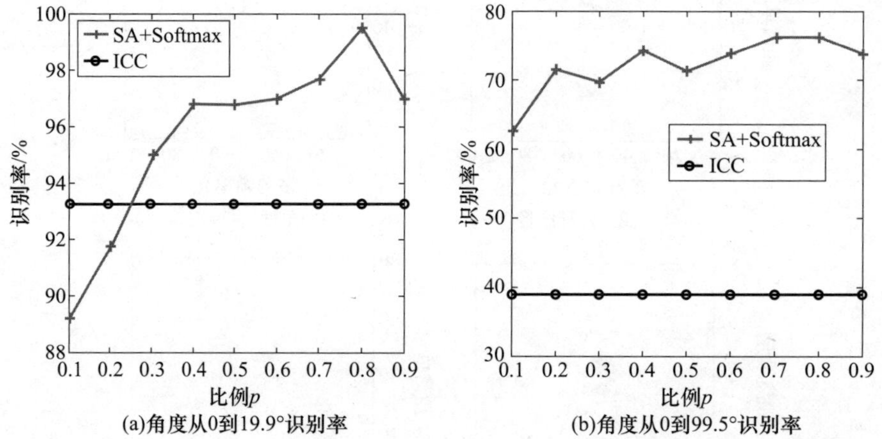

图12.9　两种方法在不同训练样本数下的识别率

可以看出，整体来说，训练样本所占的百分比越大，即训练样本个数越多，所提方法的识别率越高，不同训练样本百分比下所提方法识别率均高于80%，在训练样本所占总样本个数百分比大于25%时，所提方法识别效果优于基于图像关联稀疏的方法。

12.4　本章小结

本章对利用目标ISAR图像目标识别进行了分析仿真，主要进行了以下工作：

(1)根据得到的目标ISAR图像序列，提出了一种新的匹配识别算法。该算法通过提取图像中散射点的位置和幅度信息，构造匹配度矩阵，实现对目标的匹配识别，对识别性能的评估表明所提算法有较好的识别效果。

(2)对基于深度学习中的稀疏自编码器ISAR图像识别方法进行了研究。通过5类不同目标的点散射模型，利用获取的不同方位角下的目标ISAR图像作为训练样本和测试样本进行了仿真验证，证实所提方法有较好的识别效果。

参考文献

[1] 保铮，邢孟道，王彤. 雷达成像技术[M]. 北京：电子工业出版社，2005：10－89.

[2] Rihaczk A W，Hershkowitz S J. Theory and practice of radar target identification[M]. Boston：Artech House，2000：6－67.

[3] 陈志杰，冯德军，王雪松，基于ROC曲线的弹道目标识别评估及优化[J]. 系统仿真学报，2007，19(17)：4028－4032.

第13章 结 论

13.1 总 结

本书基于雷达运动目标在成像场景的稀疏性，通过稀疏重构的方法实现目标ISAR二维及三维图像的重构，研究了利用超分辨、联合稀疏和二维块稀疏的方法实现二维成像，以及利用多元后向投影方法及多基ISAR二维图像融合实现进动锥体目标三维重构的问题。主要研究内容包括机动目标的超分辨ISAR成像、基于改进的联合稀疏贝叶斯学习方法的ISAR成像、基于二维块稀疏重构的ISAR成像、改进的ISAR图像横向定标方法以及进动锥体目标三维成像等关键问题。利用获取目标的高分辨图像和提取目标的微动特征是进行中段弹道目标识别的两个重要方面。本书在建立目标中段运动及微动模型的基础上，对回波信号进行仿真分析，从其距离像序列及二维ISAR像序列出发，对目标的特征提取及三维成像进行了研究。本书的主要内容及研究成果总结如下。

1）基于多观测向量序列降采样及RAM的成像方法

基于多观测向量模型，研究了序列降采样恢复的稀疏矩阵重构方法，可实现复杂稀疏结构的多观测向量重构。将该方法与FOCUSS算法结合，应用于ISAR图像重构，提高了ISAR图像重构效果，降低了重构计算复杂度。给出了稀疏孔径回波信号模型，分析了基于压缩感知的方法在稀疏孔径ISAR成像中存在的问题。考虑RAM方法在信号重构过程中无需进行网格划分，避免了基于压缩感知成像方法的相关问题。将RAM方法引入到ISAR成像，获得了优于压缩感知方法的成像效果。

2）基于稀疏重构的短时间高分辨ISAR成像

研究了机动目标的短时间高分辨ISAR成像问题，并将ISAR成像问题转化为多维稀疏重构问题。针对回波信号特点，提出了一种多列稀疏重构方法，结合SL0算法，可实现多列稀疏信号的准确重构。仿真验证了所提方法能够利用少量的脉冲数实现机动目标的超分辨ISAR成像，获得优于其他MMV重构算法的重构效果。给出了机动目标回波信号模型，将机动目标的ISAR成像问题转化成稀疏矩阵重构问题，并提出了一种基于二维梯度投影的序列一阶负指数函数稀疏矩阵重构方法，该方法可获得优于传统稀疏矩阵重构方法的重构效果。仿真实验验证了所提方法可有效改善机动目标的成像质量,在不同的脉冲数和信噪比条件下均可获得优于已有方法的成像效果。

3)基于联合稀疏贝叶斯学习的ISAR成像

分析了ISAR图像的联合稀疏特性,从联合稀疏重构角度对快速旋转目标的ISAR成像问题进行了研究。提出了将模式耦合的思想引入到联合稀疏贝叶斯学习算法中,建立稀疏信号的模式耦合机制,实现稀疏信号的关联重构,力求解决快速旋转目标的越距离单元徙动问题。仿真实验证明了所提算法在不同的稀疏度和信噪比条件下均有较好的重构效果,可有效改善快速旋转类目标成像质量,同时一定程度上避免了基失配问题。分析了联合稀疏贝叶斯学习方法的特点,指出其高的计算复杂度主要由矩阵求逆操作引起。借助平滑函数的基本特性,通过利用最大化无约束证据下界来求解优化问题,提出了一种快速免逆联合稀疏贝叶斯学习方法。仿真及实测数据验证了所提方法在不同的条件下均可获得优于其他对比算法的重构效果,同时大大降低了算法的计算复杂度。

4)基于二维块稀疏重构的ISAR成像

传统目标的ISAR图像通常满足块稀疏特性,同时考虑到距离压缩信号的联合稀疏特性,将ISAR成像问题转化为二维块稀疏重构问题。通过解L0L2范数罚函数的正则化最小二乘问题,来求解最小化稀疏块个数的最优解,结合信号的联合稀疏性,提出了一种新的二维块稀疏重构方法。仿真实验和实测数据验证了该方法可在不同的分割块长度和观测矩阵维数条件下,实现二维块稀疏信号及ISAR图像的有效重构。

将块稀疏信号的重构问题转化为矩阵的秩最小化问题,利用对数行列式函数求解矩阵的秩最小解。构造合适的替代函数,并通过迭代重加权方法来进行求解。研究了复数域的块稀疏重构方法,并分别用于距离压缩信号和ISAR图像的重构。仿真和实测数据验证了该方法的有效性。

5)基于信号及图像融合的ISAR图像三维重构

给出进动锥体目标三维模型,分析了坐标变换关系。通过利用慢时间距离像及其包络曲线估计自旋角频率和进动角频率,利用信号的相干积累实现进动角估计及散射点三维重构。提出了一种多元复数后向投影算法,该算法充分利用距离像序列的正弦包络曲线以及进动目标回波信号的相位信息,可同时实现进动参数的估计和目标的三维重构。仿真及电磁计算实验数据验证了该算法在较低的信噪比条件下可有效实现进动锥体目标的三维重构。分析了进动锥体目标模型特点,将不同观测视角下的遮挡效应考虑在内,分析了锥体目标二维成像与三维结构的关系。建立了降采样观测信号模型,利用目标进动产生的多普勒,研究了循环移位信号重构方法,结合SL0算法可实现信号及二维ISAR图像的有效重构。利用ISAR图像与目标及雷达视线间的关系,提出了一种基于多基二维 ISAR 图像关联的三维重构方法。仿真及电磁计算实验数据表明,循环移位 SL0 算法可在较短的运算时间条件下实现信号的重构,利用目标动态电磁回波,可获得高分辨的进动目标二维 ISAR 图像,利用多基 ISAR 图像融合方法,可有效实现进动锥体目标的三维重构,实验同时对不同观测角度情况下所提三维重构方法的重构效果进行了实验分析。

6)弹道中段建模分析和目标特征提取

对弹道中段平动弹道进行了解算,进行了微动建模和分析,介绍了 ISAR 成像的基本原理,并进行了相应的平动、微动及成像仿真,是后续研究和分析的基础。对利用一维距离像序列提取目标微动特征进行了研究,分析了目标高速运动对其一维距离像的影响。建立锥体目标的滑动散射点模型,指出目标的一维距离像随其进动周期性变化,并给出了进动周期估计算法。指出目标的单次一维距离像只能提取目标在雷达视线方向上的投影尺寸,而利用一维距离像序列可实现目标真实尺寸的提取。在建立目标进动模型的基础上,给出了特征尺寸提取算法,并分析了进动角与目标一维距离像序列的关系,给出了进动角估计算法。

7)ISAR 图像横向定标

给出了 ISAR 图像横向定标原理,研究了目标散射点在 ISAR 像中的相对位置关系,通过寻求 ISAR 图像序列中散射点所组成的最大模值向量,考察其在 ISAR 成像间隔时间的转角来估计目标的转速。分析了 ISAR 像中存在两个模值最大向量时的处理过程。仿真实验证明:选取不同的成像间隔得到的横向定标精度会有差异,在仿真设定的转速下,选取成像时间间隔在 20 ~ 30s 时,得到的定标误差最小。通过利用主成分分析方法提取连续二维 ISAR 图像的主轴,并利用各图像中主轴间的关系来表征目标在相邻图像间的转角,然后利用二分法完成转角及转速的估计,实现横向定标。分析了定标前和定标后 ISAR 图像主轴间的关系,研究了改进的横向定标方法。仿真实验验证了所提方法可在少量的迭代中实现转速的准确估计,定标精度较高。

8)基于 ISAR 图像目标识别

为充分利用目标 ISAR 图像的信息实现目标识别,提出了一种匹配识别算法。通过散射点的位置、幅度信息,构造匹配度矩阵进行匹配识别,进而通过考察目标的 ROC 曲线下的面积,利用奈曼 - 皮尔逊准则对识别性能进行评估,验证了所提匹配识别算法的有效性。对基于深度学习中的稀疏自编码器 ISAR 图像识别方法进行了研究。通过 5 类不同目标的点散射模型,利用获取的不同方位角下的目标 ISAR 图像作为训练样本和测试样本进行了仿真验证。

9)单站和多站 ISAR 空间目标三维成像

考虑到目标的一维距离像是目标上散射点在雷达视线上的投影,而二维

ISAR 像是散射点在成像平面的投影,均敏感于目标姿态变化,提出通过获取目标的三维图像来更好地提取目标特征进行识别的方法。建立了三维微动模型,给出了目标三维微动模型上的散射点与其 ISAR 像的关系,对微动成像原理进行了分析。研究了单基站平台上转台目标的三维重建方法,通过 ISAR 像序列中散射点的相对位置关系,利用三点定圆原理,确定目标质心参考点的位置,进而实现散射中心关联,得到转台目标的散射中心三维重建结果。研究了多基站平台上的微动目标三维成像问题,基于多基站图像关联方法,提出一种利用图像融合重构目标三维结构的算法。

13.2 展 望

本书研究了基于稀疏重构的运动目标二维及三维 ISAR 成像方法,取得了一些初步研究成果。然而,还有很多问题需进一步研究解决,下一步的工作主要集中于以下几个方面。

(1)本书研究的二维成像目标主要针对二维转动目标,对于包含三维转动的运动目标的成像问题,需要建立更为复杂的运动目标模型,针对平面转动类目标的成像方法将不再适用,下一步将会对三维转动目标的成像方法展开研究。

(2)本书采用大转角对目标进行观测可实现方位向高分辨,此时二维 ISAR 成像中建立的固定散射点模型将存在问题。构建各向异性的散射模型,建立目标散射系数与雷达视线之间的关系,并考虑散射点的遮挡效应,是下一步建模分析的研究内容。

(3)本书研究了进动锥体目标的三维重构方法,然而,当进动的目标不是简单锥体目标时,所提的三维重构方法将不再适用。同时,当目标的微动形式更为复杂时,其三维重构方法需进一步研究。

(4)本书目前针对 ISAR 成像的研究主要构建的是单目标模型,实际中,雷达通常面临的是目标群,如编队飞行的飞机、舰船群、周围有大量诱饵的弹道目标等。一般可简单地认为群目标的运动形式差别不大,可进行统一的运动补偿。然而,此时目标的散射形式会发生变化,各目标间的遮挡影响成像,如何进行分割或者统一成像是下一步的研究方向。

(5)本书重点以旋转对称目标为研究对象,对滑动散射点的一维距离像序列进行了分析,但研究重点是固定理想散射中心,且不考虑遮挡的影响。实际的弹道目标微动回波调制十分复杂,考虑非理想散射点、遮挡和目标非对称因素的成像序列分析与特征提取技术有待进一步研究。

(6)本书研究的弹道目标微动形式主要是进动,微动特征提取也是建立在进动模型基础上,对于震动、摆动、章动形式的微动特征分析及提取需要进一步研究。同时,现有的微动特征提取技术主要是基于单一形式的微动,而实际中目标通常存在具有多种微动形式的散射点,某一个散射点也可能同时参与多种形式的微动。寻求复合微动分离方法是该类目标微动特征提取的关键,也是下一步需要研究和考虑的问题。

(7)本书对多站体制下目标的微动特性进行了一些研究和探讨,为雷达组网条件下微动特征提取及三维成像提供了思路。对三基站平台下的微动目标三维重建进行了研究,但是没有对不同的布站方式对目标散射中心三维重建的效果进行研究分析。实际的雷达组网中,还需要考虑时间和空间的同步误差,这一误差对微动特征的提取有很大的影响,因此雷达组网条件下目标的微动特性及结构特征提取技术还需深入研究。